U0241805

本书由
大连市人民政府资助出版
The published book is sponsored
by the Dalian Municipal Government

国家海洋公园的
‖ 理论探索与实践 ‖

王恒 ‖ 著

THEORETICAL
EXPLORATION AND
PRACTICE OF

NATIONAL MARINE PARK

北京·旅游教育出版社

策　　划:张　萍
责任编辑:张　娟

图书在版编目(CIP)数据

国家海洋公园的理论探索与实践／王恒著. --北京：
旅游教育出版社，2016. 11
　ISBN 978-7-5637-3473-3

Ⅰ. ①国… Ⅱ. ①王… Ⅲ. ①国家公园—海洋公园—
研究 Ⅳ. ①P756. 8

中国版本图书馆 CIP 数据核字（2016）第 253329 号

国家海洋公园的理论探索与实践

王恒　著

出版单位	旅游教育出版社
地　　址	北京市朝阳区定福庄南里 1 号
邮　　编	100024
发行电话	(010)65778403 65728372 65767462(传真)
本社网址	www.tepcb.com
E-mail	tepfx@ 163.com
排版单位	北京旅教文化传播有限公司
印刷单位	北京京华虎彩印刷有限公司
经销单位	新华书店
开　　本	787 毫米×1092 毫米　1/16
印　　张	13.375
字　　数	253 千字
版　　次	2016 年 11 月第 1 版
印　　次	2016 年 11 月第 1 次印刷
定　　价	49.80 元

（图书如有装订差错请与发行部联系）

序　言

　　海洋被人们誉为生命的摇篮。海洋面积约占地球面积的 71%，空间广阔，资源丰富。早在第二次世界大战后，一些经济发达国家就把海洋视为"争取生存"的宝库。到了 21 世纪，海洋开发尤受重视，21 世纪被称为"海洋经济时代"。海洋是全球生命支撑系统的重要组成部分，它与人类生存发展密切相关。在人类面临 PRED(人口、资源、环境与发展)的问题上，如何协调四者之间的关系，特别是如何处理好海洋保护与发展的关系极为迫切，尤为重要。

　　旅游业是当今迅速发展的朝阳产业，以海洋为依托的海洋旅游业在旅游业中占据愈来愈重要的地位。我国是个海陆兼备的国家，拥有渤海、黄海、东海、南海四大海域，蕴藏丰富的海洋旅游资源。近年来，我国沿海地区接待游客的人数以每年 20%~30% 的速度递增，我国海洋旅游在沿海经济发展与区域发展战略布局中的作用与地位愈显重要。

　　国家海洋公园是当今世界将海洋旅游、海洋保护和科考研究结合起来的一种发展新模式。国家海洋公园通过一定范围的适度开发实现整体有效保护，既排除与保护目标相矛盾的开发利用方式，以生态系统、自然资源保护以及适宜的旅游开发为基本策略，达到保护生态系统完整性的目的，又为国民提供了游憩、教育、科研等机会，是一种能够科学协调生态系统保护与资源利用之间关系的保护与管理模式。海洋公园可划分为海岛型和海滨型国家海洋公园两大类。

　　当今，美国、加拿大、英国、澳大利亚等许多国家都建立了国家海洋公园并对其进行了深入研究。然而，我国有关国家海洋公园的系统、深入研究尚不多见。该书是在作者研究国家海洋公园的博士论文的基础上形成的学术专著。

　　王恒博士的学位论文是在全程参加我于 2008 年主持的《大连长山群岛旅游度假区总体规划》的基础上完成的。该规划中首次提出在我国建立国家海洋公园。其后数年中，包括西沙群岛、阳江海陵岛、湛江特呈岛、广州南沙、威海刘公岛、威海成山头、钦州茅海湾、连云港海州湾、青岛诸岛在内的十多个地区均宣布申报建设国家级海洋公园。2011 年 5 月 19 日，国家海洋局公布了首批国家级海洋公园名单，我国国家海洋公园建设拉开了序幕。

　　《国家海洋公园的理论探索与实践》一书是具有挑战意义的研究，是目前国内较为系统、全面研究国家海洋公园的学术著作。当前，国内无论在理论还是实践都鲜有涉及这个方面。王恒博士迎难而上，在理论与方法上做了开拓性的探索。

　　首先，该书作为国内第一部在关于国家海洋公园的博士论文基础上形成的著作，对国家海洋公园进行了较全面、较系统的研究,填补了我国这方面研究的空白,具有理论与实践价值。其次,该书从国家海洋公园的概念、意义、特征、类型、形成机制等多方面探索了国家海洋公园的理论体系,提出了规划设计国家海洋公园的理论、路径、方法及保护与开发问题。最后,通过改进修改后的数学模型对国家海洋公园的保护与开发进行定量分析。

王恒博士的研究立足于实践,紧密结合社会发展的迫切需要,结合《大连长山群岛旅游度假区总体规划》工作撰写论文。他五下海岛,踏遍长山群岛的主要岛屿,脚踏实地的研究作风受到当地政府的肯定。时任县委书记曾赞:"你们把博士论文书写在长海8000平方公里的海域上,你们的工作可载入长海史册,具有里程碑意义,长海人民感谢你们。"在完成博士论文后的数年里,他又多次进岛踏勘、调研,完成了我主持的《长海县国民经济和社会发展第十二个五年规划》《长海县国民经济和社会发展第十三个五年规划》,通过新的规划项目对国家海洋公园进行动态跟踪研究,在获取最新资料,了解最新发展状况的基础上修改、完善、提升,形成该书。

王恒博士勤奋好学,思维敏捷,肯于吃苦,勇于创新。旅游开发规划是在实践中发展起来的重"行"的学科。他的研究基于实践,也更注重将理论研究与实践相结合,注重从实践中发现问题,完善和提升理论。他的相关部分研究成果已在《自然资源学报》《旅游学刊》《资源科学》《经济地理》等多家学术刊物上发表,产生了一定的学术影响。作者这种实践—理论—再实践—提升理论的科研路径和踏实学风是值得肯定的。

国家海洋公园的研究在我国还仅是开始,作者在国家海洋公园的研究方面做了开创性的研究工作。尽管该书在理论、方法等方面还有待于探索,需要完善和提升,但这是第一本立足于国内最早提出建立国家海洋公园研究案例基础上的国家海洋公园方面的原创性专著,值得一读。

是为序。

李悦铮

2016年3月10日于大连

前　言

占地球总面积70.8%的海洋不仅是生命的起源地,还是15万~20万种动物的家园,并且蕴含着丰富的矿产资源。海洋独有的浪漫风情和奇特景观吸引着亿万旅游者,是人们向往的旅游胜地。我国幅员辽阔,地跨温带、亚热带和热带,气候差异大,拥有1.8万多公里的大陆海岸线和1.4万多公里的岛屿岸线,470多万平方公里的内海和边海水域面积,以及7600多个大小岛屿,是世界上海岛最多的国家之一,拥有丰富的海洋资源和独特的海洋景观,形成了多种典型的海洋生态系统。然而,伴随着我国经济的高速发展,日益恶化的生态环境给海洋生物带来了严重灾难。为了海洋物种和生态系统的可持续发展,必须在发展海洋经济的同时严格保护海洋生态环境。

党的十八大报告首次把"美丽中国"作为生态文明建设的宏伟目标,提出了"把生态文明建设放在突出地位,融入经济建设、政治建设、文化建设、社会建设的各方面和全过程,努力建设美丽中国,实现中华民族永续发展"。报告明确指出:"提高海洋资源开发能力,发展海洋经济,保护海洋生态环境,坚决维护国家海洋权益,建设海洋强国。"海洋生态文明建设作为全民族生态文明建设的重要内容,不仅关系到海洋事业的健康发展,更是实现我国经济社会全面协调可持续发展的重要保障。十八届三中全会报告中特别指出"建设生态文明,必须建立系统完整的生态文明制度体系",并进一步提出"建立国家公园体制"。

国家公园是现阶段世界各国进行生态环境保护的一种重要形式,国家海洋公园是其中的主要类型分支,在国外众多的国家海洋公园中,生态保护、游憩活动与科考研究完美结合,成为可持续发展的经典。国家海洋公园作为生态文明建设的重要支点,加快其发展能够更好地保护海洋生态环境和自然资源,为科学研究和环境教育提供重要场所,为生态旅游提供新的目的地,同时还具有维护国家主权的政治意义。它有助于拓宽消费领域、培育消费热点,满足人们日益增长的生态需求,是统筹协调和发展我国城乡、区域、经济、社会、对外开放与国内发展、人与自然和谐相处等重大关系的一把钥匙,是全面扎实推进供给侧结构性改革,坚定不移地落实好创新驱动发展,积极发展新产业新业态,培育发展新动能的重要抓手。

2008年,笔者参与的《大连长山群岛旅游度假区总体规划》首次提出在我国建立国家海洋公园,该规划得到时任省领导的高度重视并作出批示,后经大连市委常委会、市政府常务会讨论通过作为政府文件下发实施。《大连长山群岛旅游度假区总体规划》的出台,为长海县建设国际旅游度假区奠定了坚实基础,荣登2009年大连市十大旅游新闻事件榜首。

2010 年 5 月,辽宁省委、省政府批准成立"长山群岛旅游避暑度假区",并将其定位为省级旅游度假区,享有辽宁沿海经济带重点支持区域的相关政策。2011 年,国家海洋局公布了首批国家级海洋公园名单,国家级海洋公园的建设在我国拉开了序幕。2014 年,大连长山群岛晋升为国家级海洋公园。然而,有关国家海洋公园的系统研究在我国尚不多见。关于国家海洋公园的理论、方法与技术等问题均需进行大量的研究,尤其是有关国家海洋公园的制度建设、规划设计以及保护与开发等方面的研究更是迫在眉睫。

鉴于此,笔者曾几下海岛,基于研究所需对国内外多个国家海洋公园进行了分析,并在此基础上形成了我国第一篇系统研究国家海洋公园的博士学位论文,同时在《自然资源学报》《旅游学刊》《资源科学》《经济地理》《商业研究》《开放导报》《世界地理研究》《资源开发与市场》《国土与自然资源研究》《海洋开发与管理》等核心期刊公开发表相关学术论文10 余篇,为本书的编著奠定了基础。

全书通过对国家海洋公园的研究,揭示其形成与发展的本质、特征与类型、影响因素、发展规律、保护与开发互动机理等,为长山群岛国家海洋公园的规划与设计、建设与保护、开发与管理以及我国国家海洋公园体系的构建提供科学依据,同时为这一新型生态旅游目的地的开发管理及区域可持续发展提供理论支撑。

首先,通过文献检索与资料收集构建国家海洋公园数据信息库,同时进行概念解析以及研究进展梳理,并进行综合分析与相关理论研究,形成国家海洋公园建设的理论基础;其次,重点研究国家海洋公园的建设与保护,包括制度建设、规划设计、保护与开发互动研究等方面;再次,在实地调研获取资料的基础上,结合遥感影像解译,综合应用 GIS 空间分析技术、AHP 法、德尔菲法及模糊评判等方法,通过建设条件分析、规划设计以及综合评估确定建设长山群岛国家海洋公园的实施对策及保障措施,以期对其他地区的国家海洋公园建设起到示范作用。

全书共分为 2 篇:理论篇与实践篇,每篇各 6 章,共计 12 章。

第 1 章为绪论部分,主要从国家层面与区域层面分别阐述了国家海洋公园的建设基础以及建设意义等。

第 2 章为研究的基础部分,全面解析了国家海洋公园的概念、特征及类型,评述了国内外相关研究进展。

第 3 章归纳总结了国家海洋公园建设的基本理论,主要包括建立、保护、开发等三大组成部分,分别对应着保护区规划理论、生态承载力理论、旅游系统理论等三大理论支撑。

第 4 章探讨了国家海洋公园的制度建设,在借鉴国外成功经验的基础之上,明确了我国国家海洋公园的法律地位及依据,规范了公园的设立程序,健全了公园的管理体制,加强了公园的制度保障。

第 5 章研究了国家海洋公园的规划与设计,公园的选址应遵循体现区域特色、重视经济价值、兼顾社区居民、考虑区外影响、协调综合效益、注重经验因素等标准,采用基于 GIS 的空间分析技术、AHP 法、德尔菲法以及模糊评判等方法确定公园的位置、面积、形状及功能分区。

第6章为国家海洋公园保护与开发互动研究部分,公园应统筹兼顾生态、经济、社会三大效益,协调保护与开发的关系,实施可持续发展。文章构建了基于生态承载力测算的数学模型量化区域生态保护与经济发展的状况,在传统模型的基础之上提出了改进后的计算模型并进行了定量分析。

第7章以大连长山群岛为例进行实证研究,系统分析了长山群岛建设国家海洋公园的区位条件、资源禀赋、发展现状、存在问题、发展机遇及建设意义。

第8章对长山群岛国家海洋公园进行规划与设计,通过影响因子、空间结构、适宜性等多方面分析确定公园的位置、范围及功能分区。

第9章为长山群岛国家海洋公园保护与开发互动研究,通过改进后的数学模型量化分析长山群岛生态保护与经济发展的状况,对区域本底生态足迹(BEF)、旅游生态足迹(TEF)、生态承载力(EC)、保护与开发协调度(C)、旅游容量阈值(T)等方面进行定量分析。

第10章为建设长山群岛国家海洋公园的实施方案研究,设计了长山群岛国家海洋公园建设的具体实施方案。

第11章为建设长山群岛国家海洋公园的保障措施研究,提出了建设长山群岛国家海洋公园的具体保障措施。

第12章为建设长山群岛国家海洋公园的综合效益评价,评价了建设长山群岛国家海洋公园的综合效益。

本书适用于国家级海洋公园管理部门的决策参考,亦可供海洋科学、地理科学、环境科学、旅游管理、城市规划等相关专业的师生和管理人员参考,同时对广大相关建设项目管理人员与技术人员、环境保护人士具有一定的参考价值。

王恒

2016 年 7 月 26 日于大连

目　录

理 论 篇

实　践　篇

理 论 篇

第1章 国家海洋公园的建设基础与意义

占地球表面积70.8%的海洋不仅是生命的起源地[1]，还是15万~20万种动物的家园[2]，并且蕴含着丰富的矿产资源。海洋独有的浪漫风情和奇特景观吸引着亿万旅游者，是人们向往的旅游胜地。在国外众多的国家海洋公园中，生态保护、游憩活动与科考研究完美结合[3]，成为可持续发展的经典。

1.1 国家海洋公园的建设基础

1.1.1 国家层面

国家海洋公园是由中央政府指定并受法律严格保护的，具有一个或多个保持自然状态或适度开发的生态系统和一定面积的地理区域（主要包括海滨、海湾、海岛及其周边海域等）；该区域旨在保护海洋自然生态系统、海洋矿产蕴藏地以及海洋景观和历史文化遗产等，是供国民游憩娱乐、科学研究和环境教育的特定地域空间①。

国家海洋公园以自然生态系统、海洋资源的保护以及适宜的旅游开发为基本策略，通过一定范围内的适度开发实现对整体的有效保护，既排除了与保护目标相矛盾的开发利用方式，达到保护海洋生态系统的目的，又为公众提供了游憩、教育、科研等机会与空间，是一种能够科学协调海洋生态保护与海洋资源利用之间关系的保护与管理模式[4]。

美国、加拿大、英国、澳大利亚等许多国家都建立了国家海洋公园，其中澳大利亚大堡礁海洋公园，总面积达35万平方公里，有效地保护了海洋生态系统，每年吸引超过200万世界游客[5]，可为澳大利亚带来45亿美元的收入[6]。在不影响保护目标的前提下，美国的海洋保护区尤其是国家海洋公园对带动社会经济的发展起到了积极的推动作用。据统计，滨海旅游业已成为仅次于海洋运输的美国国民经济发展的巨大驱动力，平均每年有2亿多人前往海滨休闲度假，为当地社区带来近百亿美元的经济效应[7]。

我国陆上有众多的国家地质公园、国家森林公园、国家矿山公园、国家湿地公园、国家城市湿地公园等，但直到2011年5月国家海洋局才正式公布首批7处国家海洋公园，目前我国海洋资源环境保护的主要形式仍为自然保护区。我国地大物博，从南至北纵跨热带、亚热带及温带，气候差异性较大，且拥有1.8万多公里的大陆海岸线和1.4万多公里的岛屿岸线，470多万平方公里的广阔海洋空间上分布着7600多个大小岛屿[8]，还拥有着丰富的海洋资源以及各具特色的海洋景观。

---

① 李悦铮，王恒.国家海洋公园：概念、特征及建设[J].旅游学刊,2015,30(6):11-14.

从 1956 年设立第一个自然保护区——广东鼎湖山国家级自然保护区,直至今日我国已建立起庞大的自然保护区体系,据 2015 年《中国环境状况公报》[9]显示,截至 2014 年年底,我国共建立各级自然保护区 2729 个,总面积约为 14 699 万公顷。其中陆域面积约为14 243 万公顷,占全国陆地面积的 14.84%,国家级自然保护区 428 个,面积约为 9652 万公顷。

表 1-1　全国不同类型自然保护区汇总(截止到 2014 年)

Table1-1　Different types of natural preservation areas in China（Until 2014）

类型	数量(个)	面积(公顷)
森林生态	1425	31 647 873
草原草甸	41	1 654 155
荒漠生态	31	40 054 288
内陆湿地	378	30 751 764
海洋海岸	68	711 489
野生动物	520	38 852 546
野生植物	151	1 782 786
地质遗迹	83	992 413
古生物遗迹	32	544 192
合计	2729	146 991 506

数据来源:中华人民共和国环境保护部,《中国环境状况公报》,2015.5

然而,我国对海洋区域的生态保护程度重视尚有不足。如表 1-1 所示,目前,我国仅设立各级海洋海岸类保护区 68 处,面积约为 71 万公顷,分别占我国自然保护区数量和面积的 2.49% 和 0.48%,与我国所管辖的巨大海域面积相对照,海洋保护区的面积微乎其微,有效覆盖我国典型海洋生态系统的海洋保护区网络远未形成,海洋保护区的建设管理工作任重而道远。

此外,我国的海洋保护区在分布和类型上还存在着明显的缺陷。在已建的各国家级海洋自然保护区中,以海洋、海岸带生态系统以及野生动物为主要保护对象的海洋自然保护区占了绝大多数,而其他各种类型的海洋自然保护区的数量则寥寥可数。这些已经建立的海洋自然保护区中大多以珊瑚礁、红树林、海岛以及河口湿地生态系统中的野生动植物为主要保护对象,却忽略了对生物多样性及非生物资源的保护。而且,这些海洋自然保护区多是陆地自然保护区向海洋的自然延伸,远不能代表我国纵跨三个气候带的庞大海域生态系统、生物多样性以及非生物资源等。

同时,国家级海洋自然保护区选址的聚集现象也不容忽视,现有的国家级海洋自然保护区主要分布在两大区域,即渤海海域以及广东至海南之间的海域。然而从黄海至东海,包括辽宁、山东、江苏、上海、浙江、福建等省市的这一段漫长的海岸线上分布的海洋自然保护区数量较少。海洋保护区的分布不均,导致了海洋保护区重复建设的现象较为严重。如此一来,原本就紧缺的建设经费更是捉襟见肘,更为严重的是应该被重点保护的海洋资源却未得到应有的重视。

必须指出的是,目前我国的保护区政策主要关注于当地社区生产活动对保护区的生态环境影响,很少考虑保护区的建立给社区带来的社会经济影响[10],很多情况下,自然保护区把生态保护与资源开发、游憩娱乐等活动机械地割裂开来,并没有为解决保护与开发的矛盾提供更多的机会与方法。这在一定程度上也制约了区域开发利用优势资源、发展经济的进程,从而导致保护与开发的矛盾日益突出,并且影响了当地建设自然保护区的积极性,进而影响了生态保护的效果[11]。

此外,在我国现有的 225 处国家级风景名胜区[12]、791 处国家森林公园[13]以及 240 处国家地质公园[14]中,陆地类的比重偏大,而海洋类的则尚不多见。以国家级风景名胜区为例,海滨海岛型的只有 11 个,仅占总量的 4.89%。值得注意的是,这些国家级风景名胜区目前仍是以开展旅游活动为主,而生态保护的功能则严重缺失,导致了保护与开发失衡的状况,无法起到对自然生态系统有效保护与维持等作用。

在世界自然保护联盟(IUCN)的分类体系中,前面所述的我国风景名胜区与自然保护区基本上属于 I、IV 以及 V 类。这些保护形式通常无法协调生态保护与经济发展的双目标。鉴于此,应统筹现有的自然保护区与风景名胜区两大体系,在借鉴国际相关经验的基础上,建立中国的国家海洋公园体系,把生态环境保护和资源开发利用完美地结合起来,走出一条可持续利用海洋的新路。通过比较国家海洋公园、风景名胜区以及自然保护区三者之间的关系(图 1-1),可以发现,我国建立集保护和开发于一身的国家海洋公园体系具有很高的现实意义,是未来我国海洋保护区发展的一个重要方向。

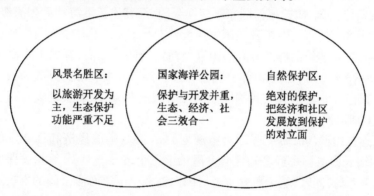

图 1-1   国家海洋公园、风景名胜区以及自然保护区三者之间的关系

Figure1-1   Relationship between national marine park, scenic spot and natural reserves

1.1.2   区域层面

21 世纪是海洋的世纪,海洋旅游是海洋产业的重要组成部分,而群岛旅游则当属海洋旅游这尊"皇冠"上的"明珠"[15]。我国旅游业已发展至休闲时代,目前我国南方已初步形成以海南岛为主体的海岛旅游度假区集群。大连长山群岛作为我国东北地区唯一的群岛,

地处辽宁沿海经济带之中,区域自然条件优越,经济发达,具备明显的后发优势,具备建设具有国际水准的海岛型旅游度假区的先天优势。大连市政府审时度势,将长山群岛旅游度假区总体规划纳入到大连市新时期经济社会发展的全域谋划之中,早在 2008 年 4 月即专门成立了由辽宁师范大学李悦铮教授为负责人的规划组,历时半年之久完成了《大连长山群岛旅游度假区总体规划》①,规划中明确提出了建设长山群岛国家海洋公园这一宏伟目标;2009 年伊始,大连市政府工作报告中正式提出了建设"大连长山群岛旅游度假区";2009 年 7 月 1 日,《辽宁沿海经济带发展规划》获国务院常务会议讨论原则通过,长海县以"大连长山群岛海洋生态经济区"的功能定位为辽宁沿海经济带 29 个重点发展和支持区域之一,长山群岛的发展已纳入至国家发展战略;2009 年 9 月,《大连长山群岛旅游度假区总体规划》经大连市委常委会、市政府常务会讨论通过并作为政府文件下发实施。2010 年 5 月,辽宁省委、省政府批准"长山群岛旅游避暑度假区"为省级旅游度假区,享有辽宁沿海经济带重点支持区域的相关政策。这一重大举措极大地推进了长山群岛管理体制和经济功能的历史变革,使我国最后一个开放的群岛迎来了前所未有的发展良机。建成生态环境优美、产业结构高端的亚太地区著名温带海岛型旅游目的地、世界著名的国家海洋公园,成为长山群岛未来的发展目标。我国"南有海南三亚过冬,北有大连长山避暑"的海岛休闲度假态势有望形成,前景光明。

《大连长山群岛旅游度假区总体规划》中首次提出在我国建立国家海洋公园。其后,包括海南西沙群岛、广东阳江海陵岛、广东湛江特呈岛、广东广州南沙、山东威海刘公岛、山东威海成山头、广西钦州茅海湾、江苏连云港海州湾、山东青岛诸岛在内的十多个地区均宣布申报建设国家级海洋公园。2011 年 5 月 19 日,国家海洋局发布了首批国家级海洋公园名单,共 7 处,分别是广东海陵岛国家级海洋公园、广东特呈岛国家级海洋公园、广西钦州茅尾海国家级海洋公园、福建厦门国家级海洋公园、江苏连云港海洲湾国家级海洋公园、山东刘公岛国家级海洋公园、山东日照国家级海洋公园,国家级海洋公园的建设在我国拉开了序幕。2014 年,大连长山群岛晋升为国家级海洋公园。然而,有关国家海洋公园的系统研究在我国尚不多见,关于国家海洋公园的概念、特征、分类、理论、方法和技术等问题都需要进行大量的研究,尤其是有关我国国家海洋公园的制度建设、规划设计以及保护与开发等问题更是迫在眉睫。

作为《大连长山群岛旅游度假区总体规划》《长海县国民经济和社会发展第十二个五年规划》②以及《长海县国民经济和社会发展第十三个五年规划》③等相关课题的主要执笔人,笔者曾几下海岛,同时,基于研究所需对国内外多个国家海洋公园的发展进行了大量的研究工作,这些均为国家海洋公园的研究奠定了坚实的基础,亦是本书创作的初衷所在。

---

① 大连市发展和改革委员会,辽宁师范大学.大连长山群岛旅游度假区总体规划,2008.

② 长海县人民政府,辽宁师范大学城市与环境学院,大连世达旅游研究中心.长海县国民经济和社会发展第十二个五年规划,2011.

③ 长海县人民政府,辽宁师范大学城市与环境学院,大连世达旅游研究中心.长海县国民经济和社会发展第十三个五年规划,2016.

1.2　国家海洋公园的建设意义

党的十八大报告首次把"美丽中国"作为生态文明建设的宏伟目标,提出了"把生态文明建设放在突出地位,融入经济建设、政治建设、文化建设、社会建设的各方面和全过程,努力建设美丽中国,实现中华民族永续发展"。明确指出:"提高海洋资源开发能力,发展海洋经济,保护海洋生态环境,坚决维护国家海洋权益,建设海洋强国。"海洋生态文明建设作为全民族生态文明建设的重要内容,不仅关系到海洋事业的健康发展,更是实现我国经济社会全面协调可持续发展的重要保障。

《中华人民共和国国民经济和社会发展第十三个五年规划纲要》①第四十一章"拓展蓝色经济空间"中特别指出:"坚持陆海统筹,发展海洋经济,科学开发海洋资源,保护海洋生态环境,维护海洋权益,建设海洋强国。深入实施以海洋生态系统为基础的综合管理,推进海洋主体功能区建设,优化近岸海域空间布局,科学控制开发强度。严格控制围填海规模,加强海岸带保护与修复,自然岸线保有率不低于35%。严格控制捕捞强度,实施休渔制度。实施陆源污染物达标排海和排污总量控制制度,建立海洋资源环境承载力预警机制。建立海洋生态红线制度,加强海洋珍稀物种保护。"

《中华人民共和国海岛保护法》[16]中明确规定:"国务院、国务院有关部门和沿海省、自治区、直辖市人民政府,根据海岛自然资源、自然景观以及历史、人文遗迹保护的需要,对具有特殊保护价值的海岛及其周边海域,依法批准设立海洋自然保护区或者海洋特别保护区。"

国家海洋局发布的《海洋保护区宣言》[17]中也特别指出:"继续大力推进海洋保护区建设,努力实现到2015年和2020年分别使海洋保护区面积达到我国管辖海域面积的3%和5%的规划目标;建立起类型多样、布局合理、功能完善、管理有力、保护有效的海洋保护区网络体系,使我国重要的海洋生态系统、珍稀濒危物种、海洋自然历史遗迹和自然景观得到有效保护;将继续以人类的智慧善待海洋,以人类的情感关爱海洋,全力构建海洋生态文明,永葆蓝色世界生生不息。"

党的十八届三中全会报告中特别指出:"建设生态文明,必须建立系统完整的生态文明制度体系",并进一步提出"建立国家公园体制。"国家公园是现阶段世界各国进行生态环境保护的一种重要形式,国家海洋公园是其中的主要类型分支,在国外众多的国家海洋公园中,生态保护、游憩活动与科考研究完美结合,成为可持续发展的经典。

积极规划建设国家海洋公园体系是海洋生态文明建设的一项重要举措,对于保护我国海洋生态环境和资源,进一步巩固我国海洋权益,探索我国海洋环境保护与经济建设和谐发展的新模式,具有十分重要的意义,有利于保护我国海洋生态系统的多样性,有利于促进我国海洋生态旅游业的发展,有利于提高社会公众的海洋意识、发展海洋文化。

日益恶化的生态环境给海洋生物带来了严重的灾难。海洋生态环境不仅是海洋生物生命延续的生存空间,也是海洋资源赖以存在的物质空间。为了海洋物种和生态系统能够

---

① 中华人民共和国国民经济和社会发展第十三个五年规划纲要.新华社,2016.

持续利用,必须既保护生态过程,又保护遗传资源。海洋保护区既能较完整地为人类保存一部分海洋自然生态系统的"本底",为以后评价人类活动的优劣提供比照标准,又能减少或消除人为的不利影响,改善海洋环境,维持生态平衡,使海洋资源为人类持续利用。加强海洋自然保护区建设,通过控制干扰和物理破坏活动,维持生态系统的生产力,保护重要的生态过程,是保护海洋生物多样性和防止海洋生态环境全面恶化的最有效途径之一。建立国家海洋公园体系,使其成为现有的海洋保护区网络的重要支点和功能补充,有助于保护脆弱的海洋生态环境及生物多样性。

旅游价值是海洋生态系统综合服务价值的一个重要组成部分,生态旅游作为协调保护和开发的有效方式已日益得到学术界和政府部门的广泛关注,并在海洋保护区管理实践中作为融资途径的首选模式被积极采用。国家海洋公园是开展生态旅游的最佳目的地之一。生态旅游目的地应具备的基本特征有:旅游影响最小化;实现生态旅游地发展的可持续性;直接或间接贡献于目的地的环境保护;基本无干扰或少干扰的自然区域;真实性、伦理性的经营理念以及建立环境意识,等等。作为旅游目的地的一种新的类型,国家海洋公园完全具备上述条件。国际上,水径旅游(Water Trail)、海底游览(Undersea Tour)、水下考古(Water Archaeology)、观鲸(Whale Safari)等生态旅游项目的成功开展即是很好的佐证。鉴于现阶段旅游业在我国的蓬勃发展趋势,以及生态旅游在国内外海洋保护区的成功实践,提高我国海洋保护区生态旅游活动的管理能力,通过生态旅游带动海洋保护区建设及沿海社会经济发展势在必行。

另一方面,生态旅游可以作为一种新的融资途径,能够有效地解决保护区的经费等问题,有利于保护区各项生态保护设施的建立,有利于落实管理工作。需要注意的是,不同类型的保护区应根据其自身的保护目标开展适宜的生态旅游方式,见表1-2[18]。

表1-2 IUCN 保护区分类体系与旅游活动的兼容性

Table1-2 Compatibility of IUCN reserve classification system and tourist activity

ICUN 保护区类	"软"生态旅游	"硬"生态旅游	其他形式的旅游
Ia(严格自然保护区)	否	否	否
Ib(自然荒野区)	否	是	否
II(国家公园)	是	是	否
III(自然纪念物)	是	是	否
IV(生境/物种管理区)	是	是	否
V(陆地/海洋风景保护区)	是	否	是
VI(资源管理保护地)	是	否	否

注:"软"生态旅游是指那些无特定目标,较为随意,主要以舒适休闲为目的的活动,"硬"生态旅游则是指探险、高强度以及体验野外生存类的活动。

作为珍稀自然资源和独特景观的集中地,国家海洋公园不仅为公众提供了一个了解海洋、认识海洋、欣赏海洋的平台,其优美的自然风光、丰富的海洋生物和原生态的海洋景观还能吸引大批游客进行观赏和娱乐活动。国家海洋公园作为以Ⅱ、Ⅴ类保护区为主的自然保护区类型之一,在海洋环境保护的基础上,结合生态恢复开展各种生态旅游活动,是我国沿海各地实施生态保护与发展海洋旅游的一种现实选择。

国家海洋公园同时为科学研究提供了平台,有利于开展国际合作与交流。其原始的生态系统、丰富的海洋生物、独特的地质地貌以及饱经沧桑的历史遗迹等均具有重要的研究价值。研究成果不但可以丰富国内相对薄弱的海洋科考研究,还可在第一时间内运用到国家海洋公园的建设与管理之中,在生态保护与资源利用的基础之上充分发挥生态效益、社会效益及经济效益。

同时,国家海洋公园也是向公众普及海洋知识,实现环境教育的重要载体,为青少年学生的学习、实践提供了良好的自然环境,提供了一个科学普及、教育的平台。在国外,国家公园最主要的利用目的之一就是实现国民教育。国家海洋公园是天然的实验室,是重要海洋、生物、地理、地质及其他学科的科学普及基地,对提高全民族整体科学素质具有重要意义。建设国家海洋公园,可以使更多的公众了解海洋,认识到海洋生态环境的脆弱性和资源的不可再生性,最终树立尊重自然和爱护自然的价值观。

此外,国家海洋公园还是良好的爱国主义教育基地。海岸、海岛、海洋在历史上是古战场,是抵御外来侵略者的堡垒,具有强大的爱国主义教育功能,我们应很好地利用这块基地,进行爱国主义教育。

目前,我国正由传统的内陆农耕国家向现代的海洋国家不断转变,这不仅是一个毋庸置疑的事实,而且也是我国实现民族复兴、实现"中国梦"的必然选择。

建立国家海洋公园可以强化国家主权,其政治意义不言而喻。例如,日韩两国的竹岛(独岛)之争就是典型的案例。早在1982年11月16日,韩国就把独岛区域范围划为"独岛天然保护区域",强化了韩国对该岛的拥有权[19]。充分利用国家海洋公园的政治意义,在某些海岛设立国家海洋公园,是对我国主权意识的极大巩固。

第2章 国家海洋公园的相关概念解析

2011年5月19日,国家海洋局发布了首批国家级海洋公园名单,共7处,分别是广东海陵岛国家级海洋公园、广东特呈岛国家级海洋公园、广西钦州茅尾海国家级海洋公园、福建厦门国家级海洋公园、江苏连云港海洲湾国家级海洋公园、山东刘公岛国家级海洋公园、山东日照国家级海洋公园。然而,有关国家海洋公园的系统研究在我国尚不多见,明确国家海洋公园的概念、特征以及类型等问题更是迫在眉睫。同时,系统分析国际上国家海洋公园研究的进展,有利于为我国处于起步阶段的国家海洋公园建设提供理论支撑。

2.1 国家海洋公园解析

2.1.1 国家公园的概念及特征

2.1.1.1 国家公园的定义

国家公园是一种特殊类型的公园,各国政府和学者对它的形式和内容有着不同的理解,以下是一些具有代表性的定义:

《朗文词典》(Longman Dictionary)将国家公园定义为:"由国家规划、保护和供人们游览的具有自然、历史和科学意义的区域。"[20]

根据《韦氏词典》(Merriam-Webster Dictionary)的定义:"国家公园是由国家政府规划(在美国是通过国会立法)、保留和维护的具有景观、历史和科学重要性的特殊区域。"[21]

根据《大不列颠百科全书》(Encyclopedia Britannica)的定义:"国家公园是由政府划定并通常予以特殊保护的具有景观、娱乐、科学或历史重要性的面积较大的公共区域。"[22]

"www.thefreedictionary.com"对于"国家公园"一词的释义为:"由国家政府正式对外宣布为公共财产,并以保护与发展游憩、文化为目的的大面积区域。"[23]在此基础上,"ency-clopedia.thefeedictionary.com"中还继续加以说明:"国家公园是由政府宣布拥有,并对其进行保护以免受大量人为开发及污染的一片保留区域。关于国家公园有一系列民众必须遵守的法规,例如:禁止随意丢弃垃圾等。国家公园还是一个IUCN二类保护区域……"[24]

法国将国家公园(Cévennes)定义为"为了维护国家利益而保护和管理的景观区域,这些区域具有特别重要的生态质量、文化底蕴和历史特征。"[25]

1916年8月,美国国会通过了《美国国家公园管理局组建法》(The National Park Service Organic Act),该法律规定建立国家公园的"目的是保护景观、自然和历史遗产以及其中的野生动植物,以这种手段和方式为人们提供愉悦并保证它们不受损害以确保子孙后代的福祉。"[26]

1945 年,英国的道尔(J.Dower)在《英格兰和威尔士的国家公园》(The National Parks of England and Wales)一书中把国家公园定义为:"为了国家利益通过适当的决策和立法程序而受到保护的一片相对原始、美丽而广阔的野外区域。在该区域中,严格保护典型的风景名胜;广泛提供户外娱乐道路和设施;合理保护野生动植物、历史建筑物和遗迹;有效维持现有的农牧业使用。"[25]

1969 年,世界自然保护联盟(IUCN)第十届全会把国家公园定义为:"一个国家公园,是这样一片较大范围的区域,其拥有一个或多个生态系统,一般情况下没有或很少受到人类的占据及开发等影响,区域内的物种具有教育的、科学的或游憩的特殊作用,抑或区域内存在着含有高度美学价值的自然景观;国家最高管理机构在整个区域范围内一旦有可能就采取措施禁止人们的占据及开发等活动,并切实尊重这里的生态、地貌及美学实体,以此证明国家公园的建立;到此观光须得到批准,并以教育、游憩及文化陶冶等为目的。"[27]

1982 年,于印度尼西亚巴厘岛(Bali)召开的第三届国家公园世界大会(National Park World Congress)所发表的《巴厘宣言》(Bali Declaration)中明确指出:"通过建立国家公园,提供旅游和娱乐的场所,对区域可持续发展做出了重要贡献。此外,大量的游客从大自然与圣地中汲取风景的、情感的和宗教的享受。通过保护这些地域,满足人们精神和文化的需要,在过去和未来之间建立一条重要的纽带,实现人类和自然的统一。"[28]

和国外相比,我国尚未对国家公园进行明确的定义,类似于"国家公园"这一概念在我国有这样几种类型的区域,包括自然保护区、风景名胜区、国家森林公园、国家地质公园、国家矿山公园、国家湿地公园、国家城市湿地公园以及生态示范区等。国家公园的概念与上述几种类型区域的概念既有联系又有区别。

我国知名学者沈国舫等将国家公园定义为:"以保护自然生态系统和自然景观的原始状态,同时又作为科学研究、科普和供公众旅游娱乐,了解和欣赏大自然神奇景观的场所"[29],这种定义基本上把国家公园限定为自然区域。

王维正等将国家公园定义为:"国家公园是一个土地所有或地理区域系统,该系统的主要目的就是保护国家或国际生物地理或生态资源的重要性,使其自然进化并最小地受到人类社会的影响。"[30]

尽管各国管理当局和学者对国家公园的定义各不相同,但其中具有许多共同之处。鉴于此,笔者将国家公园定义为:国家公园是建立在对区域自然生态和历史文化资源进行严格保护的基础之上,由国家通过立法划出的具有明确地理边界和一定面积的陆地、水域空间,满足人类的科学研究、科普教育以及游憩娱乐等需要。

国家公园通过一定范围的适度开发实现整体有效的保护,以生态系统、自然资源保护以及适宜的旅游开发为基本策略,达到保护生态系统完整性的目的,既排除了与保护目标相矛盾的开发利用方式,又为国民提供了游憩、教育、科研等机会与空间,是一种能够科学协调生态系统保护与资源利用之间关系的保护与管理模式。

2.1.2.2　国家公园的特征

根据 1969 年世界自然保护联盟(IUCN)的定义,一个国家公园应具有以下特点:

（1）它具有一个或多个生态系统，通常没有或很少受到人类占据或开发的影响，这里的物种具有科学的、教育的或游憩的特定作用，或者存在具有高度美学价值的景观；

（2）国家采用一定的措施，在整个范围内阻止或禁止人类的占有或开发等活动，尊重区域内的生态系统、地质地貌及具有美学价值的对象，以此保证国家公园的建设；

（3）该区域的旅游观光活动必须以游憩、教育及文化陶冶为目的，并得到有关部门的批准。

根据各种类型保护区的性质差异和管理目的不同，世界自然保护联盟（IUCN）将国际上各地区设立的各种保护区归纳为 6 大类[31]（见表 2-1）。

表 2-1　IUCN 规定的保护地分类体系
Table2-1　IUCN prescribed reserve classification system

类别 Ia	严格自然保护区（Strict Nature Reserve）：主要用于科学研究的保护区
	拥有某些特殊的或具代表性的生物系统、地理或生理特色物种的陆地及海洋，可进行科学研究及生态监测
类别 Ib	自然荒野区（Wilderness Area）：主要用于保护原始荒野面貌的保护区
	未受人类活动影响或略受影响的面积较大的陆地或海洋，仍保持其原始特色与影响，并未出现永久或大型建筑，以保护其原始环境
类别 II	国家公园（National Park）：主要用于生态系统保护及开展游憩活动的区域
	自然陆地或海洋：①为现在及未来一个或多个生态系统的完整性提供保护；②严禁对本区采取危害性开发或占用；③为旅游、休闲、科研及教育等活动提供场所，且上述活动均须与环境及文化相匹配
类别 III	自然纪念物（Natural Monument）：主要用于保护具有生态特色的保护区
	具有一种或多种生态或人文特色的区域，极具代表性或在美学及人文意义上举足轻重
类别 IV	生境/物种管理区（Habitat/Species Management Area）：主要用于采取干预进行管理以达到保护目的的区域
	一定范围内的陆地或海洋，采取积极的干预手段以达到管理的目的，从而确保达到个别物种对生境的特殊要求
类别 V	风景/海景保护区（Protected Landscape/Seascape）：主要用于风景/海景的保护和游憩的区域
	陆地以及海岸和海洋，因人类与自然的长期相互影响而形成的具重要美学、生态学及人文价值，且生物多样性较高的区域。保护传统的人与自然相互作用的完整性对本区的维持和进化极为关键
类别 VI	资源管理保护区（Managed Resource Protected Area）：主要用于自然生态系统可持续利用的保护区
	具有明显未受人类活动影响的生态系统，对其进行管理以保证长期维护其生物多样性，并依据当地社区的需求持续性提供自然产品及服务

从 IUCN 规定的保护地分类体系中可以看出：不同类型的保护区拥有不同的管理目标，有些是以原始生态系统保护为主要目的，例如：Ia/Ib/IV/VI 类保护区；有些保护区则需结合国民的休闲娱乐等活动进行保护，例如：II/III/V 类保护区[32]（见表 2-2）。

表 2-2　管理目标与 IUCN 保护区类别间的关系矩阵

Table2-2　Relational matrix of management objectives and IUCN reserve classification system

管理目标　　　　类型	Ia	Ib	II	III	IV	V	VI
科学研究	A	C	B	B	B	B	C
荒野地保护	B	A	B	C	C	—	B
物种及生物多样性保护	A	B	A	A	A	B	A
环境维护	B	A	A	—	A	B	A
特殊自然及文化属性保护	—	—	B	A	C	A	C
游憩及娱乐	—	B	A	A	C	A	C
教育科普	—	—	B	B	B	B	C
自然资源可持续利用	—	C	C	—	B	B	A
文化及传统属性维护	—	—	—	—	—	A	B

注："A" = 主要目的；"B" = 次要目的；"C" = 潜在利用目的；"—" = 不适用。

2.1.2　国家海洋公园的概念及特征

2.1.2.1　国家海洋公园的定义

国家公园是各国目前进行生态环境保护最为重要的一种形式，国家海洋公园是其中极为重要的一个类型①。国家海洋公园通过建立以海洋区域内的生物多样性和海洋景观保护为主，兼顾海洋科考、环境教育以及休憩娱乐的发展模式，使生态环境保护和社会经济发展等目标共同得到较好的满足，因而得到了人们的普遍认可，成为国际上海洋环境保护区设立和发展的主要模式。

在各个国家和地区的国家海洋公园发展过程中，由于不同的地理区位、自然环境以及地方社会经济发展的差异，各个国家和地区的国家海洋公园的类型存在着较大的差异，名称也不尽相同，如国家公园（National Park）、国家海洋公园（National Marine Park）、国家海岸公园（National Coast Park）、国家海滨公园（National Seashore）、国家海洋保护区（National Marine Sanctuary）等（见表 2-3）。

———————————————

① 王恒，李悦铮，邢娟娟.国外国家海洋公园研究进展与启示[J].经济地理，2011,31（4）：673-679.

表 2-3 国家海洋公园的名称比较

Table2-3 Name comparison of national marine park

国家、地区	海洋保护区名称	IUCN 分类
美国	国家公园(有海岸线)	II
	国家海岸公园	IV
加拿大	国家海洋公园	II
	国家公园、国家公园保留地(有海岸线)	II
澳大利亚、新西兰	海洋公园	V
	国家公园(有海岸线)	II/IV/V
英国、日本、韩国	国家公园(有海岸线)	V

注:根据刘康,刘洪滨(2006)[105];略改动。

多数的海洋保护区以生态系统及生物多样性保护为主要目的,并不适宜开展大规模的休闲游憩等活动。然而,也有相当数量的海洋保护区能够在确保生态系统保护的前提下,面向公众开展一定规模的休闲游憩活动,这些保护区成为国家海洋公园的主体,例如,美国的国家海岸公园,加拿大、澳大利亚等国的国家海洋公园等[33]。

不同的国家和地区,不仅对国家海洋公园的称谓不一,而且在概念界定上也没有一个较为一致的标准。例如,澳大利亚政府认为:海洋公园是一个多用途园区,旨在保护海洋生物的多样性,兼顾各种娱乐和商业活动,为此实行了分区计划,在海洋公园内划分避难区、环境保护区、一般用途区和特殊用途区,并分别为这些不同的区域设定了具体的目标和特殊条款[34]。而我国的《海洋特别保护区管理办法》[35]则指出:为保护海洋生态与历史文化价值,发挥其生态旅游功能,在特殊海洋生态景观、历史文化遗迹、独特地质地貌景观及其周边海域建立海洋公园。

在归纳不同国家和地区关于国家海洋公园的概念和内涵的基础之上,笔者认为国家海洋公园可定义为:由中央政府指定并受法律严格保护的,具有一个或多个保持自然状态或适度开发的生态系统和一定面积的地理区域(主要包括海滨、海湾、海岛及其周边海域等);该区域是旨在保护海洋生态系统、海洋矿产蕴藏地以及海洋景观和历史文化遗产等,供国民游憩娱乐、科学研究和环境教育的特定海陆空间。

2.1.2.2 国家海洋公园的特征

纵观世界各地的国家海洋公园,其发展历程也存在着较大的差异。在一些人口密度较小的国家,如美国、澳大利亚等,其海岸带尚存在着大量保存完好的或受人类活动影响较小的原始自然海岸。大量的原始沙坝、潟湖和湿地沼泽、沿海森林等成为美国国家海洋公园的主体,如鳕鱼岬国家海岸公园(Cape Cod National Seashore);也有以保护滨海山地及森林自然景观为主的国家公园,如阿卡迪亚国家公园(Acadia National Park)等。

在一些人口众多、地理空间较为狭小、沿海经济发展历史较为悠久的国家,如英国、日本等,其沿海地区原始的、未受人类开发活动影响的区域早已不复存在,其国家海洋公园建设的主要目的是恢复及保护已开发的、尚未遭破坏或轻度破坏的自然景观及历史文化景观。例如,英国的佩布鲁克国家公园(Pembrokeshire Coast National Park),该公园除了保护其原始自然景观之外,还负责保护完好的农牧业用地,形成美丽的田园风光。

另外,在加拿大,国家海洋公园的设立主要考虑海域环境,即以保护独特的海域水生生态环境为主,如布鲁斯半岛国家海洋公园(Bruce Peninsula National Park)。

尽管各国国家海洋公园的设立存在较大的差异,但公园的特征基本类似:

(1)提供一个生态保护的场所

通过对公园内自然生态及历史文化等遗产的保护,为后代子孙提供一个能够公平地享受人类自然及文化遗产的机会。

(2)提供一个游憩娱乐的场所

通过对海陆特定区域内具有观赏及游憩价值的自然景观及文化历史遗产的保护,为公众提供一个回归自然,欣赏生态景观,修身养性,陶冶情操的天然游憩场所,并增加社区居民收入,繁荣区域经济,进一步推动公园的生态保护。

(3)提供一个学术研究及环境教育的场所

公园拥有的大量未经人类开发活动改变或干扰的地质、地貌、气候、土壤、水域及动植物等资源,是研究生态系统及文化历史遗产的理想对象,具有较高的学术研究及国民教育价值。

因此,不论是 IUCN 的"国家公园",澳大利亚的"海洋公园",还是美国"国家海岸公园",加拿大的"国家海洋公园",均是站在公众利益的角度,强调保护脆弱的海洋生态环境和生物多样性,也都不排斥游憩、科研、教育等合理的资源利用模式。

国家海洋公园作为海洋保护区的一种类型,以保护海洋区域内的生物多样性和海洋景观为主,兼顾海洋旅游娱乐的发展模式得到了人们的普遍认可,成为沿海各国海洋保护区建设采取的主要模式之一,其设立的根本目的在于保护特殊海域的生态系统以及自然和人类历史文化遗产,把人为的影响降低到最低点,以实现自然及文化历史遗产的代际共享。

2.1.3 国家海洋公园的基本分类

世界各个国家和地区的海洋保护区类型繁多,其分类标准也各有不同,保护区可按照主要保护目的、保护地位、保护水平、保护的生态尺度以及保护时限等划分为不同的类型,对不同要求的保护区域进行保护与管理[36]。然而,对于作为海洋保护区的重要类型之一的国家海洋公园进行进一步的再分类,则少有文献涉及。笔者从空间差异的角度对国家海洋公园进行了基本分类,主要可分为海岛型国家海洋公园与海滨型国家海洋公园两大类型。

2.1.3.1 海岛型国家海洋公园

海岛型国家海洋公园主要是指由分布在海洋中被水体全部包围的较小面积陆地及其周围海域所构成的海陆空间,旨在保护天然岛屿及其周围海域中的生态系统与自然资源及景观。例如,美国的海峡群岛国家公园(Channel Islands National Park)等。

2.1.3.2 海滨型国家海洋公园

海滨型国家海洋公园主要是指由位于大陆与海洋之间的较大面积陆地及其外围海域所构成的海陆空间,旨在保护原始海岸及其周围海域中的生态系统与自然资源及景观。例如,美国的哈特拉斯角国家海滨(Cape Hatteras National Seashore)等。

目前,在我国正式对外公布的33个国家级海洋公园中,属于海岛型的有18个,分别是广东海陵岛、广东特呈岛、福建厦门、广西钦州茅尾海、江苏连云港海州湾、山东刘公岛、山东长岛、浙江洞头、福建福瑶列岛、福建湄洲岛、福建城洲岛、广西涠洲岛、浙江渔山列岛、山东青岛、辽宁盘锦、辽宁觉华岛、辽宁大连长山群岛、浙江嵊泗等。

属于海滨型的有15个,分别是山东日照、山东大乳山、江苏小洋口、福建长乐、广东雷州乌石、江苏海门蛎蚜山、山东烟台山、山东蓬莱、山东招远、山东威海、辽宁绥中、辽宁大连金石滩、广东南澳青澳湾、辽宁团山、福建崇武等。两种类型的国家级海洋公园数量基本相当。

2.2 国家海洋公园的研究进展及评述

自1937年美国建立哈特拉斯角国家海滨(Cape Hatteras National Seashore)以来,澳大利亚、英国、加拿大、新西兰、日本、韩国等国相继建立起国家海洋公园体系,以海洋生态系统与海洋景观保护为主,兼顾海洋科考、环境教育及休憩娱乐的发展模式,使生态环境保护和社会经济发展等目标均得到较好的满足,受到民众的普遍认可,成为国际上海洋保护区设立与发展的主要模式之一。伴随着国家海洋公园的发展,国外学者从不同角度进行了相关研究。

近十多年来,国际上关于国家海洋公园的研究主要集中于公园在生态环境、渔业发展、旅游发展等方面对区域产生的影响,以及公园的选址与规划、经营与管理、相关利益者等方面,其研究领域比较广泛,基本上形成了多学科综合研究的局面。系统分析国家海洋公园研究进展,有利于为处于起步阶段的我国国家海洋公园建设提供理论支撑。

2.2.1 国外国家海洋公园的研究进展

目前,国际上关于国家海洋公园的研究主要集中于公园在生态环境、经济、社会以及文化等方面对区域产生的影响、国家海洋公园的选址与建设、产品开发与旅游者研究、环境监测与容量控制、相关利益者及其协作等方面,其研究领域较为广泛,基本上形成了多学科综合研究的局面。

2.2.1.1 国家海洋公园的区域影响

(1)国家海洋公园的环境影响

这是目前国际上关于国家海洋公园的研究中最主要的部分,其中尤以海洋生态系统、动植物资源、水资源等方面为重点研究对象。

国家海洋公园的建立,将会对生态环境产生积极的影响,可以使遭受破坏的栖息地得到逐步恢复,维持生物多样性,保护海洋生物。John A.Dixon[注]等人(1993)认为,国家海洋公园通过保护自然资源和生物多样性,维护了生态环境的自然平衡[37]。通过在选定区域

[注]考虑到检索到的论文涉及各国学者众多,恐在人名翻译过程中出现偏差,故全部保留原文献中的英文名,未一一翻译成中文。为方便读者检索,参考文献部分列有与正文一一对应的学者全名,以及相关著作的完整信息。

禁止进行任何形式的渔猎活动,从而降低了捕捞强度,保持了以往目标鱼类种群[38-40]的数量及多样性,既而使原已从渔场中消失的物种重新出现[41],并显著提高了大型掠食性鱼类的数量[42]。珊瑚覆盖面积的扩大及其结构复杂性的增加为其生态环境带来了有利影响[43]。Alan T.White 等人(2002)在一项关于菲律宾的案例研究中发现,由于国家海洋公园的建立,海洋生态环境得到了极大的改善[44]。T.R.McClanahana 等人(1999)通过对坦桑尼亚国家海洋公园的案例研究发现,海洋公园内受保护场所的鱼类生物量比未受保护的岩礁区要多 3.5 倍左右[45]。

然而,国家海洋公园的建设也存在着一系列负面影响。正如 C.Michael Hall(2001)所指出,海岛地区生态系统十分脆弱,任何对自然环境和生态系统的干扰都可能对区域的长期稳定产生严重后果[46]。海岛地区淡水资源匮乏,在国家海洋公园的开发建设中,用水供需矛盾较为突出。P.P.Wong(1998)在一项研究中发现,在东南亚等海岛地区,地下水过度抽取已引起海水入侵,严重威胁地表植物的生长,当地居民和游客的生活饮用水需要通过船运方可解决[47]。Anastasia Tsirika 和 Savvas Haritonidis(2005)指出,国家海洋公园的基础设施建设和旅游项目开发对珊瑚系统产生了较大的影响[48]。

G.Elliott 等人(2002)经研究发现,珊瑚礁区正在被世界范围内不断增长的人群、旅游开发以及在邻近珊瑚礁使用有毒的物品和爆炸捕鱼所威胁[49]。Terence P.Hughes(1994)通过对加勒比海地区的案例研究发现污染物的排放加剧了水体富营养化,威胁了珊瑚生存,珊瑚观光游等受到严重影响[50]。John A.Dixon 等人(1993)对加勒比地区的博内尔岛国家海洋公园(Bonaire National Marine Park)进行了光电分析,结果发现,在重度利用的潜水点附近的珊瑚礁遭到很大破坏(图 2-1),潜水活动已经接近或稍微超过了该公园的承载能力[37]。大量的研究表明[51-52],潜水者数量和珊瑚礁质量之间存在着反比关系,这种关系反映在珊瑚礁覆盖率和物种多样性的指标变化。

C.Michael Hall(1994)指出,在热带以及亚热带地区,海岛旅游开发导致大量的红树林被砍伐,河口湾遭到填围或疏浚,河口湾与红树林生态系统被严重破坏,此类问题在澳大利亚(Australia)、斐济(Fiji)、夏威夷(Hawaii)、瓦努阿图(Vanuatu)等国家和地区较为突出[53]。此外,根据美国国家海洋大气管理局(National Oceanic and Atmospheric Administration)的公报显示,人为的噪声近来也被看作是对海洋生物保护区资源的威胁之一(NOOA,2007)[54]。

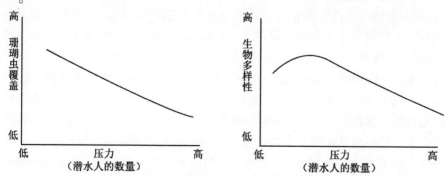

图 2-1　珊瑚虫覆盖、生物多样性和压力(潜水人的数量)之间的关系
Figure2-1　Relationship between coral cover, species diversity, and stress

（2）国家海洋公园的经济影响

国家海洋公园对海岛地区的经济影响较为明显。近年来，随着人们海洋保护意识的提高，国家海洋公园的概念得到了快速普及，其经济价值也逐渐得到人们的认可。如公园可以提高保护海域的生物量、增加生物多样性并恢复当地遭到破坏的生态系统等，这些变化可以为海域利用者提供直接或间接的生态服务价值。T.T.De Lopez（2003）从经济学角度对柬埔寨南部的西哈努克云壤国家公园（Ream National Park）国家海洋公园进行了分析，评估了不同利益主体之间建立或破坏国家海洋公园后的利益和损失，结果表明，公园的存在为当地居民争取了最大的利益，而肆意的开采资源，将会给当地造成巨大的经济损失[55]。

Alan T.White 等人（2002）通过对菲律宾群岛的多个案例研究发现，国家海洋公园的建立对当地的渔业生产起到了极大的推动作用[44]。现有的渔业数据表明，绝大部分国家海洋公园可以在保全生物多样性的同时，提高当地的渔业产量（Alcala et al,2005）[56]，包括贝类（Murawski et al,2000）[57]、甲壳类（Kelly et al,2000）[58]、海鞘类（Castilla,1999）[59]及各种鱼类等（Willis et al,2001）[60]，从而提升当地的渔业经济效益。

但也有一些研究得出不同的结论，认为国家海洋公园对外部渔业种群的增强作用并不明显（Sumaila et al,2000）[61]，国家海洋公园对当地捕捞产量没有影响或影响很小（Willis et al,2003）[62]。此外，国家海洋公园的建立还以牺牲部分渔场及短期渔业产量为代价，T.R.McClanahan 和 B.Kaunda-Arara（1996）通过对肯尼亚珊瑚海的 7 块珊瑚礁长达 6 年的研究，发现由于国家海洋公园的建立，65%的捕鱼点受到了保护，导致 65%的渔民离开了研究地点[63]。Helena Faasen 和 Scotney Watts（2007）研究了南非齐齐卡马国家公园（Tsitsikamma National Park）"禁采"渔业政策的地方社会反映，发现有相当多的当地居民仍然渴望在海洋公园内捕鱼，一些当地居民甚至始终没有停止在齐齐卡马国家公园内进行渔猎[64]。国家海洋公园的长期渔业效益取决于公园内目标物种的移动性、生命史特征、现有捕捞水平以及捕捞强度对公园建立的反应等多种因素，存在很高的不确定性。B.Kaunda-Arara 和 G.A.Rose（2004）研究了国家海洋公园对肯尼亚沿海地区渔业产量的影响，结果发现虽然来自公园的绝大多数的物种溢出是有限的，但是值得注意的是，最重要的经济物种已经溢出至相邻的渔场，而且其中可能包括重要的幼苗和其他的物种[65]。

在国家海洋公园的旅游及娱乐价值方面，研究者认为绝大多数公园对游客产生的吸引力及相关经济效益远远超过其渔业效益。John A.Dixon（1993）等人指出，建立国家海洋公园，可以通过开发旅游业及娱乐业支持经济发展和创造就业机会[37]。Anatoli Togridou 等人（2006）通过对希腊扎金索斯国家海洋公园（National Marine Park of Zakynthos）的研究发现，公园每年可以获得的收入已经远远超过了公园管理主体费用的运营成本[66]。很多潜水者更多地选择在国家海洋公园内进行潜水，旅游业收入已经成为当地主要的经济收入来源。Teodora Bagarinao（1998）在关于菲律宾国家海洋公园的研究中指出，位于苏禄（Sulu）海中央的图巴塔哈群礁国家公园（Tubbataha Reef National Park）已经成为理想的潜水地和联合国教科文组织的世界人类文化遗产地[67]。Williams 和 Polunin（2000）在一项针对岩礁类国家海洋公园的研究中发现，生存在岩礁海域的鱼类大小、数量以及多样性的增加对于潜水游客来说，比起岩礁本身更具价值[68]。

John A.Dixon（1993）在研究中发现，1956 年建立的美属维尔京群岛国家公园（Virgin

Islands National Park），20 世纪 80 年代初期的平均运营成本大约为 210 万美元/年，而来自旅游业及娱乐业的收益为 2330 万美元/年，其中直接收益 330 万美元/年，间接收益 2000 万美元/年，是公园运营成本的 10 倍多。1987 年建立的荷属安的列斯萨巴岛国家海洋公园（Saba National Marine Park），1992 年上半年吸引的潜水者只有 9200 人次，但到了 1994 年就猛增至 30 000 人次；而同属安的列斯群岛的博内尔海洋公园仅 1991 年吸引的潜水者就达到 17 万人次[69]。由此可见，国家海洋公园发展旅游业的经济收益要远大于当地的渔业收益。而且，国家海洋公园发展旅游业的创收潜力十分巨大，John Asafu-Adjaye 和 Sorada Tapsuwan（2008）[70]在一项关于泰国斯米兰群岛国家海洋公园（Similan Islands Marine National Park）的研究中发现，旅游者愿意支付更高的费用，海洋公园管理单位应增加 5 倍以上的潜水费，公园因此可获得更多的收入。正如 Edmund Green 和 Rachel Donnelly（2003）所言，如果今后在更大的范围内收取更高的费用，就能够在很大程度上满足地区环境保护方面的费用[71]。

（3）国家海洋公园的社会文化影响

国家海洋公园的社会文化研究多集中于对社区居民的文化影响方面，研究人员主要运用社会学、人类学、文化学、行为学以及心理学等学科领域的理论、方法进行分析。海岛地区远离大陆，当地文化容易受到外来文化的影响，例如历史上传教士以及殖民者对太平洋海岛地区的文化影响等。另外，由发展旅游业所引起的商业化，导致原先以道德为标准的价值观转向以经济利益为标准，从而不可避免地对当地文化产生影响。

Tracy Berno（1999）通过对太平洋库克（Cook）群岛的案例研究发现，本地居民和外来游客对旅游影响的感知存在差异，如果不能很好地协调两者对旅游业的态度和期望，将会导致本地居民承受旅游引起的大部分负面代价[72]。Stefan Gössling 等人（2002）通过对巴厘岛国立国家公园（Bali Barat National Park）的案例进行研究后发现，当地存在着很多反映农业生产和宗教仪式相融合的典礼及艺术，但在经过了大规模旅游开发之后，居民对海藻的传统利用、捕鱼、文化礼仪以及当地社区娱乐已经受到不同程度的限制，因此，除非修订相关政策，否则当地文化将逐渐衰退[73]。

很多研究表明，由于缺乏对当地社会文化的足够重视，居民对国家海洋公园的建立以及政府的管理表现出消极的态度。G.Elliott 等人（2001）通过对印度尼西亚苏拉威西岛瓦卡托比国家公园（Wakatobi National Park）的案例研究发现，瓦卡托比公园的管理计划并未考虑到公园对当地居民生活和文化的影响，应该更改公园的分区和保护条例，以适应当地社区的生活需要[74]。T.McClanahan（2005）等人在一项关于肯尼亚的案例研究中发现，当地渔民对政府的区域管理很少有积极的认知，究其原因，正在增长的收入和社区参与并不是重要的因素，而更多的对区域管理的正面认知则与社区教育有关[75]。

2.2.1.2　国家海洋公园的规划与管理

（1）国家海洋公园的选址与建设

长期以来，国家海洋公园的选址与建设一直受到国外广大学者的重视。Craig（1999）认为，建立一个包括国家海洋公园在内的自然保护区体系，其关键环节包括制定目标、选择管理类别、进行盘点、找出差距、设计储备、测量储备条件和脆弱性，并认识研究和管理之间的关系等[76]。Ballantine（1991）指出，要使国家海洋公园具有代表性，必须更加重视物种分布的格局、模式以及丰度等方面的要素[77]。Davidson 和 Chadderton(1994)在一项关于新西兰亚伯塔斯曼国家公园(Abel Tasman National Park)选址的研究中指出,国家海洋公园的选址应考虑包括海岸基质、藻类和草食动物组合在内的各种环境因素,并识别石灰岩和花岗岩下层以及内部的双重结构差异[78]。

Francis(2002)通过对东非地区的案例研究发现,该地区国家海洋公园的选址、建立及规模,更多的是当地独立决策和审议的结果。一般来说,更多的是基于人文方面的考虑,而不是生态方面的考虑[79]。S.Worachananant 等人(2007)在一项关于 2004 年海啸对泰国苏林国家海洋公园(Surin Islands National Marine Park)影响的研究中表明,以岛屿为中心的国家海洋公园,应将其整个区域内的生物多样性保护作为一种策略,应该利用地形和水文资源作为国家海洋公园选址的附加条件,以用于应对不定期发生的灾难性事件[80]。

(2)产品开发与旅游者研究

有关旅游产品和旅游者的研究在国家海洋公园规划与管理中占据着重要地位。Kalli De Meyer(1998)在一项关于荷属安的列斯群岛博内尔岛国家海洋公园的案例研究中指出,潜水者不仅是最大的用户群,而且也是该公园良好管理的最直接受益群体[81]。Laani Uunila 和 Russell Currie(2002)以加拿大布鲁斯半岛国家公园(Bruce Peninsula National Park)和法瑟姆第五国家海洋公园为对象,研究了划水旅游的市场可行性,该研究认为,根据公园的条件,如果采取一些预防措施,发展水径旅游是可行的[82]。M.A.Bonn(1992)通过对海滨旅游地市场的季节性研究,揭示了其基本特征,结果发现,海岛旅游市场具有较大的敏感性与多变性[83]。

Anatoli Togridou 等人(2006)通过对希腊扎金索斯国家海洋公园游客的属性、信息源、环境的性质以及游客旅游购买意愿等方面的综合分析,发现较高的支付意愿数量与遗产价值有关[66]。Joanna Tonge 和 Susan A.Moore(2007)通过对西澳大利亚国家海洋公园腹地的重要性满意度研究发现,有效的管理取决于能够评价的游客体验的质量,以及对自然环境的保护[84]。Suchai Worachananant(2008)等人在一项有关泰国海洋公园潜水旅游者对珊瑚礁影响的研究中指出,公园管理者可以帮助潜水旅游者查明并指导其使用能够抵抗损害的潜水点,同时提醒经营者,以促进潜水行为的最小影响[85]。

(3)环境监测与容量控制

由于国家海洋公园在生态环境保护方面所肩负的重要使命,有关其环境监测与容量控制方面的研究同样占据着较大的比重。Anastasia Tsirika 和 Savvas Haritonidis(2005)认为,评估国家海洋公园内的生物多样性对保护和保存自然栖息地具有十分重要的意义[86]。John A.Dixon(1993)等人在一项关于加勒比海地区博内尔岛国家海洋公园的研究中发现,公园内珊瑚礁退化的主要原因包括以下几个方面:使用下锚停船;潜水者过多造成的压力;在海洋中处理废弃物和石油产品不当;来自陆地的污染和其他物质的流入等。并认为每年每个潜水点潜水者数量的临界值应取 4500[37]。Roberts 和 Hawkins(1994)在研究中发现,由于努力加强旨在使得游客意识到珊瑚脆弱性的教育,博内尔岛国家海洋公园珊瑚礁的物理损坏程度较低,甚至在利用程度最高的潜水点,也仅仅只有 2.7% 的珊瑚礁显示出损坏的迹象[87]。

T.Ramjeawon(2004)分析了毛里求斯在 1993 年颁布的环境监控认证计划

"Environmental Impact Assessment(EIA)",认为该计划最大的漏洞是没有后续的监控,应明确以 EIA 为导向的监控不同于一般程序性的环境监控,并提出了完善这个计划的建议[88]。Hatch 和 Fristrup(2009)在最新的研究中总结了保护自然保护区摆脱噪音污染的 4 条途径:①加强在监测方案和数据管理方面的投资;②扩大决议和影响评估工具的范围;③加强协调和规制结构;④鼓励并教育美国民众获取安静的利益[89]。

(4)相关利益者及其协作

国家海洋公园的规划与管理涉及众多的相关利益者,每个群体都有自己的"文化",即自己独特的价值与目标,这种复杂的利益交错关系对公园的持续发展提出了要求。正如 Ghimire 和 Pimbert(1997)所指出,只有当国家海洋公园有保护和改善当地生活和生态条件的双重目的时,其保护方案才会有效并且可持续[90]。又如 Bajracharya(2006)所言,所谓"保护"并不仅仅局限于狭义的保护,其同时涉及生物多样性保护和资源的可持续利用[91]。

Janet M.Carey 等(2007)通过在数据缺乏系统中使用风险分析法处理其不确定性,研究了利益相关者参与澳大利亚的维多利亚州国家海洋公园管理的情况,并对其危险源进行了辨识[92]。G.Elliott 等人(2001)在一项关于印度尼西亚苏拉威西岛瓦卡托比国家海洋公园的案例研究中指出,如果国家海洋公园在资源管理方面对像印尼这样的发展中国家是一条有益的途径,那么增加对社区居民的关注是必要的而且是可行的[49]。

Alan T.White 等人(2002)通过对菲律宾国家海洋公园的研究发现,社区以及其他利益相关者的参与对国家海洋公园取得成功是至关重要的[44]。该研究指出,利益相关者应该具备国家海洋公园所有者的使命感,他们渴望监督和保护国家海洋公园,并且懂得为其负责。该项研究还指出,为确保海洋保护区的建立,无论是渔民组织还是地方政府,坚定支持的领导者必不可少。使用者的权利需要被尊重,这是为了处理资源的所有权和管理权,同时也是为了引导资源所有者的行为。然而,这些使用者的权利需要来自于政府部门在道德和法律上的支持,并获得合法权益和尊敬。法律和政策的支持需要恰到好处,规章制度应使国家海洋公园的各项规则合法化,并且精确地指定在保护区内什么是允许的而什么是禁止的。

Don Alcock 和 Simon Woodley(2002)在华盛顿海洋援助计划报告中详细阐述了澳大利亚的 CRC 计划,分析了其怎样创新地连接基金和合作伙伴以及旅游经营者和珊瑚礁管理者,帮助解决社会、环境和经济问题,包括人口压力、沿海发展、业务法规、旅游经验、水质和海洋保护政策等方面,并认为交互式规划与协商能够克服敌对和竞争,从而开发出一个在这些不同的相关利益者之间的"文化合作"[93]。

2.2.2 中国国家海洋公园的研究进展

我国幅员辽阔,地跨温带、亚热带和热带,气候差异性大,拥有 1.8 万多公里的大陆海岸线和 1.4 万多公里的岛屿岸线,470 多万平方公里的内海和边海水域面积,以及 7600 多个大小岛屿,是世界上海岛最多的国家之一,拥有丰富的海洋资源和独特的海洋景观,形成了多种典型的海洋生态系统。丰富的海洋资源,为我国开发建设国家海洋公园提供了有利的条件。然而,由于历史、文化、政策等多方面因素,我国国家海洋公园建设总体上尚处于起步阶段,其理论研究与国外相比还存在很大的差距。

国内对国家海洋公园的研究刚刚起步,基本上以介绍国外著名国家海洋公园的规划建设和管理经验为主:成志勤(1989)[94],刘洪滨(1990)[95],赵领娣(2008)[96],张燕(2008)[97],孟宪民(2007)[98],黄向(2008)[99],秦楠、王连勇(2008)[100],王月(2009)[101],罗勇兵、王连勇(2009)[102],梅宏(2012)[103]分别介绍了加拿大、英国、澳大利亚、美国、新西兰等国的国家海洋公园发展情况以及对我国的启示。

关于我国建设国家海洋公园的研究仅仅停留在最初的开发构想阶段:刘洪滨、刘康(2003)提出了中国发展国家海滨公园的对策[104],并以威海国家海滨公园规划为例讨论了国家海滨公园开发与保护的关系[105]。谢欣(2008)[106],祁黄雄(2009)[107],李志强等(2009)[108],黄剑坚(2010)[109],崔爱菊(2012)[110],孙芹芹(2012)[111],吴瑞(2013)[112],邓颖颖(2013)[113],王晓林(2014)[114],耿龙(2015)[115]等分别提出了各自的开发设想。

2.2.3 国家海洋公园研究评述

自20世纪90年代后,国外国家海洋公园研究进展较快,在继续重视环境、经济、社会、文化等方面的同时,公园的开发与管理更受关注,特别是有关于产品开发和旅游者研究以及相关利益者及其协作的研究明显增多。在研究技术和方法上,经济学、统计学、社会学、心理学等学科已广泛应用于国家海洋公园的经济、社会以及文化研究等方面,环境学、生态学、化学等学科的最新成果也开始应用于公园环境方面的研究。此外,由于国家海洋公园自身关联度高的属性,跨区域、跨部门、多学科合作已成为国际上国家海洋公园研究的趋势。

同时,不难看出,目前国外关于国家海洋公园的研究还存在一定的不足。在研究内容方面,分析公园对区域环境产生影响的研究比重偏大,而研究公园规划建设与经营管理方面的文献尚不多见,至于涉及国家海洋公园保护与开发互动方面的专项研究则少之又少。

在研究方法方面,目前的研究基本上以定性分析为主,特别是环境方面的研究,由于相关资料和数据缺乏,国外国家海洋公园的环境研究总体上仍处于概念性和定性分析阶段,而基于特定环境或具体开发影响的研究较少。由于可利用数据及可对比数据的匮乏,至今尚未对公园开发建设产生的环境影响做过系统地研究,从而影响研究的继续深入。同时,很多发展中国家目前只能将有限的资源主要用于经济发展、健康福利及教育等方面,生态保护及监测则缺乏支持,用于生态环境问题研究的人才、技术与资金无法得到保障,从而制约了研究的开展。此外,由于国家海洋公园环境的复杂性和人类活动的多样性,客观上也制约了环境影响的定量评价。

国内学者对国家海洋公园的研究多以一般概念性定性分析为主,特别是由于我国国家海洋公园成立的时间较短,缺乏相关的监测及统计资料,客观上制约了定量分析和新技术的应用,并且造成研究人员的不足,进一步影响了我国国家海洋公园研究的发展。

2.3 小结

国家海洋公园可定义为:由中央政府指定并受法律严格保护的,具有一个或多个保持自然状态或适度开发的生态系统和一定面积的地理区域(主要包括海滨、海湾、海岛及其周边海域等);该区域是旨在保护海洋生态系统、海洋矿产蕴藏地以及海洋景观和历史文化遗产等,供国民游憩娱乐、科学研究和环境教育的特定海陆空间。公园的特征包括:提供一个生态保护的场所;提供一个游憩娱乐的场所;提供一个学术研究及环境教育的场所。从空间差异的角度对公园进行分类,主要分为海岛型国家海洋公园与海滨型国家海洋公园两大类。

当前我国国家海洋公园的理论研究与实践都处于起初阶段,必须重视吸取国际成功经验。国外众多的国家海洋公园经过长时间的发展,积累了许多宝贵经验与研究成果,应加强对这些经验与成果的研究与借鉴,并及时把握国际上同类主题的研究动态。同时,应与有代表性的国家海洋公园及研究机构积极开展国际合作研究,以期尽快发展我国国家海洋公园的研究与实践。

第3章　国家海洋公园的基本理论体系

在厘清了国家海洋公园的概念、特征及类型等重要问题,并系统分析了国际上国家海洋公园研究进展的基础上,摆在我们面前的突出问题就是用什么理论指导我国建设国家海洋公园体系。经过进一步的分析研究,笔者将国家海洋公园的基本理论总结如下。

3.1　保护区规划理论与国家海洋公园的建立

早在一百多年前,人类就开始建立自然保护区以保护具有重要价值的珍稀动植物和人文景观。目前,自然保护区作为保护生物多样性的一种主要途径已得到世界各国及地区的普遍认同,有关自然保护区建设的理论与方法也一直是学术界研究的热点。从区域的尺度分析生物多样性保护的现状、探明生物多样性保护的空间分布、提出科学的自然保护区规划方法,仍然是目前从事生物多样性研究的学者们以及自然保护区管理人员们所普遍关注的关键问题。现阶段,有关自然保护区规划的理论与方法主要包括以下几个方面:

3.1.1　岛屿生物地理学理论

自然保护区建立所依据的理论基础是 MacArthur 和 Wilson 等(1963,1967)所创立的岛屿生物地理学(Island Biogeography)理论[116-117],在自然保护区建设和管理中占据着重要的地位。在该理论的指导下,建设大面积的保护区同时为物种提供足够的进化空间已成为保护区建设与管理的重要原则之一。

岛屿生物地理学定量描述了物种数量与岛屿面积以及岛屿与大陆的隔离程度(到达大陆的距离)的函数关系,其公式通常表示为:

$$S = CA^z$$

式中,S 代表物种的丰富程度,C 为与生物地理相关的拟和参数,A 代表岛屿的面积,z 为与到达岛屿难易程度相关的拟合参数。z 的理论值为 0.263,通常变化在 0.18 ~ 0.35。C 值的变化反映了地理位置的改变对物种丰富程度的影响[118]。

该理论认为,岛屿上物种的数量取决于原来占据岛屿的物种的灭绝速率与新物种的迁入速率之间的平衡,这两个过程的此消彼长导致了岛屿上物种丰富程度的动态变化。当迁入率与灭绝率等同时,岛屿物种的数量达到动态平衡,即物种数目相对稳定,但物种的结构却在不断变化与更新。在这种状态下,物种的种类更新速率在数值上等于当时的迁入率或灭绝率,通常称为种周转率(Species Turnover Rate)。

当岛屿上的物种数量达到平衡时,物种数量与岛屿大小呈正相关,与岛屿到大陆的距离呈现负相关。在其他条件相同的情况下,面积较大的岛屿上物种的灭绝率比小岛屿低,因为大岛屿可以支撑更多的物种数量,而数量大的种群又具有较低的灭绝概率。同样,远离大陆的岛屿比距离大陆较近的岛屿具有较低的迁入速率。因此,在所有条件均相同的情况下,面积大的岛屿比面积小的岛屿能支持更多的物种,距离大陆近的岛屿比距离大陆远的岛屿拥有更多的物种。这就是岛屿生物地理学中的面积效应与距离效应。

岛屿生物地理学理论的产生及快速发展是生物地理学界的一场变革。生物生存所需的环境从大陆上的林地、草原、高山以及大洋中的岛屿,到森林中的林窗均可看成是大小及隔离程度不等的岛屿。长期以来,该理论的简单性及其适用领域之广使得该理论一直作为物种保护和自然保护区设计的理论基础,因此也引起了生态学者关于是建立一个大的自然保护区还是建立面积总和相当、宜于物种迁移的多个小型保护区的争论,即 SLOSS 理论(Singlel Large or Several Small)[119]。

目前,基于生境破碎化的研究已超越了岛屿生物地理学范畴,岛屿生物地理学理论用以指导物种保护存在其自身的局限性(赵淑清等,2001;Lanrance,2008)[119-120]。一方面,该理论把岛屿的几乎所有生物学特征全部归纳为一个变量——物种的数量(Wiiliamson,1989)[121]。而且,该理论只关注岛屿内部物种的数量和面积的关系,却没有考虑同一物种内个体的数量及大小。虽然物种数目和面积的关系在某种程度上是环境异质性的量度,但是许多环境异质性的量度指标都不是简单地随着面积的增加而增加。另一方面,该理论认为决定岛屿上物种平衡的主要过程具有随机性,并且对岛屿上所有的物种都是均等的。此外,该理论也没有考虑到基质效应、边缘效应、环境的综合作用以及群落水平的变化等(Lauranee,2008)[120],以及其他决定岛屿上群落组成的重要生态学因素,例如进化、竞争、捕食以及互惠共生等(韩兴国,1994)[122]。岛屿生物地理学理论中存在着一个永远都不会灭绝的大陆种群的假定,然而事实上,这一假定难以成立,因为环境随机性以及各种灾难都可能会导致大陆种群的灭绝。Hanski 与 Simberioff(1997)[123]的研究表明,即便是在特别大的保护区,譬如美国最大的国家公园这样的尺度,物种也可能出现灭绝。

然而,尽管存在着种种的批评,MacArthur 与 Wilson 创立的岛屿生物地理学研究范式直到现今仍然深刻影响着生物地理学及生态学的研究。经过几十年来的发展,岛屿生物地理学方面尽管有了更为详尽和复杂的研究,但其基本结构仍然合理,动态平衡的理论在生物地理学及群落生态学中的基本地位尚未动摇(Wilson,2001;高增祥,2007)[124-125]。还在几年前,Hanski 与 Simberioff(1997)[123]曾认为"岛屿生物地理学已衰落,生物保护学的生态学范式由岛屿生物地理学转变到了集合种群理论",但在 Hanski(2004)[126]的新著中,他并未重提这一看法;相反,他指出:"直到目前,岛屿生物地理学被引用的频率仍然很高。"

3.1.2 复合种群理论

近些年来,保护区群及保护区网络在保护区的建设与管理中得到充分重视,并付诸实践,这一实践与复合种群(Metapopulation)以及超种群(Superpopulation)的概念密切相关。1969 年,Levins 首次提出了复合种群(Metapopulation)[127]的概念,并将其定义为:"由经常性局部灭绝,但又重新定居且再生的种群所组成的种群"。换句话说,复合种群就是由空间上相互隔离,但又有功能联系的(繁殖体或生物个体的交流)两个或两个以上亚种群所构成的种群斑块系统(Levins,1969a;Levins,1969b)[128-129]。这一概念是在野生动植物栖息地面积逐渐减小且破碎化程度不断加剧、生存于斑块生境中的小种群越来越多、物种在局部地区消亡的事件屡有发生的背景下提出的(Levins,1969)[127]。亚种群生存于生境斑块之中,而种群的生存环境则对应于景观嵌套体。

复合种群理论是关于种群在生境斑块复合体中运动及消长的理论,也是有关空间格局和种群生态学过程相互作用的理论,其关注的是具有不稳定性的局部种群物种的区域续存条件,避免物种的局部灭绝,乃至物种的最后灭绝。个体在占据着不同生境斑块种群间的扩散,不仅使许多小种群可以共享基因库,而且还可对某些濒临灭绝的小种群产生挽救效应(Rescuing Effect)。

复合种群理论通过空间明确模型(Spatially Explicit Model)将生态过程与地理信息系统(GIS)分析工具相结合,系统地运用生态学和空间信息相关知识,将计算结果予以空间直观的表达,从而强化了过程模型的预测能力以及GIS的空间分析功能。关于保护区是应该建立一个大的生境,还是建立若干相互联系的小生境的理论,从本质上讲就是一个复合种群的问题(Soule与Simberloff,1986)[130]。当保护区设置的目的只是为了保护一个或几个种群,甚至只是确定在物种多样性的水平上,则可以从复合种群的角度去考虑问题。

3.1.3 景观生态学理论

景观生态学(Landscape EcoLogy)是自然地理学与生态学相结合而形成的一门新兴学科。它以景观为研究对象,通过研究物质流、能量流、物种流以及信息流在地球表面上的交换,来研究景观的内部功能、空间结构、时空变化及景观的设计、规划与管理,具有宏观区域性和综合整体性的特色,并以中尺度的景观结构以及生态过程关系研究见长。

其中,景观的结构(Structure)指的是同一景观的不同景观要素(不同生态系统)的构成状况;功能(Function)是指各景观要素之间的相互作用,即不同生态系统间的物质流、能量流和物种流;变化(Change)指的是景观在结构及功能上随时间的变化。与传统的生态学研究相比,景观生态学更为强调空间的异质性、等级结构及尺度在研究生态格局与过程中的重要性以及人类活动对生态系统的影响,尤其突出空间结构及生态过程在多个尺度上的相互作用。

3.1.4 保护区规划理论指导国家海洋公园的建立

岛屿生物地理学理论以及复合种群理论为国家海洋公园的建立提供了理论基础,为保护生物的多样性,应首先考虑选择拥有最丰富物种的区域作为保护区。此外,特有种、受威胁种以及濒危物种也应置于同等重要的位置上(韩兴国,1994)[122]。公园的形状与大小是公园设计的重要组成部分,尤其是公园的面积是公园设计的最关键因素。公园的面积应根据保护对象及目的而定,应以岛屿生物地理学为理论基础,通过研究物种与面积的关系、生态系统的物种多样性与稳定性来确定。Wilson和Willis(1975)[131]认为保护区的最佳形状是圆形,应该避免狭长形的保护区,因为圆形可以减少边缘效应,而狭长的保护区造价较高,如修建围栏时,狭长的保护区会因为边缘的长度而提高造价。此外,狭长的保护区受人为的影响也较大。然而,保护区的形状对真正的岛屿可能并不重要,如果是狭长形的保护区反而更好,狭长的保护区可以包含更为复杂的生境和植被类型。

根据岛屿生物地理学理论以及复合种群理论,综合以往专家学者的研究,国家海洋公园的建立应遵循以下原则：

（1）公园核心保护区的面积越大越好；

（2）一个大的保护区比拥有相同面积的几个小的保护区要好；

（3）栖息地为同质的保护区应尽可能少地划分为不连续的碎片，如果要分成几个不连续的保护区，则要尽可能地靠近；

（4）如果是几个不相连的保护区，则这些保护区应等距离排列；

（5）不相连的自然保护区之间最好使用廊道连接，以增加物种的迁入率；

（6）为避免"半岛效应"，保护区应尽可能地接近圆形；

（7）对于某些特殊生境及生物类群，最好设计几个保护区，并且相互之间的距离越近越好。

景观生态学对国家海洋公园的建立也具有指导意义。因为景观生态学注意控制生态过程的空间尺度，将地理学在研究自然现象空间相互作用中的水平途径与生态学在研究自然界物质间相互作用时的垂直途径结合起来，在国家海洋公园的设计与分区规划中为人们提供了理论基础支点。例如，要避免旅游活动干扰保护对象，使旅游资源得到优化配置与合理利用，则必须对旅游景观进行功能分区，并依照各功能区的景观要素结构及发生过程等特点选择科学的开发利用方式，对旅游活动采取不同程度的管理。

3.2 生态承载力理论与国家海洋公园的保护

3.2.1 生态承载力理论

承载力（Carrying Capacity，即 CC）起初是力学中的一个概念[132]，后来被广泛应用于生态学各相关领域。1798 年，马尔萨斯（Thomas Robert Malthus）提出了人类种群增长论[133]，阐述了人口增长受食物供给限制的思想，可以说是承载力理论应用的开端。此后，承载力理论逐步发展，随着生态环境恶化、资源匮乏等问题的相继出现，承载力理论被大量应用于研究环境与资源等问题的研究中。1948 年，威廉·福格特（William Vogt）在其著作《生存之路》（Road to Survival）中对土地承载能力进行了研究，并提出了一种测算土地承载力的方法。一年之后，威廉·艾伦（William Allen）也就土地承载力提出了自己的计算方法。大量的研究者在总结前人经验的同时，不断扩展资源承载力的研究领域，承载力研究逐渐在森林资源、水资源、旅游资源等领域大量出现，直至今日，旅游资源、森林资源、水资源仍然是研究热点。

实际上，资源承载力的概念出现得较晚，较为权威的定义是由联合国教科文组织（UNESCO）在 20 世纪 80 年代初提出的概念，即一个国家或地区的资源承载力是指，在可以预见到的时间内，在保证符合其社会文化准则的物质生活水平条件下，该国家或者地区使用本地的自然资源、能源、智力和技术等条件，能持续供养人口的数量。

从 20 世纪 60 年代开始，大气、水污染等全球性环境问题的加剧，引起了人们对环境承载能力的思考。1968 年，日本学者提出了环境容量的定义，后来逐渐引申为环境承载力。"环境承载力"这一概念在国际上最早出现于我国的科研项目《我国沿海新经济开发区环境的综合研究》中[134]。1995 年，诺贝尔经济学奖获得者美国斯坦福大学的 Kenneth J. Arrow 教授等人在著名的学术杂志《Science》上发表了名为《经济增长、承载力和环境》（Economic Growth Bearing Capacity and the Environment)的文章[135]，无论是在学界还是在政界都产生了强烈的反响，更加引起了公众对环境承载力相关问题的关注[136]，并随之引发了这个领域的研究热潮。

随着承载力研究在生态学领域的迅速发展，越来越多的学者开始认识到，仅从生态环境单要素研究承载力问题，难以找到解决环境问题的根本出路，因此，需要从生态系统的角度来研究生态承载力问题。1921 年，帕克（Parker）和伯吉斯（Burgess）在《人类生态学》（Human Ecology）杂志上提出"生态承载力"这一概念，即"某一特定环境条件下（主要是指生存空间、营养物质、光照等生态因子的组合），某种个体存在数量的最高极限"[137]。在对生态承载力内涵进行探讨的同时，衡量生态承载力水平的方法也逐步趋于多样化。

3.2.2 生态承载力量化模型

生态承载力研究是区域生态环境规划与实现区域生态环境协调发展的前提，目前国际上主要采用以下几种研究方法：

3.2.1.1 生态足迹法

生态足迹（Ecological Footprint）是计量人类对生态系统的需求以及生态系统供给的指标，计量内容包含人类拥有的自然资源、耗用的自然资源以及资源分布情况。该方法由加拿大著名生态经济学家 William Rees 于 1992 年首次提出[138]，后经其博士生 Wackernagel[139] 以及各国研究人员不断发展，在承载力研究中得到了比较广泛的应用。生态足迹模型基于以下两个前提假设：①人类可以确定自身消耗的绝大部分资源及其产生的废弃物数量；②这些资源及废弃物可以转化成为相应的生物生产面积。由此，任何已知人口数量（一个人、一个地区或一个国家）的生态足迹是生产供这些人口所消耗的全部资源以及吸纳这些人口所产生的全部废弃物所需的生物生产面积之和。

这一数学模型主要用于测算在一定的人口及经济规模条件下，维持资源消耗以及废弃物吸收所必需的生物生产面积。其基本计算模型如下[140]：

$$EF = N \cdot ef = N \cdot \sum (aa_i) = N \cdot \sum (c_i/p_i)$$

式中：i 为消费项目的类型；

j 为生物生产土地的类型；

EF 为总的生态足迹；

N 为人口数；

ef 为人均生态足迹；

aa_i 为人均 i 种消费项目折算的生物生产面积；

c_i 为 i 种消费项目的人均消费量；

p_i 为 i 种消费项目的平均产量。

在生态足迹的计算过程中，生物生产面积主要涉及以下六种类型[141]：可耕地、水域、草地、林地、建筑用地以及化石燃料土地。由于上述这六种生物生产空间的生态生产力不同，将六种具有不同生态生产力的生物生产面积分别乘以其相应的均衡因子转化为具有相同生态生产力的面积，均衡后的六种生物生产性面积即具有全球平均生产力意义的可以加和的世界平均生物生产面积。

由上述模型可知生态足迹是人均物质消费与人口数量之间的一个函数关系式,是各种消费项目的生物生产面积之和。生态足迹计算了区域人口生存需求的生物生产面积,将其与国家或地区范围内能提供的生物生产面积相比较,可以为判定一个国家或地区的生产消费活动是否处于当地的生态系统承载力范围内提供定量依据。

区域生态承载力是指该地区所能提供的生物生产性面积总和。其计算模型如下:

$$EC = N \cdot \sum e_c = N \cdot \sum A_j \cdot r_j \cdot y_j$$

式中:i 为消费项目的类型;

　　　j 为生物生产性土地的类型;

　　　EC 为总的生态承载力;

　　　e_c 为人均生态承载力;

　　　N 为人口数;

　　　A_j 为人均实际占有的生物生产面积;

　　　r_j 为不同类型生物生产性土地的均衡因子;

　　　y_j 为产量因子。

生态承载力是反映一个区域可持续发展的重要指标,同时也是可以进行区域间比较的指标。由于各国家或地区的资源禀赋有所差异,不但单位面积上不同类型的生物生产面积的生态生产力差异较大,而且单位面积上同类型生物生产性土地的生态生产力差异同样显著,因此应该对不同类型的生物生产面积进行调整。"产量因子"是区域平均生产力与全球同类生物生产面积的平均生产力的比率,可用于衡量不同国家或地区的某类生物生产面积所代表的区域产量与世界平均产量之间的差异。将各个不同类型的生物生产面积分别乘以相应的区域产量因子以及均衡因子,可得出具有全球平均产量的世界平均生态空间面积——生态承载力[142]。

基于生态承载力计算模型及国际规定,出于谨慎性考虑,按世界环境与发展委员会(WCED)的报告《我们共同的未来》(Our Common Future)中所建议的,应该留出 12% 的生物生产面积用以生物多样性保护[143],因此,在核算生态承载力时应扣除 12% 的生物多样性保护面积[144]。

3.2.1.2　净初级生产力法

Jason 和 John 及其团队在 2004—2005 年对生态足迹的理论和方法进行了修改,首次提出了基于净初级生产力的生态足迹计算方法[145,146]。植被净初级生产力(Net Primary Production, NPP)是指绿色植物在太阳能光合作用下生产生物物质的年产量。NPP 作为植物活动的关键表征,是生态系统物质与能量运转研究的基础,反映了一个自然生态系统的恢复能力。生态足迹侧重于评价人类对生物生产面积的占用,而人类的净初级生产力占用(HANPP)侧重于测量人类对生态系统的压力强度。

净初级生产力法主要在以下四个方面对传统的生态足迹法进行了改动:在生物承载力计算中包括了整个地球表面;为其他物种的生存预留了较大空间;改变二氧化碳的吸收速率的假设;利用净初级生产力计算均衡因子[147]。

传统的生态足迹法在生物承载力计算中扣除 12% 的生物生产面积用以保护生物多样性,但 12% 这一数值并非科学研究得出的结果,而是联合国考虑各国政府可接受的水平所采纳的比率。净初级生产力法认为这一数值以人类为中心的痕迹过重,并未充分考虑其他生物。根据目前的生物多样性研究成果,如果13.4%的陆地面积得到有效保护(海洋面积应该更大),则55%的濒危物种得以生存。因此,净初级生产力法在计算生物承载力时采用扣除13.4%生物生产面积的方法。

净初级生产力法中均衡因子是使用NPP方法测得的不同土地类型的生产力与平均水平之比。与传统的生态足迹法相比,使用净初级生产力法计算的结果与各类土地生态价值的理解更为接近。

由于基于净初级生产力的生态足迹计算方法问世不久,我国学者在此方面的研究尚未迅速展开。近来,刘某承、李文华(2009,2010)采用基于净初级生产力的方法分别对中国生态足迹的均衡因子和产量因子进行了测算[148-150],其计算模型如下:

$$NPP = \frac{\sum_j NPP_j \cdot A_j}{\sum_j A_j}$$

式中:NPP_j为各种植被类型的NPP;
A_j为各种植被类型的面积。

$$r_j = \frac{NPP_j}{NPP}$$

式中:r_j为基于植被净初级生产力的均衡因子;
NPP_j为某类生物生产性面积的NPP;
NPP为这4类土地的平均NPP。

$$y_j = \frac{NPP_j}{\overline{NPP_j}}$$

式中:y_j为基于植被净初级生产力的产量因子;
NPP_j为全国/各省j类生物生产面积的NPP;
$\overline{NPP_j}$为对应j土地利用类型的全球/全国平均NPP。

使用生态系统净初级生产力代表生物生产力,可以使均衡因子真实反映各类空间生产力的差别,使产量因子真实反映不同尺度下各类空间生产力的差别,也可以使生态足迹的计算结果更为客观地反映人类消费对生态系统生产能力和供给能力的直接占用,从而更为科学地评估一个地区的生态持续性。

3.2.3 生态承载力理论指导国家海洋公园的保护

从生态承载力的角度来看,人类的发展需求应与生态承载力的提升保持相对一致,并且要保证适当的承载潜力空间,这是一个同步的协调发展过程,可以说,"可承载"是"可持续"的基础及表现形式。

国家海洋公园的建立同样要解决海洋资源、海洋环境、人口与发展等问题。因此,以生态承载力的理论指导国家海洋公园的保护,开展海洋生态承载力方面的研究,有利于实施海洋可持续发展,承载力是可持续发展的基础,可持续发展则是最终目标。

3.3　旅游系统理论与国家海洋公园的开发

3.3.1　生态旅游系统与低碳旅游开发

3.3.1.1　旅游系统理论

一般系统论的创始人贝塔朗菲(L.V.Bertalanffy)将"系统"一词定义为"相互作用的诸要素的复合体",由此可见系统是由各个要素以某种方式相互作用而形成的整体结构[151]。有关旅游系统的概念与内涵,国际上的研究成果主要形成以下三种观点:美国哈佛大学著名规划大师 C.A.Gunn 博士(1972)通过对旅游系统的研究,认为旅游系统是由一系列空间要素组成的空间系统;以澳大利亚学者 N.Leiper 博士(1979)为代表的一部分学者提出旅游系统是旅游者不以盈利为目的的旅行以及在旅游地短时间的驻留活动而构成的功能系统;此外,美国学者 Mill 和 Motrison(1992)提出旅游系统是由要素构成并相互作用组成的经济系统[152]。

其实,以上的三种观点均可归纳为:旅游系统是由相联系的供给与需求两方组成,这两部分又由各个不同的相关因素所组成,如图 3-1、3-2、3-3、3-4 所示,分别为 N.Leiper(1990)、C.A.Gunn(1972、2003)、Mill 和 Morrison(1992)[152] 提出的旅游系统模型。

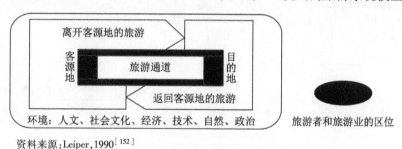

资料来源:Leiper,1990[152]

图 3-1　N.Leiper 的旅游地理系统模型

Figure3-1　Tourism geography system model of N.Leiper

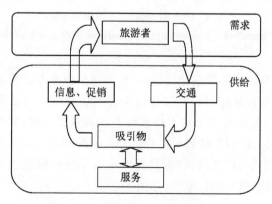

资料来源:Gunn,1972[152]

图 3-2　Gunn 的旅游功能系统模型

Figure3-2　Tourism system model of Gunn(1972)

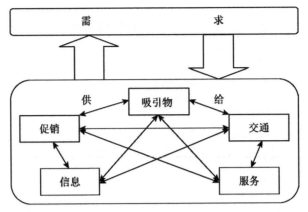

资料来源：Gunn，2003

图 3-3 Gunn 的旅游功能系统模型

Figure3-3 Tourism system model of Gunn（2003）

资料来源：Mill and Morrison，1992

图 3-4 Mill 和 Morrison 的旅游系统模型

Figure3-4 Tourism system model of Mill and Morrison

　　我国许多学者也分别从旅游系统的功能、空间结构以及系统所处环境的关系等不同方面对旅游系统进行了分析和探讨。尽管各位学者的学科角度以及所处的研究阶段有一定的差异，但学者们对有关旅游系统基本构成要素的观点是一致的，即旅游系统是由处在一定环境之中的旅游主体、旅游客体和旅游媒体等要素构成的开放系统[153]。其中，吴必虎的旅游系统结构模型[154]具有代表性，该模型提出旅游系统应包括四个部分，即目的地系统、客源市场系统、支持系统以及出行系统，如图 3-5 所示。

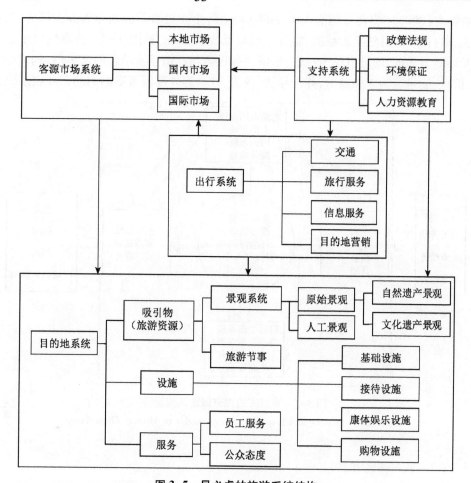

图 3-5　吴必虎的旅游系统结构
Figure3-5　Tourism system model of Wu Bi-hu

3.3.1.2　生态旅游系统

长期以来,国内外学者对旅游系统的研究较为注重,但其中有关生态旅游系统的研究比重较小。生态旅游系统是由生态旅游要素按一定的旅游规律和运行机制组成的有机整体[155]。在旅游系统"三体说"(主体、媒体、客体)的基础之上,杨桂华(2000)提出了生态旅游系统的四体模式(图 3-6)[156],沈长智(2001)[157]、尚天成(2008)[158]等人对生态旅游系统及其开发与管理进行了研究。

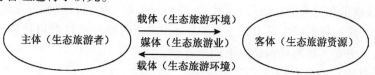

图 3-6　杨桂华的生态旅游系统四体模式
Figure3-6　Ecological tourism quaternity model of Yang Gui-hua

黄震方(2002)[159]在总结前人研究的基础上将生态旅游系统划分为五大部分:客源市场系统、出行系统、自然生态系统、服务系统以及支持系统,见图3-7。该系统以生态旅游资源及环境为基础,通过市场为纽带,形成一条供需与产销紧密结合的旅游链,构成一个有物质、信息、能量等输入和输出,并受经济、政治、社会等外部因素影响的动态开放系统。

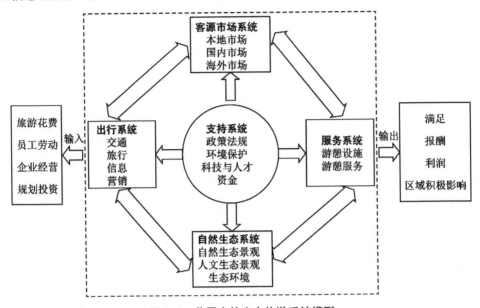

图 3-7 黄震方的生态旅游系统模型

Figure3-7 Ecological tourism system model of Huang Zhen-fang

3.3.1.3 低碳旅游开发

"低碳旅游"一词正式提出,最早见于2009年5月世界经济论坛(WEF)一篇名为《走向低碳的旅行及旅游业》(Towards a Low Carbon Travel and Tourism Sector)的报告[160]。该报告显示,旅游业(包括与旅游业相关的运输业)碳排放量占世界总量的5%,其中运输业占2%,纯旅游业占3%。2009年12月1日,我国国务院出台了《国务院关于加快发展旅游业的意见》,就是在全球减排的大背景下,国家为配合低碳经济发展而进行产业结构调整的一个信号,而旅游业无疑成为最大的受益行业。旅游业自诞生之初就有着"无烟工业"的美誉,属于服务行业,占用资源少,而且环境和文化是旅游业发展的核心与灵魂,这与国家节能减排的目标相吻合。

有关旅游系统的概念与内涵,国内外学者普遍认识较为一致,即低碳旅游是指在旅游业发展中,通过碳汇机制的构建、低碳技术的实施以及低碳旅游消费方式的倡导,以获得更高的旅游体验质量和更大的旅游经济、社会、环境效益的一种可持续旅游发展新方式[161]。

低碳旅游,是一种低碳生活方式,理应成为我国新时期经济社会可持续发展的重要经济战略之一,其主要实现路径包括以下四个方面:

(1)营造低碳旅游吸引物

所谓低碳旅游吸引物,即用以吸引旅游者的一切物质的、非物质的、有形的、无形的、自然的、人工的低碳旅游吸引要素,既可以是各种原始的低碳景观,例如,海洋、草原、森林等,也可以是人类创造的低碳景观,例如,绿色产业示范区、低碳建筑设施等,还可以是多样化的低碳旅游产品,例如,运动休闲活动、康体活动等。

（2）配置低碳旅游设施

低碳旅游设施是基于低碳技术改造或直接使用低碳技术产品所建造的用以提供旅游接待服务的基础设施和专用设施。

（3）倡导低碳旅游消费方式

低碳旅游消费方式是指旅游者在旅游消费的过程中,通过各种方式和途径来减少旅游者的个人旅游碳足迹。

（4）培育碳汇旅游体验环境

碳汇旅游体验环境应该是基于自然碳汇机理所形成的一种和谐、高质的旅游体验环境。

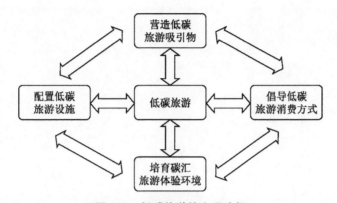

图 3-8　低碳旅游的实现路径

Figure3-8　Realize path of low-carbon tourism

3.3.2　旅游系统理论指导国家海洋公园的开发

旅游系统理论的基本思想是:以客源市场系统为导向,以旅游地系统规划为主体,以设计结合资源与市场的旅游产品为核心,以出行系统为媒介,以支持系统为保障,利用反馈系统加以监控。

游憩娱乐是国家海洋公园的重要功能之一,对其进行旅游开发是一项复杂的系统工程,涉及旅游系统的四个要素,即旅游者、旅游资源、旅游业及旅游环境。只有协调好这四个方面之间的关系,才能满足旅游开发的成功、生态系统的平衡、区域经济的发展以及游客对旅游体验的高质量要求。

因此,应以国家海洋公园旅游系统为规划对象,通过对客源市场与旅游目的地这对供需关系及其相关的出行系统与支持系统等众多因素的分析与测评,提出系统的且可操作性强的旅游业可持续发展战略及措施,实现区域旅游系统的优化,达到生态、经济、社会整体效益最大化,同时配备相应的动态监控及反馈机制以确保国家海洋公园建设与保护目标的顺利实施。

3.4　小结

　　由于国家海洋公园本身就是一个开放复杂的巨系统,对其进行分析研究需要结合生态学、地理学、资源学、经济学、环境学、旅游科学等相关理论和研究方法为基础对文献资料进行研究,通过归纳分析,构建国家海洋公园开发与管理的理论基础。国家海洋公园的建设主要包括建立、保护、开发三大组成部分,分别对应着保护区规划理论、生态承载力理论、旅游系统理论等三大理论支撑。同时,还应以区域经济学、产业经济学、系统科学、环境科学、地理科学、生态科学、管理科学、旅游科学等相关理论和研究方法为基础,宏观与微观相结合的研究方法对文献资料进行研究,通过归纳分析,总结经验教训,丰富并深化国家海洋公园建设与保护的理论研究。

第4章 国家海洋公园的制度建设

制度规范是推动国家政策实施的基础与保障,国家海洋公园的建设与管理同样需要强有力的配套制度体系支撑。十八届三中全会报告中特别指出:"建设生态文明,必须建立系统完整的生态文明制度体系",并提出"建立国家公园体制"。因此,首先要从制度层面开展我国国家海洋公园的合理建设。

4.1 我国自然保护区制度建设进展

现阶段,我国已基本建立起了环境保护的法律体系,目前已有 1 部基本法《中华人民共和国环境保护法》、5 部环境污染防治法、8 部自然资源保护法,以及众多相关保护条例。其中,自然资源保护法是环境保护法体系的重要组成部分,包括了自然保护区、自然资源以及风景名胜区等相关法规。从 1985 年 6 月 7 日出台《中华人民共和国风景名胜区管理暂行条例》开始,国务院陆续颁布了 6 部风景名胜保护的相关法规,1994 年国务院又出台了《中华人民共和国自然保护区条例》及《中华人民共和国森林和野生动物类型自然保护区管理办法》,原国家环保局与国土局也颁发过相关法规,这些法规主要涉及了自然保护区与风景名胜区,但尚未提及国家公园。

从 20 世纪 80 年代起,国家林业部门开始建设国家森林公园。1982 年,我国拥有了第一个国家森林公园——张家界国家森林公园。1984 年《中华人民共和国森林法》中出现了"风景林"的概念,1994 年原林业部又颁布了《森林公园管理办法》。2000 年,国土资源部发布了《关于申报国家地质公园的通知》,决定在我国建立国家地质公园。直至今日,全国已建立起各种类型、不同级别的自然保护区,据 2015 年《中国环境状况公报》[9]显示,截至 2014 年年底,我国共建立各级自然保护区 2729 个,总面积约 14 699 万公顷。其中,陆域面积 14 243 万公顷,占全国陆地面积的 14.84%。国家级自然保护区 428 个,面积约 9652 万公顷,分别占全国自然保护区总数和总面积的 15.68% 和 65.66%。此外,我国还拥有 225 处国家级风景名胜区[12]、791 处国家森林公园[13]和 240 处国家地质公园[14]以及 737 处省级风景名胜区[162],有 34 处国家级风景名胜区、8 处省级风景名胜区被联合国教科文组织列入《世界遗产名录》[162]。我国已初步形成了类型多样、功能齐全的国家自然保护体系。

然而,由于我国的自然保护工作起步较晚,尚未完全与国际接轨,在管理法规、管理体制、组织机构、制度保障等方面,尚待进一步完善发展。目前,我国的自然保护区类型仍是以保护陆地生态系统及自然遗迹为主,海洋类型的自然保护区较少,我国仅设立各级海洋海岸保护区 68 处,面积为 711 489 公顷,分别占我国自然保护区数量和面积的 2.49% 和 0.48%[9]。而且,目前的这些海洋保护区还是以保护特殊的海洋生态系统为主,公众游憩娱乐功能并未得以充分体现,大量的沿海自然遗产及文化遗产远未得到有效保护。

同时,我国在海洋保护立法方面的工作相对滞后,已颁布的海洋保护区规范多以地方性法规的形式出台,而陆续加入的国际公约尚未有相应的国内立法予以支持。虽然目前我国已相继出台了《海洋环境保护法》《自然保护区管理条例》《海洋自然保护区管理办法》《海岛保护法》等法规,但只是对海洋保护作出了原则性的规定,有关国家海洋公园的具体规章制度尚待充实。

曾有学者建议,我国可以在国家级海洋保护区中实施"一区一法"模式[163],但是"一法"究竟应采取什么形式,并且如何协调与我国目前的自然保护区立法之间的关系还是必须要探讨的问题。还有研究者认为,我国目前的海洋立法重视污染的防治却忽视了资源的保护,亟须一部专门的海洋资源保护法律来确保海洋资源保护与利用的法制化,依法治海用海,严禁海洋资源开发中的无序、无偿、无度等现象[164]。如果对每个海洋保护区实行单独立法,需要赋予社区居民参与建设和管理海洋保护区的权利,以实现海洋保护区的有效管理与可持续发展;对海洋资源进行专门立法的可操作性不强,但对海洋保护区进行专项立法则是十分必要的。

因此,应依据现有各项法律法规,在广泛调查、征求意见与综合研究的基础上,及时颁布国家海洋公园相关制度,对海洋生态环境的保护与管理、海洋保护的投入与补偿、保护与开发的关系调节等进行统一的规定与协调,通过立法规范国家海洋公园的建设与管理。

如何结合自然保护区的建设以发展我国的公共游憩娱乐活动,促进生态旅游事业的发展,显然国际上的国家海洋公园发展经验是我国学习和借鉴的极好典范,也是与国际自然保护及利用接轨的一种必然趋势。

4.2 国外国家公园制度建设经验

4.2.1 美国经验

早在 1872 年,美国国会就批准并在怀俄明州(Wyoming)和蒙大拿州(Montana)建立了世界上第一个国家公园——黄石国家公园(Yellowstone National Park),并颁布了《黄石国家公园法案》(Yellowstone National Park Act),以法律的形式保证了国家公园用于自然资源保护与国民休憩娱乐的目的。目前,美国已建成包括国家公园、国家海岸公园、国家河流公园、国家湖岸公园、国家纪念建筑物、国家历史遗迹公园、国家自然保护区等在内的多种类型的国家公园。这些公园大多以自然风光为主,包括地质、地貌、海洋、草原、森林、河流、冰川、峡谷、火山、岩溶、瀑布、温泉、湖泊、湿地、野生动植物等丰富多彩的内容,还包含众多的人文历史遗迹。

为了加强对国家公园的管理,美国联邦政府于 1916 年成立了国家公园服务局(National Park Serves),统一负责国家公园的资源保护与游憩娱乐开发等活动。1995 年,克林顿政府制定了新的国家公园管理体制,在华盛顿国家管理总局总部设局长 1 人、副局长 1人、局长助理 5 人,分管行政管理处、专业服务处、自然资源管理和科研处、公园管理和教育处以及文化资源管理和合作处等部门。公园的规划设计由国家公园管理局下设的丹佛设计中心全权负责,该中心汇集了方方面面的专家学者,包括地理、生态、环境、地质、土壤、气象、水文、农业、林业、冰川、风景园林、建筑、动物、病虫害以及计算机等各方面的专家,还包括经济学家、管理学家、社会学家以及人类学家等。设计中心的人员配备较好地确保了规划方案的质量,并同时有效地预防了违反规划情况的发生。根据规定,国家公园规划方案在申报审批之前必须事先广泛征求当地社区居民的意见,如若缺少该环节,一般情况下参议院不予讨论。即使是由总统本人亲自提名的国家公园也必须实施严格规划并按程序办理。例如,大峡谷国家公园(The Grand Canyon National Park)的规划方案就曾由前后两任总统提出并经过历时近五年的规划设计与论证方得以批准。

在美国,国家公园的管理人员一般由管理总局统一安排,工作人员要求有大学本科以上学历,还要求经常进行在职专业培训。他们的任务包括保护国家公园的自然资源与人文资源,同时把国家公园作为一个庞大的"自然博物馆"向旅游者进行讲解,普及科学知识。

4.2.2　加拿大经验

加拿大所有的国家公园均由联邦内阁的国家公园局(Parks Canada)统一领导管理,其国家公园局成立于1911年,领先于美国5年,是世界上第一个国家级公园管理专门机构[165],国家公园局拥有相应的立法支持——加拿大国家公园法(CNPA)。而且,各公园也根据自身的具体情况制订了相应的公园管理计划,以达到最为适宜和有效的管理效果,这些条例包括生态保护、土地使用、商业管理、游客管理等具体内容。

1994年,加拿大遗产部颁布了《国家海洋保护区政策》,提出建设"国家海洋保护区"[165]。这里的"国家海洋保护区"是指"可持续利用管理的特定海洋区域,这些区域通常范围较小,但其保护程度较高,不但包括海床及其周围海域及栖息的海洋生物,而且包括岛屿群、河口、湿地或其他滨海景观[166]"。此外,为了便于建设与管理,联邦政府出台了国家海洋保护区管理计划,该计划将加拿大周围的太平洋、大西洋、北冰洋以及五大湖地区划分为29个海洋自然区域[167]。

4.2.3　澳大利亚经验

澳大利亚拥有世界上最为庞大的海洋公园系统。该国政府早在1937年就在位于其东北部的昆士兰州(Queensland)的格林岛(Green Island)建立了第一个海洋公园[168]。其后,上至国家,下到各州、地区政府均积极响应,相关制度也逐步得到完善。1975年,澳大利亚政府又出台了《大堡礁海洋公园法案》(The Great Barrier Reef Marine Park Bill);1982年,昆士兰州颁布了《海洋公园法案》(Ocean Park Bill);1999年,澳大利亚政府在原有的《环境保护法案》(Environmental Protection Bill)的基础之上进一步制定了《环境与生物多样性保护法案》(Borders and Biodiversity Protection Bill),以继续规范国家海洋公园体系建设,同时在国家层面上为公园的管理提供了法律依据。截至2007年,全国设立的海洋公园近200个,其中属联邦政府直接管理的就有26个。

澳大利亚联邦法律规定,海洋公园的管理是根据其设立的位置,分别由所属州、地区及联邦政府管理,或共同管理。因此,除联邦政府外,各个州、地区也拥有各自的海洋公园网络和管理机构。

4.3 国家海洋公园的法律基础

4.3.1 我国国家海洋公园的法律地位

2010年8月,国家海洋局修订了《海洋特别保护区管理办法》[35],正式将海洋公园纳入到海洋特别保护区的体系中,即国家海洋公园应从属于海洋特别保护区,应按照海洋特别保护区的相关规定对国家海洋公园进行管理。

《海洋特别保护区管理办法》中明确指出:"根据海洋特别保护区的地理区位、资源环境状况、海洋开发利用现状和社会经济发展的需要,海洋特别保护区可以分为海洋特殊地理条件保护区、海洋生态保护区、海洋公园、海洋资源保护区等类型。"

4.3.2 我国国家海洋公园的法律依据

美国建立国家公园的首要目的就是对重要的自然生态系统予以有效地保护,例如,美国的大峡谷国家公园(The Grand Canyon National Park)、夏威夷火山国家公园(Hawaii Volcanoes National Park)等。从1872年由美国第18任总统格兰特签署的《黄石公园法案》(Yellowstone Bill)至1998年颁布的《国家公园多目标管理法案》(National Park Multi-objective Management Act),美国国会的立法、决议以及相关政策法规的制定、出台均始终伴随着其国家公园的发展历程。几乎每个国家公园都有其独立的立法,国家公园管理局制定的各项政策也都以其国家立法为根据。

然而,在我国,包括国家海洋公园在内的国家公园的法律制定尚未得到其应有的重视,人们对保护自然生态系统的认识还相对不足。对于如何保护海洋生态与海洋资源,建设国家海洋公园,我国暂时还没有出台相关法律。目前,我国的国家海洋公园正处于一个筹备、申报和设立的时期,因此中央政府应尽快出台国家海洋公园的相关规定,使公园的创建工作置于法律的基础之上,真正做到有法可依。

鉴于我国的国家海洋公园隶属于海洋特别保护区系统的这一属性,海洋特别保护区设立的相关规定为我国建设国家海洋公园提供了相关法律依据。我国于1982年制定的并于1999年修订的《中华人民共和国海洋环境保护法》始终将海洋特别保护区的建设列入其中。2000年4月1日,修订后的《中华人民共和国海洋环境保护法》正式生效,其中第23条明确指出:"凡具有特殊地理条件、生态系统、生物与非生物资源及海洋开发特殊需要的区域,可以建立海洋特别保护区,采取有效的保护措施和科学的开发方式进行特殊管理。"由此可见,海洋特别保护区的设立拥有着相当的法律依据。为全面地落实《中华人民共和国海洋环境保护法》,促进海洋生态系统的保护以及海洋资源的可持续利用,应尽快在我国所管辖的海域建设并发展一批包括国家海洋公园在内的海洋特别保护区。

国务院在历次的机构改革中都赋予了国家海洋局对于海洋特别保护区的相关管理职能[169]。早在1990年,国务院就对关于海洋特别保护区做出过特别批示:"海洋特别保护区的选划工作由国家海洋局组织研究,提出方案,报国务院审批";其后,国务院办公厅又于1992年批复了由国家海洋局负责起草的《海洋特别保护区管理工作方案》,从而更加确切地指出了海洋特别保护区的本质、分级、选划、申报审批、管理体制以及职责分工等;1994年,由国务院批准的国家海洋局"三定"方案中即赋予了其"管理海洋特别保护区"的权职;后来,在 1998 年的国务院机构改革中,国务院再次强调了国家海洋局"监督管理海洋特别保护区"这一职能。由此可见,监督与管理海洋特别保护区是国家海洋局义不容辞的基本责任之一。

此外,海洋特别保护区已列入多个国际相关公约及国内相关政策之中:

(1)早在 1987 年 9 月于美国科罗拉多州(Colorado)召开的第四届世界野生动物会议(The World Wildlife Conference)以及 1988 年 2 月在哥斯达黎加(Costa Rica)召开的国际自然与自然资源保护联盟(IUCN)第 17 届全会通过的政策声明中均明确指出了综合管理海洋保护区及其周围生态环境的重要意义。

(2)《生物多样性公约》(Convention on Biological Diversity)中的第 8 条"就地保护"部分明确指出:"各缔约国应尽量并酌情建立保护区体系或采取特殊措施以保护生物多样性区域,在必要时还应制定准则并据此选划、建立以及管理保护区或采取特殊措施以保护生物多样性地区。"

(3)《联合国海洋法公约》(United Nations Convention on the Law of the Sea)中的第十二部分"海洋环境的保护和保全"中的第 211 条第 6 款也作出规定:"若沿海国有合理的依据认为其专属经济区内的某一明确划定之特殊区域,因与其生态环境及海洋学有关的公认理由,以及该区域资源的保护或其海域的利用在航运上的特殊属性,并要求采用防止源自船舶污染之特别强制性措施,该沿海国应公布任何这种明确划定的特定区域的界限。"

(4)《联合国 21 世纪议程》(Agenda 21)中的第 17 章 17.84 也明确规定:"各国应查明生态系统多样性及生产力水平高的海洋生态系统及其他危急生境区,并为利用该生态区制定必要的限制,除其他外,可采取指定保护区的方法。"

(5)《中国 21 世纪议程》(China's Agenda 21)中的第 15 章 15.13 指出:"保护自然保护区以外的其他生境及物种,争取逐步建立一批具有地方意义的农业类保护区或保护地。"

(6)《中国生物多样性保护行动计划》(China Biological Diversity Protection Action Plan)中详细阐述了"保护自然保护区以外的主要生境"以及"保护海岸和海洋"等内容,还提出了"建立生物多样性管护开发区"以及"建立协调生物多样性保护和持续利用的地区性经济示范模式"等内容。

(7)我国的《海洋特别保护区管理办法》中明确指出:"为保护海洋生态与历史文化价值,发挥其生态旅游功能,在特殊海洋生态景观、历史文化遗迹、独特地质地貌景观及其周边海域建立海洋公园。"

上述的国际公约以及我国制定的相关政策法规均多次直接或间接地强调了建设海洋特别保护区的意义,这些公约及政策为我国的国家海洋公园建设提供了法律依据。

4.4　国家海洋公园的设立程序

随着海岸带以及海洋的不断快速开发,海洋生态系统屡遭严重破坏,环境治理的压力也日趋加大。针对这种情况,我国应在全国范围内选择一批条件较好的区域,包括各类已建成的海洋保护区以及其他条件适合的区域,进行研究、评估,然后择优提出名单,上报国家海洋主管部门批准,建立国家海洋公园。参照海洋特别保护区的设立程序,结合国家海洋公园的特点,其设立程序应主要包括以下几个步骤:

4.4.1 国家海洋公园的调研

设立国家海洋公园的第一步应该是基于全面和系统的实地调研,在此基础上发掘出一批条件较好的公园预选区,或是在现有的自然保护区与风景名胜区体系中遴选出几处代表性较强、生态及景观价值较高的保护区或风景区进行全面的勘察、数据收集、综合分析与评价,为上报相关主管部门批准并设立做好准备。

国家海洋公园预选区的调查研究应由海洋管理部门或相关部门负责,具体操作交由专业科研单位或具有可信度的研究机构执行。调研的目的主要有两个:一是通过对建议区的实地勘察研究,解析建设公园的必要性和紧迫性,评价其保护价值;二是详尽了解保护对象及其自然与社会环境、损害因素以及发生原因与过程等,为日后制订建区方案及具体保护措施创造条件。调研的主要内容包括:保护对象、自然环境或生态环境、海洋自然资源、社会经济状况等四个方面。

4.4.2 国家海洋公园的论证

在调研成果的基础之上,由主管部门组织开展预选保护区的论证工作,以得出是否建区的科学结论。参考海洋自然保护区的论证方式,国家海洋公园论证的组织方式可以多样化,最为重要的是专家评审以及广泛的意见征询。国家海洋公园的建设,并不是单纯意义上的资源与环境的保护,其强调的是经济的发展以及生态的保护,因而,不仅要加强对部门间的意见征询,更为重要的是,还要了解预选区周边社区居民的意见,强化公众参与性。

4.4.3 国家海洋公园的申报

国家海洋公园的申报工作应由预选区地方政府负责,具体工作可由所在地海洋管理部门负责组织办理,并根据实地情况组织编制申报材料。同时,还可以成立临时工作小组负责汇总、整理相关资料,填写申报书,然后按照申报审批的程序实施。一般说来,按规范要求申报的材料应包括编写建立国家海洋公园申报书、国家海洋公园科学考察报告、国家海洋公园研究成果汇编或文集、国家海洋公园录像和画册等几个方面内容。

4.4.4 国家海洋公园的评审

申报国家海洋公园应由国家海洋行政主管部门组织有关专家形成国家海洋公园评审委员会,对提交的上述申报材料组织多部门、多学科的严格评审,并由评审委员会专家组提出评审意见。评审通过后,国家海洋公园申报机构应根据评审意见修改申报材料,并将申报材料上报中央政府批准。

4.4.5 国家海洋公园的批准

国家海洋公园的批准是程序中最为关键的一步工作。从开展选划调研、论证、征询,到办理申报、审批,都是为批准服务的。国家海洋公园建设申请报告应经当地人民政府同意后报国家海洋局,由国家海洋局与国务院相关部门商议后,报请国务院审批。

4.4.6　国家海洋公园的公布

国家海洋公园一经批准,就应尽快予以公布,其主要目的有两点:一是国家海洋公园的成立是一项严肃的事情,其一切保护措施,对一切单位、团体及个人都具有法规的强制力,而了解是遵守的前提,只有公布才能使民众知晓;二是郑重其事地公布,能够引起社会的广泛重视,也可起到一定的宣传教育作用。

国家海洋公园的宣传可采用多种形式,如报纸、网络、广播、电视、通告和文件等,其内容根据选用的形式而变化,只要条件许可就应尽可能地将公园的保护主旨、保护对象、地理位置、生态环境、公园范围、功能分区以及主要措施等通达社会各界,以利遵行。

4.5　国家海洋公园的管理体制

由于我国现阶段刚刚建立起国家公园体系,并没有类似于美国国家公园局(National Park Service)这样的机构全权负责管理全国的保护与游憩用地。目前,我国在管理模式上采用的是有别于美国、加拿大以及澳大利亚等国的属地管理模式,尽管该模式与我国如今的风景名胜区、自然保护区、地质公园、森林公园、矿山公园以及湿地公园等诸体系的相互独立且指定重复的现状相适应,但其所导致的开发不当、保护不力、经营不善等问题长期以来一直是各界争论的焦点所在。鉴于此,我国的国家海洋公园管理应借鉴国际成功经验,采用国家层面统管全局的垂直管理模式,实行统一协调管理与分级、分部门管理相结合的体制。具体说来,包括以下几个方面:

4.5.1　国家海洋管理部门全面负责管理

国家海洋公园应由国家海洋管理部门(如国家海洋局)负责监督管理,组织编制全国的国家海洋公园发展规划及专项建设规划,并直接设置直属管理机构(如国家海洋公园管理处)负责公园的施工建设、日常维护、经营管理等工作,上对国家负责,下对国民负责。采取直线管理的模式,上级的管理政策可以较好地传达到基层中去,公园的工作人员不会疲于奔命或无法判断听从哪位上级的指令。由国家海洋公园管理处全权负责全国的国家海洋公园管理事务,下面的各个公园在某些方面还有一定的自主权,地方政府可作为合作伙伴等参与到公园的管理之中,而不是以管理者的姿态出现。

4.5.2　地方行政管理部门按区域协调

沿海的各省、直辖市、自治区行政管理部门应负责协调本行政区内的国家海洋公园与地方之间的各种关系,配合国家海洋局编制本行政区内的国家海洋公园发展规划及专项建设规划,并负责提出本行政区邻近海域的国家海洋公园选划建议,配合国家海洋公园管理处对本行政区邻近海域进行的国家海洋公园选划、建设及管理等工作。

4.5.3 相关行业管理部门按职责协调

其他相关部门,如渔业、环保、旅游、国土、交通、林业等应按照各自职能分工明确,在其职责范围内负责协调本行业与国家海洋公园的相关工作,协调管理权限,加强合作。由于国家海洋公园建设的特殊性,公园内可能包含由各涉海行业行政管理部门所设立的若干旨在保护某一海洋产业及资源的特殊区域或保护区,例如,渔业部门按照《中华人民共和国渔业法》为保护重要经济鱼类的索饵场、产卵场和越冬场以及为保证水产资源的增养殖及保护而设置的禁渔区等;交通部门按照《中华人民共和国海上交通安全法》为特定目的而设立的禁止船舶穿越或驶入的禁航区;另外,还有旅游部门或建设部门规划建立的各类海洋风景名胜区等。其他各行业管理部门应在国家海洋公园管理处的统一管理框架下,对在国家海洋公园内的属于本部门的管理对象的具体区域按照分工方案与要求,积极做好相关管理工作。在国家海洋公园的日常管理中,应将生态保护放在首位,通过严格的环境监测与容量控制减少人类活动对区域产生的负面影响,并在此前提下积极开发生态旅游,促进区域经济可持续发展。

4.6   国家海洋公园的制度保障

国家海洋公园的建设需要配套的法律法规支撑,为了使公园的职责、任务得以规范性地实施,必须按规定要求制定各项管理制度以及各类业务技术标准与规范。制定国家海洋公园的相关法规,既是公园管理工作的基本任务之一,也是公园管理的依据。

采用建立国家海洋公园的方法来保护海洋自然资源及历史遗迹,客观上形成了与近期海洋开发利用之间的矛盾,虽然通过宣传教育可以提高社会各界对海洋资源的认识,争取民众对海洋生态系统自觉地进行保护,但由于文化水平、思想层次及其他原因,要求全社会都能迅速做到自觉维护海洋生态是非常困难的。总会有部分人为了眼前或局部的利益,不顾长远或整体的利益,损害海洋自然资源与环境。因此,为了保证国家海洋公园的有效管理,减少并杜绝破坏现象的发生,运用法律手段管理国家海洋公园势在必行。

目前,尽管我国已相继出台了《海洋环境保护法》《自然保护区管理条例》《海洋自然保护区管理办法》《海岛保护法》《海洋特别保护区管理办法》等,但只是对海洋保护作出了原则性的规定,有关国家海洋公园的具体规章制度尚有待充实。因此,应依据现有各项法律法规,在广泛调查、征求意见与综合研究的基础之上,及时颁布国家海洋公园相关制度,对海洋生态环境的保护与管理、海洋保护的投入与补偿、保护与开发的关系调节等进行统一的规定与协调,通过立法规范国家海洋公园的建设与管理。

国家海洋公园立法的目标是保障国家海洋公园制度在实践中得以切实执行,协调人类与海洋生态环境之间的关系,从而实现国家海洋公园建设的根本目的。为了加强对公园的管理,做到有法可依,需制定国家海洋公园的专项法规,对公园的宗旨与概念、范畴与原则、政策与类型、分级与设立、保护与管理等做出统一的规定,使管理者和民众都知道该怎样做,而不该怎样做,保障国家海洋公园的建设与发展。

4.7　小结

　　我国的国家海洋公园应纳入到我国的海洋特别保护区体系之中,即国家海洋公园应从属于海洋特别保护区,应按照海洋特别保护区的相关规定对国家海洋公园进行管理。公园的设立程序应主要包括调研、论证、申报、评审、批准、公布等几个步骤。公园管理应借鉴国际成功经验,采用国家层面统管全局的垂直管理模式,实行统一协调管理与分级、分部门管理相结合的体制。

　　我国的自然保护区工作起步较晚,国家海洋公园的建设也只是刚刚拉开了序幕,有关自然资源保护的立法目前还比较薄弱,有关国家海洋公园的具体法规更是有待完善。为保证国家海洋公园的有效管理,应在借鉴国外成功经验的基础之上,明确我国国家海洋公园的法律地位及依据,规范公园的设立程序,健全公园的管理体制,加强公园的制度保障。

第5章 国家海洋公园的规划与设计

合理的规划是国家海洋公园建设的科学依据,缺乏系统的规划与设计,任何管理目标都无法实现。因此,做好公园的规划十分重要,应组织以相关学科为主,多学科专家构成的团队进行调研,制定科学的规划指导公园的建设、发展与管理。应运用相关理论和方法,借鉴国外成功经验与研究成果,按照不同海域特点进行分区规划,借助遥感与地理信息技术对海陆空间进行精确探测,分析物种分布的格局、模式、丰度以及地形和水文等因素,科学规划核心区、缓冲区、实验区、游憩区以及一般利用区等功能区,以可持续发展的眼光全面考量各种自然与人为因素,为公园的开发建设提供科学的参考依据。

5.1 国家海洋公园的选址

国家海洋公园的选址是一个复杂的过程,这个过程不仅要科学地鉴别出具有代表性的海洋生态系统、水文、地质、地貌和气候等自然特征的地区,更要不断地分析那些难以客观测定的因素,例如争相使用海域、土地和资源,以及公园对区域生态、社会、经济等方面的影响。区位条件对于国家海洋公园的选址设立至关重要,选址时应充分考虑地理区位、经济区位、交通区位、行政区位、文化区位等因素,同时调查周边是否有竞争性或互补性的旅游目的地,在综合分析的基础之上选择最适宜的位置建设国家海洋公园。

5.1.1 国家海洋公园选址原则

国家海洋公园作为一种重要的海洋功能区,目标是保护特定海岸带或海域的自然生态环境,保护其自然及人类社会的历史文化遗产,将人类活动对海洋的影响降至最低,从而实现自然及历史文化遗产的代际共享。

《中华人民共和国国民经济和社会发展第十三个五年规划纲要》中特别指出:"坚持保护优先、自然恢复为主,推进自然生态系统保护与修复,构建生态廊道和生物多样性保护网络,全面提升各类自然生态系统稳定性和生态服务功能,筑牢生态安全屏障。实施生物多样性保护重大工程。强化自然保护区建设和管理,加大典型生态系统、物种、基因和景观多样性保护力度。开展生物多样性本底调查与评估,完善观测体系。科学规划和建设生物资源保护库圃,建设野生动植物人工种群保育基地和基因库。"

结合这些任务以及我国目前的生态环境保护形势,我国的国家海洋公园建设需要以科学合理性、协调一致性、效益最大化、预防与适应相结合的原则确定公园的设立目标、位置、大小、设施以及管理模式等,按照生态文明建设的要求,采取切实有效的方法,严格保护海洋环境,合理利用海洋资源,促进区域生态、经济、社会可持续发展。

5.1.1.1 科学合理性原则

由于海水自身所具有的流动性和整体性,想要满足不同保护物种的需要,国家海洋公园在选址设立方面需要满足以下几点:

(1)在一个生物地理区域内划分出具有不同生境类型的代表区;

(2)建立面积足够大、相互之间存在关联,同时可以自我维护的国家海洋公园网络体系;

(3)确保所有生境类型都在公园网络体系中有所体现,同时互相作为缓冲区以防止自然环境的改变和社会经济的压力[170];

(4)公园在设计规划过程中还需要在适宜的区域尺度内考虑可重复性,通过提供准确的社会学及生物学监测信息以进行下一步的评估[171]。

根据我国海域纵跨三个气候带的自然生态特征,应加快建立起能够有效覆盖各重点保护区域的国家海洋公园体系,并逐步增加公园的数量,进而扩大保护海域的范围。还应迅速调整公园的类型结构,抓紧建立一批既能反映各气候带海洋生物多样性以及近海、河口海岸湿地、岛屿的生物多样性,又能体现各气候带特有的生态系统和物种类型,如红树林、珊瑚礁等,还可以保护具有特殊价值的自然景观、历史遗存类的海域。抓紧对受破坏严重或具有重要价值的珍稀濒危物种、"三场一通道"(产卵场、索饵场、越冬场和洄游通道)、近海生态系统等的海域实施抢救性保护[172],建立起适合我国海洋生态系统的国家海洋公园网络。

合适的公园大小以及合理的核心区、缓冲区、实验区等结构也是国家海洋公园设计规划的重要参数。国家海洋公园的边界一般依据海域地形确定,但面积的大小则更多地考虑生物学属性;决定公园最适大小的主要因素是物种的扩散距离,包括成体溢出以及幼体扩散距离[173],除此之外还与保护的目标及所在的网络有关[174]。

在国家海洋公园管理过程中,要了解其状况和发展趋势,及时补救不足,需要做好长期有效地国家海洋公园监测。借鉴国外成功经验,我国的国家海洋公园监测内容应根据各公园的保护目标及环境特点在生态监测工作框架的基础之上确定,同时还应开展广泛合作,将科研、调查和常规监测有机结合起来。

5.1.1.2 协调一致性原则

为保护海洋生态系统、科学使用海域空间、促进海洋经济可持续发展,我国已根据海域的地理区位、资源禀赋、环境状况以及开发利用等要求,依据海洋功能的标准将其划分为不同类型的功能区,并制定了《全国海洋功能区划》[175]。为促进我国海洋生态与经济的协调发展并建设海洋强国,在规划建设我国的国家海洋公园时应综合考虑并努力做到公园规划与海洋功能区划相一致。

国家海洋公园规划涉及众多相关规划,包括国民经济与社会事业发展规划、土地利用总体规划、海岸带保护和利用规划、渔业发展规划、无居民海岛开发利用及保护规划、旅游发展规划以及交通建设规划等。其中,一些规划与公园的设计规划相符合,例如,公园内渔业发展规划中的渔业资源利用和养护区的设立,英国的伦第岛(Lundy)、美国的夏威夷(Hawaii)以及菲律宾等国家和地区的实践经验都证明建立渔业资源保护区可以提高当地渔业的产量,促进地方经济的发展[176-178]。然而,也有一些规划可能与国家海洋公园规划之间存在着一定的冲突,需要通过对公园的保护重点、保护标准以及保护持久性等进行调整,做好国家海洋公园规划与其他功能区划之间的协调工作。

5.1.1.3 效益最大化原则

国家海洋公园是一种新型的海洋综合管理模式,其规划既要考虑到海洋生态系统与功能的维持与海洋生物多样性的保护,又要考虑到海洋资源的社会经济效用。在实践过程中,短期的社会和经济成本经常成为国家海洋公园规划与实施的障碍[179],公园在规划时应在可持续发展的前提下适度地开展各种非破坏性的资源开发活动,以确保海洋资源与环境的效益最大化,同时最大限度地减少外来威胁的破坏效应[170]。我国是人口众多的发展中海洋大国,科学合理地开发利用国家海洋公园内丰富的自然资源以获取经济效益是公园发展的经济基础,也是妥善解决社区居民生产、生活、就业等问题的关键,因此,构建起兼顾保护与开发的国家海洋公园管理模式是非常必要的。

国家海洋公园的管理是一个政治过程,如果缺乏社区和公众的支持,其成功只能更多地依赖强有力的执行,不仅管理的成本高昂,其实现也绝非易事[180]。因此,国家海洋公园的规划要有可持续发展的目光,以人为本(包括当代人和后世子孙),将公众的利益置于地方和部门的利益之上,注重社区教育和公众参与。获取公众支持的最好办法是将该群体纳入至公园的管理决策之中[181],我国沿海地区渔民众多,且渔场知识丰富,应使他们参与到国家海洋公园的设计、选址和管理过程中来。例如,澳大利亚为提高公众的海洋意识以及对国家海洋公园的支持力度,早在1991年就建立了海洋与海岸带社区网络计划和国家海洋教育计划[170],这也是值得我国学习的经验。

国家海洋公园治理过程中的权利平衡也是其成功的关键问题之一。结合我国目前的发展现状,中央政府应在公园的规划建设中发挥积极作用,同时应在地方设立相关研究监测机构,并应尽快出台地方政府以及公众参与决策的法律法规,以确保公园管理的质量。

5.1.1.4 预防与适应相结合原则

由于海洋生态系统的复杂性与人类开发影响的不可避免性,再加上人类相关海洋知识的匮乏,国家海洋公园的规划设计还未形成一个为民众普遍认可的标准。目前的经验显示,一个成功的国家海洋公园规划要结合当地实际情况,综合考量自然环境、人类活动、外部压力与风险评估之间的交互作用,采取各种预防措施及适应性方式以确保国家海洋公园规划的有效性和成功潜力[170]。

国家海洋公园是一种有效的预防措施,可以避免因过度开发造成的海洋环境破坏,但公园的建设在我国是一个巨大的挑战,因为这种保护与经济发展之间存在着较大的矛盾,并且需要高额的投资。因此,我国应协调国家海洋公园中严格的核心保护区与多用途功能区之间的比例,除抢救性保护之外,严格的核心保护区应尽量选划在人类活动较少的海域。

对国家海洋公园的类型、级别和大小的确定除依据科学原理之外,也应同时兼顾社会经济的需求,在规划保护目标与保障措施等方面进行适应匹配。

5.1.2 国家海洋公园选址标准

5.1.2.1 国际海洋保护区选址的标准

对于海洋保护区的选址设立,国际上所采用的依据既包括自然方面的因素,也包括经济方面的条件①。

（1）海洋保护区的区域特征

海洋保护区的选划,需要有一定的区域标准和特征。目前,国际上公认的海洋保护区的区域特征如下:

- 具有典型的重要生态系统或生境类型的区域;
- 具有较高的物种多样性的区域;
- 生物活动集中的区域;
- 为经济上或生态上的重要种群或物种提供关键生境的区域;
- 具有特殊的文化价值(宗教、历史、民俗等)的区域;
- 在科研方面具有重要价值的区域;
- 容易受到破坏或损害的敏感区域;
- 物种生物特征非常明显的区域(即拥有受威胁物种、稀有物种、地方物种或濒危物种的区域);
- 具有人类特殊利用价值的区域,例如游憩娱乐区或捕捞区等。

通常说来,海洋保护区一般具有针对性较强的实际目标。除风景名胜区外,人类努力保护的生态系统、海洋生境、物种等生态关键区都具有直接的商业价值或潜在的经济利用价值,这些海洋资源或者是可以利用的,或者是已被过度利用的。海洋保护区的区域特征决定了保护的重点,而保护的重点反过来又对保护区的设计、位置、大小、范围以及管理的策略等产生积极的影响。

（2）海洋保护区选址的生态标准

生态保护是海洋保护区的首要责任,2002 年东盟(ASEAN)海岸带与海洋环境工作组发布了东南亚国家海洋保护区标准,其中生态标准在海洋保护区选址标准中占有主要位置,其主要内容见表 5-1[170]。

表 5-1　海洋保护区选址的生态标准

Table5-1　Ecological criteria of marine preserve siting

标准	评估内容
多样性	生态系统、群落、生境以及物种的种类或丰度。拥有最大种类的区域应该得到较高的额定值
自然性	不存在扰动或退化。已衰退的生态系统对渔业或旅游业的价值较小,对生物的影响也不大。高度自然性的生态系统应予以相应地重视。如果恢复已退化的生境是优先目标,那么对高度的退化系统也应予以相应地重视
唯一性	是否是一类中唯一的一个。例如,某一区域内的唯一濒危物种的生境。唯一性的重要意义可能超出国界,乃至具备地区性或国际性的意义。为了减少旅游者的影响,旅游业要么予以禁止,要么采取一定的限制,但科研与教育应得到允许。唯一的场地应永远拥有较高的额定值

① ［美］约翰 R 克拉克.海岸带管理手册［M］.吴克勤,杨德全,盖明举,译.北京:海洋出版社,2000.

标准	评估内容
依赖性	物种对一个区域的依赖程度,或生态系统对该区域发生的生态过程的依赖程度。如果一个区域对于一个以上的物种、过程或者有价值的生态系统非常关键,则这个区域应有较高的额定值
代表性	一个区域代表生态过程、生境类型、生物群落、自然地理特征或其他自然特征的典型程度。如果某一特定类型的生境未得到保护,则该生境应有较高的额定值
完整性	某区域为一个功能单元——一个有效的独立生态系统所达到的程度。该区域生态上独立的东西越多,其生态价值得到有效保护的可能性就越大,因此,对这样的区域应给予较高的额定值
生产性	区域内生产力过程为物种或人类贡献的效益程度。对生态系统得以维护提供最大生产力的区域应得较高额定值。但高生产力可能造成有害影响的富营养化区域除外
脆弱性	人类活动或自然事件造成退化的区域敏感性。与海洋生境密切相关的生物群落对环境条件变化的耐受性较低,或者其仅能生存于其耐受性极限的边缘(取决于盐度、水温、深度或浊度)。它们还承受着类似于长期浸泡或风暴等自然应力

在上述地区建立海洋保护区有助于达到生态保护的目的,同时提高经济效益,有利于促进海洋资源的可持续利用。然而,尽管其资源可以利用,但切勿"用尽"。另外,科学的指导可以有益于在这些区域实现生态旅游的开发(就业及提高收入),合理养殖,强化环境教育及海洋保护意识,并加强对遗产资源的保护等。

(3)海洋保护区选址的经济标准

考虑到海洋保护区的综合功能,对于其选址建设不仅要有专门的自然、生态等标准,同时还应该有经济意义上的考虑,具体内容见表5-2。

表5-2 海洋保护区选址的经济标准

Table5-2 Economic yardstick of marine preserve siting

标准	评估内容
经济物种影响	某些重要的经济物种对区域的依赖程度。例如,湿地和珊瑚礁是某些物种的关键生境,这些物种在这里栖息、繁殖、觅食,并构成邻近区域当地渔业发展的基础。为了保护这些物种,需要对该生境加强管理
威胁的本质	海域使用格局的改变会对社区居民价值产生威胁。海洋生境可能受到如底层拖网、使用炸药捕鱼或过度开发等破坏性活动的直接威胁。如果当地渔民在这些渔场扩大原来的捕捞范围,那么生境和资源将承受额外的压力
经济效益	保护长期影响地方经济发展的区域。某些保护区的建立在短期内可能会影响地方经济效益,然而那些长期产生明显积极影响的保护区则应具有较高的额定值(例如,游憩娱乐区或保护经济鱼类的饵料区)

（4）海洋保护区选址的社会标准

建立海洋保护区要求统筹兼顾生态、经济、社会三大效益，其中社会标准在海洋保护区选址标准中同样占据相当比重，其主要内容见表 5-3。

表 5-3   海洋保护区选址的社会标准

Table5-3   Social standard of marine preserve siting

标准	评估内容
社会接受性	当地居民支持的程度
公众安全	保护区建立减少污染或其他疾病对公共安全的影响的程度
旅游	该区域对旅游业开发现有的或潜在的价值。本身具有与保护目标相一致的旅游开发模式也应得到较高的额定值
美学	海洋景观、陆地景观或其他风景优美的区域
利益冲突	保护区对当地居民造成影响的程度
可进入性	通过陆地和海洋的进入便利性
科教与公众意识	一个区域代表各种生态特征，并服务于研究和科学方法展示的程度
冲突与协调	一个区域有助于解决冲突，或加强兼容性的程度

5.1.2.2   我国海洋保护区选址的标准

（1）我国海洋自然保护区选址的标准

根据我国于 1999 年修订的《中华人民共和国海洋环境保护法》中的要求，凡拥有下列条件之一的，应建立海洋自然保护区（见表 5-4）。

表 5-4   我国海洋自然保护区选址建设的条件

Table5-4   Condition of marine preserve siting in China

条件	内容
1	海洋生物物种高度丰富的区域，或者珍稀、濒危海洋生物物种的天然集中分布区域
2	典型的海洋自然地理区域、有代表性的自然生态区域，以及遭受破坏但经保护能恢复的海洋自然生态区域
3	具有特殊保护价值的海域、海岸、岛屿、滨海湿地、入海河口和海湾等
4	具有重大科学文化价值的海洋自然遗迹所在区域
5	其他需要予以特殊保护的区域

《中华人民共和国海洋环境保护法释义》[①]中对该法条的内涵进行了解释（见表 5-5）。

---

① 张皓若，卞耀武.中华人民共和国海洋环境保护法释义[M].北京：中国法制出版社，2000.

表5-5 我国海洋自然保护区释义

Table5-5 Paraphrase of marine preserve siting in China

名词	释义
濒危物种	生物分类表上接近灭绝的物种
珍稀物种	具有重要经济或科研、文化价值,且数量稀少的物种
有代表性的自然生态区域	在全球或全国海洋温度带中具有代表性
典型的海洋自然地理区域	在全球或全国生物地理区系中具有典型性
海洋生物物种高度丰富的区域	海洋生物群落、种群类型多或较丰富,结构完整或较完整的区域
具有重大科学文化价值的海洋自然遗迹所在区域	自然遗迹,或典型的、优美的海洋地形地貌及其独特的自然景观以及人类活动遗留下的具有特殊价值的自然遗迹
遭受破坏但经保护能恢复的海洋自然生态区域	海洋生态系统脆弱或地理分布狭窄,虽然已经遭受部分破坏,但其主导功能尚为健康,经过保护能够恢复的海洋自然生态区域
其他需要予以特殊保护的区域	(1)受人类活动影响、损害较小,或者基本上没有遭到干扰的原始海洋环境和区域; (2)具有代表性的自然景观和自然古迹; (3)文化景观; (4)历史和考古区域
具有特殊保护价值的海域、海岸、岛屿、沿海湿地、入海河口和海湾等	由于其地理位置的特殊,生态系统的完整、生态特点的显著,地质结构的特殊、生态环境的异常等,因而具有特殊的保护价值

　　然而,目前我国对海洋自然保护区的重视程度尚有不足,很多符合条件的地区并未建立起相应的自然保护区,与我国管辖的海域面积相对照,有效覆盖我国典型重要海洋生态系统的海洋保护区网络远未形成,海洋保护区建设管理等工作任重而道远。

　　(2)我国海洋特别保护区选址的标准

　　我国海洋特别保护区选址的标准主要依据《中华人民共和国海洋环境保护法》中第23条的明确规定:"凡具有特殊地理条件、生态系统、生物与非生物资源及海洋开发利用特殊需要的区域,可以建立海洋特别保护区,采取有效的保护措施和科学的开发方式进行特殊管理。"[170]

　　建立海洋特别保护区必须同时具备区域自然条件的特殊性与在开发利用与保护方面的特殊性这两个条件。选址建立海洋特别保护区的地区务必将自然生态的保护放在首位,同时所在区域的海洋产业发展应具备相当基础,社会经济的发展状况良好;或者区域内海洋开发利用关系较为复杂,资源、环境亟须抢救性保护;或者区域内海洋自然资源稀缺,生态系统原生状况良好,可依托保护区进行管理。

　　海洋特别保护区可以是一个在生态环境、地理条件、生物及非生物资源等方面对国家或地区的经济、社会等利益具有特殊价值的区域,也可以是一个海洋资源富集区(如海洋生物聚集区、矿产储藏区、能源聚集区等);或者是一个人类活动频繁,开发利用密集的区域(如旅游区、养殖区、重要航道等);还可以是一个特殊用途区(如重要的海洋生态敏感区、预留区、养护区、军事区、安全区等)。由于海洋特别保护区具备以上所述的特殊属性,简单的保护规则及标准无法满足保护区域内生态环境的需要,因此需要对区域资源环境采取特殊的保护措施及利用方式,做到保护的同时不排斥利用,利用的同时又能有效保护。

海洋特别保护区的保护与利用必须采用科学合理的功能分区,同时结合高科技手段,以使区域的生态、经济、社会效益达到统一。因此,选划海洋特别保护区必须对下列海域予以特别注意:

(1)具有生态学、海洋学的特殊性,如水文、气候、地形、地貌复杂,水体交换缓慢,海域自净能力低,生态系统对外界干扰(包括自然和人为等因素)较为敏感,生物群落结构特殊,自然生态平衡易遭到或已遭到侵害的海域。

(2)具有多类型、高丰度的生物或非生物资源(包括旅游、矿产等),如果进行开发利用,极易造成相互冲突或破坏,抑或减少潜在利用价值的海域。

(3)地理位置、资源与生态条件较好,开发程度较高,周边地区的社会经济发展对本区依赖性显著,相关利益者之间矛盾较突出,开发秩序较混乱,整体效益较差;开发程度虽较低,却面临大规模开发,亟须加强综合管理的海域等。

5.1.2.3　国家海洋公园选址的标准

结合国际、国内有关海洋保护区的选址标准,根据国家海洋公园的建设目的,以及从属于海洋特别保护区的性质,我国对国家海洋公园选址时应主要依据区域的特殊性以及该区域和周边地区社会经济发展的状况。在体系布局方面,应从宏观规划布局的角度对其进行综合分析与评价,可从生态系统的价值及脆弱程度、保护的紧迫程度以及资源利用的必要程度等三个方面进行考量。

此外,还应将地理位置、社会经济的发展状况等变量纳入至评价指标体系中。国家海洋公园的选址干系重大,任务艰巨,稍有不慎,就可能造成难以挽回的失败。因此,选址的过程中要求资料可靠,判断准确,其选址的主要标准如下:

(1)体现区域特色

国家海洋公园选择的生物地理系统要适合国家的需要,其中有代表性的公园选址需要利用生物地理分类系统。生物地理一般能够准确地预测物种的互补关系,因此在海洋环境中选址国家海洋公园时,选择能够代表各种生物地理单元的地点比用单个物种作为标准更为方便、快捷。

然而,在建立这样有代表性的国家海洋公园时,适用于一个国家的生物地理分类系统未必适用于其他国家。的确,如果全世界都等待着一个所谓"最科学"的分类系统,那么许多国家海洋公园的建立还需要等待很长的时间。重要的是,各国采用的生物地理系统要适合本国现有的科学和信息基础。

(2)重视经济价值

与陆地类国家公园相比,国家海洋公园的地址与范围的选择各有侧重。在陆地上,稀有或濒危物种赖以生存的关键生境在确定保护区域时往往起到决定性作用,但是特定的生境范围可能不大。虽然空气中存在着种子、孢子、花粉、鸟类以及昆虫,但是大部分陆地动物的关系链相对较短,所以绝对依赖特定生境的地方物种相对比较多见,也往往具有凄凉的灭绝史。因此,为了拯救一个物种免于灭绝而对一个区域进行保护的力度普遍较大,也更易于获得公众的支持。

然而,在海洋中很难准确或严格地界定生境,物种的生存通常不太可能与特定的海域联系起来。许多自由游动的物种有着相当大的活动范围,水流能将底栖或区域性物种的受精卵带至很远的地方,通常是几百公里以外。具有相同基因的群落可能存在于很大的地理范围之内,只要底质与水质适宜。因此,特有的分布现象很少见,仅限于哺育其幼体而非任其随水流扩散的物种。

事实上,目前还没有幼体阶段浮游生活的海洋物种(包括软体动物、甲壳类以及许多鱼类)完全灭绝的确切记录。濒危物种赖以生存的关键生境这一概念只适用于海洋哺乳类、海鸟、海龟以及罕见的地方物种。因此,通常来说,国家海洋公园的选址基本不以濒危物种关键生境的概念为唯一依据,相反的,大多是以保护有商业和娱乐价值或其他理由的物种的关键或重要生境,或者以作为具有群落基因多样性生境类型的绝佳例子为依据。

(3)兼顾社区居民

在国家海洋公园选址时,自然保护的需求应与以海为生的当地居民的要求相协调。大部分国家都有着悠久的利用近岸海域的历史,他们常常以海为生。试图阻止这种传统的利用方式很可能危及当地居民的生活,甚至是生存。于是,他们的反对会很强烈,即使公园最终建立起来了,也无法实现成功管理。

与徒劳无功去创建理论上"理想"的国家海洋公园相比,在生态意义可能并不理想的海域建立海洋保护区并加以管理,最终实现其建设目标将更为切实可行。在可以选择生态环境适宜的海域建设保护区时,要以社会经济标准为主导选择海洋保护区的位置;如果没有选择的余地,生态标准应该摆在第一位。

国家海洋公园的选址普遍没有把社会经济指标放在足够重要的位置,然而,可能正是社会经济因素决定着公园的成败。因此,对于任何国家海洋公园,要获得成功,社区的支持绝对至关重要,对经济有贡献的公园远比没有贡献的更容易建立和管理。

(4)考虑区外影响

在选址过程中对拟建国家海洋公园以外可能影响公园的事件要给予足够的重视。与陆地上的许多国家公园一样,国家海洋公园的主要目标是为了保护一个或若干个生态系统的生物多样性和生产力。但是外部的影响对海洋环境的作用往往比较隐蔽,而且不明显,因此,需要深入了解公园区域以外的情况。

海流不断在海域中搬运沉积物、营养物质、污染物和生物体,由于风和潮汐的作用,水体发生混合,这种现象在大陆架区域尤其显著,所以源于国家海洋公园外围边界发生的事件可能影响到公园内的种群。因此,除非影响国家海洋公园的外围区域能得到充分的管理,否则建设公园所需的最小面积将会是建设陆地类国家公园所需的最小面积的许多倍。

(5)协调综合效益

国家海洋公园选址过程开始之前要有清晰的目标,其在公园选址中特别重要,因为目标既涉及多样性保护,也涉及生产力的提高。由于这两个目标之间的平衡不断变化,因此对不同目标的公园的选址标准也要作出不同的权衡。

如果生物多样性是主要指标,最好的方法是在一个没有重大威胁的海域建立海洋保护区。由于建立和管理国家海洋公园的资源有限,因此,难以对所有的海洋生态系统加以保护。

如果生产力是主要指标,为了达到渔获量的最大收益,就要在渔业资源退化最严重的区域设置禁渔区,而不是保护最原始的区域。这样的公园将成为通常所称的"禁渔区",但禁渔区不会对生态的完整性和生物多样性的保护起作用。

事实上,所有的国家海洋公园本质上对生物多样性和生产力的保护都有贡献。希望建立不同类型的公园,对两个主要目标有不同的侧重,而不是建设类型截然不同的两种公园。

(6)注重经验因素

经验判断是国家海洋公园选址的内在决定因素之一,因此含有加权系数的数值选址方法只能起到参考作用,并且有可能造成严重误导。

近年来建立国家海洋公园的倡导者们在选择标准时普遍采用以下两种途径:

- 机械方法:根据预先确定的标准,对每个候选区进行赋值。
- 德尔菲法:人为判断贯穿公园选址过程的各个方面。

5.1.3　国家海洋公园选址的方法

5.1.3.1　国家海洋公园选址的技术路线

在综合分析国家海洋公园选址理论与方法的基础之上,结合本书研究的具体情况,将国家海洋公园选址的技术路线确定如下:

(1)影响因子分析

将国家海洋公园核心区选址的目标作为选址问题的分析域,从区域的自然、生态、社会、经济等多个方面对核心区选址的影响因素进行分析,进而确定选址决策因素的影响因子。

(2)空间结构分析

以地理信息系统软件为平台,以 GIS 空间分析方法中的缓冲区分析以及空间叠加分析为手段,构建空间结构分析模型,并对所在区域进行空间分析以及综合评价,确定出建立核心区的候选位置。

(3)适宜性分析

通过层次分析法实现定性与定量相结合,建立选址优选模型,从候选位置中确定建设国家海洋公园核心区的最优地址。

5.1.3.2　国家海洋公园选址的空间结构分析

国家海洋公园选址的空间结构分析技术包括地理相关分析法、空间叠置法、顺序划分法和合并法等。

(1)地理相关分析法

地理相关分析法是一种通过使用各种文献资料、专门地图以及统计数据等对各种自然要素之间的关系作出相关分析后进行选址的方法,其具体步骤如下:

- 选定空间分析所需的有关专门地图、文献资料以及统计数据等相关材料,并标注于带有坐标网格的工作底图上。

● 对上述材料进行地理相关分析,并按照其相互关系的密切程度编制出具有综合性自然要素的组合图。

● 在此基础上逐级进行综合自然区域的分析。

地理相关分析法是目前选址工作中运用较广泛的一种空间分析方法,如果与空间叠置法配合使用则会得到更好的效果。

(2)空间叠置法

空间叠置法是通过采用重叠各个部门的选址区划图(海洋区划图、地貌区划图、土壤区划图、气候区划图、植被区划图等)来划分区域单位,也就是将各部门的区划图重叠之后,以相重合的网络界线或它们之间的平均位置作为区域单位的界线。使用空间叠置法进行选址,并非机械地套用这些叠置网格,而是要在详细分析比较各部门区划轮廓的基础之上来确定区域单位的界线。

(3)顺序划分法

顺序划分法即"自上而下"的选址方法。这种方法首先着眼于地域分异的普遍规律——地带性和非地带性,按照区域的相对一致性以及区域共轭性划分出最高级区域单位,然后逐级向下划分出次一级单位。

(4)合并法

合并法又称"自下而上"的选址方法。这种方法则是从划分最低级的区域单位开始,然后依据地域共轭性以及相对一致性原则将其依次合并为高级单位。在实际的工作,合并法通常是在土地类型图的基础上进行的[182-183]。

5.1.3.3 国家海洋公园选址的适宜性评价

(1)适宜性评价模型建立

参照层次分析评价常用模型,借鉴相关研究成果,根据海岛型国家海洋公园的属性状况,运用层次分析法,构建海岛型国家海洋公园适宜性评价层次模型。

(2)权重计算

邀请专家学者对同一层次中的各因子间对应于上一层次中的某项因子的相对重要性予以判别。据此构造判断矩阵,进行因子权重计算,经上机运算、检验,求出权重值。

(3)选址优化模型建立

通过层次分析法实现定性与定量相结合,建立国家海洋公园选址优化模型:

$$E = \sum_{i=1}^{n} QiPi$$

式中,E 为国家海洋公园选址综合评价结果,Qi 为第 i 个评价因子的权重,Pi 为第 i 个评价因子的评价结果,n 为评价因子的数目。

(4)指标计算

依据上述因子权重值,采用德尔菲法及模糊评判方法,邀请专家学者对所选择的国家海洋公园预选区进行分项打分,然后使用上述评价模型进行计算,得到各个预选区的评分值及其位次。

(5)选址确定

根据计算结果从候选位置中最终确定建设国家海洋公园核心区的最优地址。

5.2　国家海洋公园的范围

由于海岛地区兼具海陆生态系统的特征,受多种地理、地址、生物、物理、化学等过程的制约,特别是海洋环流等因素的影响使其表现出较强的整体性,不易划分出明显的边界,因而国家海洋公园大小的确立应更加科学严谨,找出维持物种生存的原因所在,从而最为有效地实现保护目的。

理想的海洋保护区要求在严格保护的核心区周围设置缓冲区,这可以通过建设两类保护区来实现:一类是建设一个分区管理的大型海洋保护区,另一类则是建设一系列小型海洋保护区并辅以完善的法规以管理其周围海域。第一类保护区的优点是比较容易实现行政上的综合管理;第二类保护区有更多的管辖范围,因此需要加强综合管理,保护区管理者还不得不说服其他行政部门在保护区周围海域采取补充性的管理措施。

将面积大的保护区与面积小的保护区相比较,大的保护区能够较好地保护物种与生态系统。因为大的保护区能够保护更多的物种,某些物种尤其是大型脊椎动物在小的保护区内易于灭绝。一般来说,自然保护区面积愈大,其保护的生态系统愈稳定,其生物种群愈安全。根据保护对象及目的确定保护区的范围,应以物种与面积的关系、生态系统的物种多样性及稳定性,以及岛屿生物地理学等理论为基础加以设置。这里,国外的成功案例为我们提供了很好的参考。

澳大利亚西临印度洋,东临太平洋,海岸线长 3.7 万公里,是国际上海洋保护区建设起步较早且发展较好的国家之一。早在 1985 年,澳大利亚自然保护国家委员会就签署了有关建立海洋保护区的标准,并建议采用生物地理学的方法进行分类;1991 年,澳大利亚计划在国家及地区层面上建立一个可以代表生物地理区的海洋保护区系统,其选址的原则为代表性、充分性及综合性,选择标准包括地方价值、社会价值、经济价值、科学价值、脆弱性、可行性以及可复制性。目前,澳大利亚的海洋保护区以大型多用途海洋保护区与严格实施保护的小型海洋保留区为主:

●大型的多用途海洋保护区以生态系统的保护、生物多样性的保育以及资源的可持续利用为主,同时兼顾游憩以及渔业开发等;

●小型的海洋保留区通过生境的保全来维护特定的海洋物种,并允许适度的游憩观光等活动;

●真正禁止任何开发活动的严格保留区(IUCN 分类中的第 I 类保护区)的数量只占全国海洋保护区的约 8%,面积却占据了海洋保护区总面积的 23.5%,因为其多位于偏僻广袤的原始海域之中,人类活动较少,因此对原始海洋生态系统的保全有着决定性的作用。

澳大利亚海洋保护区的规划趋势是建设大型的多用途海洋保护区(国家海洋公园),如著名的大堡礁海洋公园(Great Barrier Reef Marine Park)和大澳大利亚海湾海洋公园(Great Australian Bight Marine Park)等。此外,从整个世界范围来看,建立大型的海洋保护区也是大势所趋。2003 年,在南非德班召开的第五届国家公园世界大会(National Park World Congress)号召:"到 2012 年建立起世界范围的海洋保护区网络体系,将各类海洋生态环境中至少 20%~30% 的区域划入至严格保护的海洋保护区中,通过建立起多功能的海洋保护区网络,满足渔业、生物多样性保护以及社会的需求。"①

海洋是一个开放的巨系统,因此,只有受到保护的面积足够大,对某些群落及脆弱生境的影响方可得到缓冲,从而保证其关键部分的群落相对不易受到干扰。另外,只有在一定的范围内拥有可控制的资源开发,才能使大型海洋保护区在政治上具有可行性。总之,大型的海洋保护区可覆盖完整的海洋生态系统,能够建立综合的管理体制,保障海洋资源利用的可持续性,同时能为当地社区带来明显的利益。当然,只有符合海洋保护区生态环境保护目标的海域才能允许此类利用。

5.3　国家海洋公园的形状

物种分布与保护区形状和性质有关。Wilson 与 Willis(1975)[131]认为,考虑到保护区的边缘效应,圆形的保护区优于狭长形,因为圆形可减少边缘效应(Edge Effect),而狭长形的保护区造价较高,且受人为的影响较大。因此,保护区的最佳形状为圆形。如果采用南北向的狭长形自然保护区,则必须保持足够的宽度。在矩形的保护区中,由于其形状的狭长而无法存在真正的核心区;然而圆形的保护区则有其核心区。当圆形保护区的边缘被破坏时,由于外围区域的保护作用,对其核心部分的影响并不显著;而矩形保护区局部生境的丢失则会影响到核心区的内部结构(图 5-1)。因此,理想的国家海洋公园形状应选择为圆形。

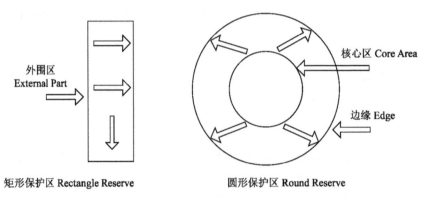

图 5-1　保护区形状与其边缘的关系(仿 Meffe 等,1994)
Fig.5-1　Relationship between reserve's shape and its edge (After Meffe et al.,1995)

5.4　国家海洋公园分区规划

保护区内部功能的区划是生物多样性保护区的全新观点(Noss,1994)[131]。将生物多样性的保护与生物资源的可持续利用结合,是对传统的封闭式保护区概念的突破(Richard

① IUCN.德班建议[J].世界自然保护信息,2003(22):13～17.

Primach,季维智,2000)①。

5.4.1 分区规划理论与方法

分区规划是国家公园进行规划、建设与管理的最重要手段之一,其目的在于保证国家公园的大部分土地与生物资源得以维系野生状态,将人为设施限制在最小限度内。最早的分区规划模式是由美国著名景观建筑师 Richard Forester 于 1973 年所倡导提出并得到 IUCN 认可的同心圆利用模式,他将国家公园从里至外划分为核心保护区、游憩缓冲区以及密集游憩区[184-185]。1988 年,C.A.Gunn 又在此基础上提出了国家公园五圈层分区模式,将公园划分为重点资源保护区、分散游憩区、低利用荒野区、密集游憩区以及服务社区,并被广泛应用于加拿大国家公园[186-187]。目前,加拿大国家公园已形成了相对完善的分区体系,其根据陆地及水域的生态系统与文化资源的保护要求进行分区规划,将国家公园划分为自然环境区、特别保护区、游憩区、荒野区以及公园服务区五大部分,各个分区的边界的标准和目的有所差异,同时各功能区根据自身的适宜性和接待能力为游客提供在一定范围内的游憩机会[188](表 5-6)。

表 5-6　加拿大国家公园分区体系
Table5-6　Zoning system of Canadian National Park

分区级别	分区目的	边界标准	管理框架	
			资源	公共机会
I 特别保护区	维持独特的、稀少或濒危的物种特征,或物种特征的最佳范例而值得特别保护的区域或特征	指定特征的自然范围及其缓冲要求的范围	严格的资源保护	通常不允许进入内部,只有经严格控制或非机动车才能进入
II 荒野区	代表了公园所反映的自然历史主题且需要保持自然状态的广大区域	大于等于 2000 公顷的自然历史主题和环境的自然范围及其缓冲区要求的范围	引导人们对自然环境进行保护	允许非机动车进入;开展分散性的游憩项目,提供与资源保护目标相符的游憩体验;可以设置简单的露营区、简朴的住宿及急救设施
III 自然环境区	与自然环境原色保持一致的区域,该区域可以在承受少量相关设施辅助下进行极少的低密度户外游憩活动	提供户外游憩活动的自然环境范围及其缓冲所需要的面积	引导人们对自然环境进行保护	内部允许非机动车进入,有限的机动交通工具(如授权的包机)可以进入河/湖边,但通常是分散性活动。另外,在一些限制性的机动车车辆通道内可以进行相对集中的游憩活动。可以为游客和管理者提供小规模的、乡村风格的、永久性的房屋住宿设施。露营设施可以是半原始状态

---

① Richard Primach,季维智.保护生物学基础[M].北京:中国林业出版社,2000.

续表

分区级别	分区目的	边界标准	管理框架	
			资源	公共机会
Ⅳ 游憩区	一个有限的区域,在考虑自然风景的安全与方便的前提下,该区域提供广泛的教育与户外游憩机会及相关设施	户外游憩机会及其设施所需范围和直接影响范围	引导人类活动与设施对自然景观产生最小影响	自然风景地内,或者由设施建设支持的户外游憩活动;可以提供基本的服务项目的营房设施;可以建设小型分散的住宿设施
Ⅴ 公园服务区	国家公园内的城镇和游客中心,它包括集中的游客服务设施并承担公园的管理功能	服务与设施的范围及其直接影响的区域	引导人们重视国家公园环境和价值,设计并运营游客服务设施与公园管理机构	机动车车辆和非机动车车辆都可以进入。集中的游客服务设施与公园管理活动。以设施为基础的游憩活动。主要的露营区靠近或者在城镇与游客中心内,提供基本服务项目。城镇或者游客中心

在我国,不同的资源载体也有着各自的功能区划方法。国务院于1994年出台的《中华人民共和国自然保护区条例》中规定自然保护区划分为核心区、缓冲区以及实验区,见图5-2。其中,核心区是自然保护区中保存完好的原始状态的生态系统以及濒危、珍稀生物的集中栖息地,严禁任何单位及个人进入,经许可的科研活动除外;核心区的外围可以划出一定范围的缓冲区,但只允许用于科研及观测活动;在缓冲区的周围可划分实验区,允许进入从事教学实习、科学试验、参观考察、旅游以及繁殖、驯化濒危、珍稀野生动植物等活动①。

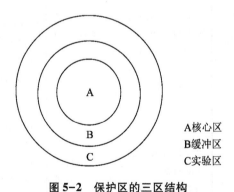

A核心区
B缓冲区
C实验区

图 5-2　保护区的三区结构
Fig.5-2　Three districts of protection zone

① 顾朝林.概念规划:理论·方法·实例[M].北京:中国建筑工业出版社,2005.

5.4.2 国家海洋公园多功能分区

根据保护水平的差异,一个大型的国家海洋公园可以划分为多个保护单元,其中实施严格保护的核心区有助于维持公园内生态系统的生物学功能,并确保资源得到充分保护[189]。除此之外,多功能分区还可以用来提供不同空间定位的管理区,在避免冲突的同时实现对公园内海洋生态系统属性的保护(图 5-3)[190]。这里,国外的成功案例为我们提供了很好的指导。

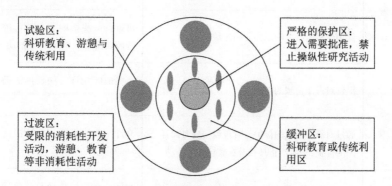

图 5-3 多用途海洋保护区分区战略

Fig.5-3 **Partitioning strategy of multipurpose marine preserve**

一般的国家海洋公园分区类型相对简单,主要包括核心区、缓冲区以及多功能利用区三大类,但各个国家及地区的分区名称不尽相同。例如,毛里求斯的蓝色海湾海洋公园(Blue Baie Marine Park)其分区包括严格保全区、保全区以及多功能利用区;而塞舌尔的圣安妮国家海洋公园(Sainte Anne Marine National Park)则划分为保护区、潜水区以及一般利用区[191]。功能分区最复杂的是大堡礁海洋公园,澳大利亚政府于 1981 年为保护并合理利用大堡礁海域的海洋资源,对大堡礁海洋公园采取了多功能分区规划,从而减少保护与开发以及不同渔业类型和海上游憩活动之间的矛盾。

大堡礁海洋公园管理局于 2003 年对公园的分区规划进行了调整,将整个海洋公园划分为生境保护区、科学研究区、保护公园区、国家海洋公园区、一般利用区、缓冲区、保全区以及联邦岛屿区 8 个不同类型的管理区,各功能区目的及功能概括如下:

表 5-7 大堡礁海洋公园功能分区的目的及功能

Table5-7 **Objective and function of function division of Great Barrier Reef Marine Park**

名称	目的	功能	保护程度
保全区	保护海洋公园的自然完整性及其价值,一般禁止任何人类活动存在,只允许得到批准的船舶进入或不低于 500 英尺(1 英尺约合 0.3 米)的低空飞行	可以进行包括环境影响评估在内的研究活动	最高
国家海洋公园区	保护海洋公园的自然完整性及其价值,一般禁止任何开采性活动	可进行一些低影响的传统资源利用及航行、潜水等活动	高

名称	目的	功能	保护程度
科学研究区	保护海洋公园的自然完整性及其价值,一般禁止任何开采性活动	可进行一些低影响的传统资源利用及航行、潜水等活动	较高
缓冲区	保护海洋公园的自然完整性及其价值,一般禁止任何开采性活动	可进行一些低影响的传统资源利用及航行、潜水等活动	中高
联邦岛屿区	保护海平面以上的海洋公园区域	可进行一些影响较小的传统资源利用及游憩、教育等活动	一般
保护公园区	提供对海洋公园的保护	有些地区允许一些捕捞活动的进行	中低
生境保护区	通过对敏感生境的保护与管理以实现对海洋公园的保护,一般禁止具有潜在破坏性的活动	允许一些捕捞活动及游憩活动的进行	较低
一般利用区	保全海洋公园区域,并提供合理利用的机会	允许一些捕捞活动及游憩活动的进行	最低

5.5　小结

　　国家海洋公园是实现海洋可持续发展的有效综合管理手段之一。目前,我国的国家海洋公园建设面临着规划先行、预防优先、兼顾经济等要求,公园的选址应遵循体现区域特色、重视经济价值、兼顾社区居民、考虑区外影响、协调综合效益、注重经验因素等标准,采用科学的理论与方法确定公园的位置、面积、形状及功能分区,从而保障实现海洋的自然调节、物质供应、废物处理以及娱乐文化等综合价值。

　　国家海洋公园选址原则包括科学合理性原则、协调一致性原则、效益最大化原则以及预防与适应相结合原则;选址标准包括体现区域特色、重视经济价值、兼顾社区居民、考虑区外影响、协调综合效益以及注重经验因素;选址方法包括影响因子分析、空间结构分析以及适宜性分析。公园的面积应占管辖海域面积的 20%~30%,理想的国家海洋公园形状应选择为圆形,分区类型主要包括核心区、缓冲区以及多功能利用区三大类。

第6章 国家海洋公园的保护与开发互动研究

任何开发活动都会在某些方面造成一定程度上的破坏,国家海洋公园也不例外。国家海洋公园的开发建设涉及生态环境、社区居民、区域经济等众多方面,如何科学构建保护与开发良性互动的发展机制,合理协调生态保护、渔业发展及旅游开发之间的关系,实施可持续发展,是国家海洋公园建设过程中的重要环节。

6.1 国家海洋公园发展影响要素分析

6.1.1 国家海洋公园与生态系统保护

保护海洋生态系统和自然资源是国家海洋公园建立的根本目的和首要影响因素。随着人类对海洋的肆意开发,海洋资源被不断过度开发利用,海域环境污染事件频繁发生,海洋环境及其资源遭到的严重破坏。以 2010 年墨西哥湾漏油事件为例,据不完全统计,在受污染海域的 656 类物种中,已造成约 28 万只海鸟,数千只海獭、斑海豹、白头海雕等动物死亡,导致 10 种动物面临生存威胁,3 种珍稀动物面临灭顶之灾[192],给生态环境带来的损失要至少在 3400 亿到 6700 亿美元。

近 30 年来,相当数量的沿海国家及地区陆续建立起数目众多、种类不一、规模不等的海洋保护区,其中国家海洋公园占有很大比重。尽管各国国家海洋公园的设立目的存在一定差异,但这些公园毫无例外地都将自然生态系统的保护置于公园建立的首要目标,通过对公园内自然环境及文化历史遗产的保护,为子孙后代提供一个均等地享受人类自然及文化遗产的机会。国际上的成功经验表明,通过建立包括国家海洋公园在内的海洋保护区不仅能够完整地保存生态系统和自然资源的原始面貌,还可以恢复、保护、引种、发展、繁殖生物资源,维持生物物种的多样性,并消除和减少人为的不利影响。

通过建立国家海洋公园,这些国家和地区维持了区域生态系统的稳定性和自我恢复能力。公园可以排除商业捕捞、海底开采、航运等人类活动对海洋自然生态系统的损害,为海洋生物留出必要的生存空间,保护并保存海洋生物资源生存所需的自然生境,为海洋生物提供生存基础。特别是对于已经遭过度利用的生物资源及其生境而言,公园的保护结合海洋生态系统自身的修复能力可以使生态系统得以喘息,并逐渐恢复至应有的生物数量和生态环境。

6.1.2 国家海洋公园与海洋渔业发展

由于国家海洋公园所处的特殊环境,其建立和发展与当地的渔业经济发展有着千丝万缕的联系,这些影响包括两大方面:

6.1.2.1 国家海洋公园与渔业发展的正向作用

过去很多人误以为设立国家海洋公园会限制该区域原先使用者捕鱼和休憩的权利,导致人们从渔业中获得的利益变少。实际上,由于公园核心区面积有限,且海水所具有的流动性,以及海洋生物资源具有的不确定性等众多因素,即便是在属于严格管制的海域内禁止捕鱼,在保护区内栖息繁殖的海洋生物仍然会进入周围的非保护区而被渔民捕获。在鱼群繁衍壮大后,渔获量反而可能比原来有所增加。

国家海洋公园可以作为安全的海洋生物庇护所。产卵、索饵、育幼等均是海洋水产资源生命史中的重要阶段,深刻影响资源生物量的变化[193]。通过对育幼场及产卵场等重点区域的保护可维护水产资源的繁殖及发育,为维持资源的恢复及种群的可持续发展提供支持。通过对水产资源索饵场实施保护可有效增加生物量平均体长及密度,还可以增加保护区外的资源种群数量,以形成溢出效应(Spillover Effect)。此外,公园不仅对一些定居的物种产生影响,同时对于一些洄游的物种也可以起到相应的作用。

作为一种预防性措施,国家海洋公园能够对渔业管理中的不确定因素起到缓解作用。现阶段,渔业管理的主要措施是在评估资源数量的基础之上进行的,通过设置一个生物量参考点对最大可持续产量进行调整以实施对渔业资源的可持续利用。然而,资源评估需要有准确的数据为依据,但海水、环境、气候等自然因素的变化对于海洋生物资源的影响很难准确测算,导致海洋渔业管理不确定性加大,很多情况下难以达到预期目标。在水产资源动态测评模型中,该不确定性被表示为一个随机波动,很多时候会导致渔业资源的瞬间崩溃。国家海洋公园,特别是其完全封闭的核心区则能够避免这种随机波动的产生,以防止渔业资源发生不可恢复性的崩溃[194]。

6.1.2.2 国家海洋公园与渔业发展的负向作用

海洋的公共领地属性使其缺乏明确的所有权属,这造成了任何人都有权开发和利用海洋资源的大众海洋开发观念,从而导致建设国家海洋公园,禁止在其核心区内进行海洋资源开发活动,尤其是渔业开发活动对于海洋管理者具有极大的挑战性。公园的建立会使当地居民传统的渔业生产活动受到限制,其原有的生活方式随之发生改变,新的竞争行业开始出现,各种利益冲突也在所难免,这些变化导致了当地社区权利与义务的重新分配,打破了原有的社会平衡。国家海洋公园对渔业发展的负面作用主要表现在以下几方面:

(1)国家海洋公园的建立使部分渔民被迫从传统的渔场转移出去甚至"失海",但对其他使用者没有影响,从而造成不同用户之间的利益冲突。

(2)国家海洋公园中严格保护的核心区域比例如果设置过高,既不利于区域可再生资源的合理利用,也容易引起当地居民和社区对公园建设的抵触情绪,从而导致"建而不保"的结果。

(3)国家海洋公园核心区域的封闭使部分海洋开发活动转移到附近的开放海域,增加了这些海域的人类活动影响。而在保护区附近炸鱼、毒鱼等破坏性捕鱼方式则会对公园造成极大的负面影响。

(4)为了有效保护海洋物种,国家海洋公园的面积必须足够大,而大面积的公园容易产生建立和管理上的困难。

(5)国家海洋公园邻近开放海域的管理对于公园的成功具有重要意义,缺乏有效的公园外部海域管理,国家海洋公园的生态保护效果将大打折扣。

(6)相比陆域自然保护区,海水的流动性使海洋保护区的界限往往很难确立,海洋保护区在边界上具有不明确性,导致海域权属纠纷不断,给公园的管理造成了困难,同时在何地选址最为适宜也成为不得不考虑的难题。

6.1.3　国家海洋公园与生态旅游开发

生态旅游同样是国家海洋公园的主要功能之一,其建立和发展与区域旅游业发展有着紧密的联系,这些影响同样包括正负两个方面:

6.1.3.1　国家海洋公园与旅游开发的正向作用

从国际上的国家海洋公园发展来看,严格实行全面保护的公园固然存在,但仅限于少数个例,大部分的国家海洋公园建设与管理需要结合公众游憩娱乐以及观赏教育等功能进行,这也是国家海洋公园的建立与发展理念之一。生态旅游将旅游活动综合效益以及旅游业的带动作用展现得淋漓尽致,促使旅游活动向更高阶段发展,并带动区域旅游向着与生态、经济、社会协调发展的模式不断转化。旅游者在生态旅游活动中,不再仅仅是被动的观赏和娱乐,而是更多地参与生态保护的实际行动,从而发挥了环境教育的效应。生态旅游活动也促使旅游资源永续利用和良性发展以及旅游环境改善成为必然,从而增强了旅游业的发展潜力和动力。

与我国海洋自然保护区单纯注重保护或我国滨海风景名胜区单纯注重旅游开发的模式不同,国家海洋公园设立伊始就在生态保护的基础上进行商业开发,既严格保护海洋生态系统和自然资源,又开展游憩、娱乐、餐饮、住宿、购物等商业活动,可以看作是我国自然保护区与滨海风景名胜区的完美结合,但是具有更为先进的思路及更为具体的措施。生态旅游对东道国和地区经济发展的积极作用十分显著,对保护区和当地居民来说,生态旅游最明显的效应是通过旅游产业的关联拉动效应,增加当地经济收益,提供就业机会,帮助当地居民脱贫致富,加快区域经济发展。

国家海洋公园设立之后,虽然当地居民会因此受到更为严格的捕鱼及养殖限制而导致渔业收入减少,然而其他收入,诸如旅游观光、游憩娱乐、餐饮住宿、各类服务等收入将大幅增加。相对于传统工业,旅游业投资少、见效快,具有良好的投入产出比;同时,旅游业对其他相关产业的带动作用十分巨大。根据世界旅游组织的核算,旅游业每直接收入 1 元,相关行业可增收 4.3 元;旅游业每直接就业 1 名人员,社会可新增 5 个就业机会。同时,生态旅游所带来的外部经济效益同样十分可观,进一步推动了公共设施开发建设,吸引投资,刺激和带动区域经济发展,对协调国家或地区之间的经济发展,缩小国与国、地区与地区间的差距也具有直接的帮助。

6.1.3.2　国家海洋公园与旅游开发的负向作用

旅游开发如果不得到科学控制,必然会对公园的生态系统保护产生影响。以珊瑚礁公园为例,旅游者的大量融入不可避免地导致当地污水量增加,如果将污染过的水不经处理而直接排入海洋,污水中的营养物会使海藻肆意生长。形成规模的藻类会遮挡原本可以照射珊瑚礁群的阳光,从而降低水中的含氧量,导致珊瑚虫因窒息而死,最终致使珊瑚成为"暗夜的祭品",走向覆灭。

对于旅游者个人而言,在水中漫步时,潜水者很可能会不小心踩在礁上而弄碎或撞坏珊瑚,或用手直接触弄珊瑚,这些行为都可能损坏珊瑚用以抵御外界侵袭的保护层,使之面临死亡的威胁。每一个亲历过公园的旅行者都会眷恋这里的珊瑚,而珊瑚未必会等到下一个旅行者,这正在成为事实。有海洋科学家估计,如果再不及时加以保护,到 2060 年全世界将有超过 50% 的珊瑚礁从地球上消失,海洋生态将面临更为严峻的挑战。

6.2　国家海洋公园保护与开发协调发展机制

设立国家海洋公园要牺牲当前的部分经济利益是不可避免的,也是可行的。然而,如何以人为本地调动当地社区建设公园的积极性,避免在经济发展为第一要务大背景下的海洋开发导致海洋原生环境及其资源的破坏,则不能不考虑如何在完善保护的前提下实现综合利益的最大化。因此,国家海洋公园应统筹兼顾生态、经济、社会三大效益,构筑保护与开发协调发展机制(如图 6-1 所示),协调保护与开发的关系,实施可持续发展。

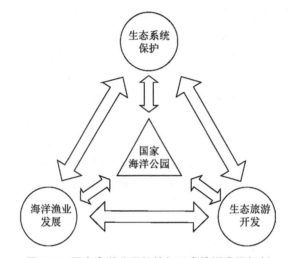

图 6-1　国家海洋公园保护与开发协调发展机制

Figure6-1　Mechanism of coordin of protection and development of National Marine Park

如图 6-1 所示,构筑保护与开发协调发展机制必须统筹考虑区域生态系统的保护、海洋渔业的发展以及生态旅游的开发,三者缺一不可。其中,保护海洋生态系统和自然资源是国家海洋公园建立的重中之重,公园内完整的生态系统与良好的生态环境是保护当地渔业资源以及吸引大量游客的重要基础。同时,海洋渔业生产是社区居民赖以生存的根本保障,生态旅游开发则是国家海洋公园的重要功能取向。因此,必须协调好国家海洋公园与生态保护、渔业发展以及旅游开发之间的关系,构筑保护与开发协调发展机制。

6.3　国家海洋公园保护与开发协调度评估

保护与开发并重是国家海洋公园有别于一般的自然保护区或风景名胜区的关键所在,如何确定保护与开发的量化程度是公园建设亟须研究解决的重大问题。协调保护与开发的关系需要构建科学的评估模型,在综合考虑生态、经济、社会三大效益的基础上,本书选取基于生态承载力测算的数学模型量化区域生态保护与经济发展的状况,并在传统模型基础之上提出了改进后的生态足迹计算模型、改进后的生态承载力的计算模型、保护与开发协调度计算模型以及旅游容量计算模型等,可以对区域生态足迹、生态承载力、保护与开发协调度、旅游容量阈值等方面进行定量分析。

6.3.1　生态足迹计算模型

6.3.1.1　传统的生态足迹计算模型

传统的生态足迹计算模型[195]:

$$EF = N \cdot ef = N \cdot \sum r_j(c_i/p_i) \tag{1}$$

式中:i 为消费项目的类型;

　　　j 为生物生产性土地的类型;

　　　EF 为生态足迹;

　　　N 为人口数;

　　　ef 为当地居民人均生态足迹;

　　　r_j 为不同类型生物生产性土地的均衡因子;

　　　c_i 为 i 中消费项目的年人均消费量;

　　　p_i 为 i 中消费项目的全球年平均产量。

6.3.1.2　改进的生态足迹计算模型

传统的生态足迹计算模型已被广泛运用到各个领域之中,其科学性已得到公认。然而,对于一个相对独特的区域,例如海岛等地区,当地居民人口较少,如果旅游业开发达到一定规模,年接待游客数持续快速上升,这部分人口所占有的生态足迹也应该在模型计算中有所考虑。因此,区域总的生态足迹应该等于区域本底生态足迹与旅游生态足迹之和。由此得到公式:

$$EF = BEF + TEF = N \times ef + n \times tef \tag{2}$$

式中:EF 为区域总的生态足迹;

　　　BEF 为区域本底生态足迹;

　　　TEF 为旅游生态足迹。

　　　N 为当地居民人口数;

　　　ef 为当地居民人均生态足迹;

　　　n 为当年接待游客人次数;

　　　tef 为旅游者人均生态足迹。

王辉[196](2005)根据生态足迹理论,将其计算模型引入旅游环境承载力的计算,可以从宏观角度度量一个国家、地区旅游环境承载力的大小。旅游者消费主要包括交通、住宿、饮食、购物等,所有的旅游者的消费总和即当地旅游总收入。旅游总收入在地区国民经济收入中所占的比例,我们可称之为旅游业对地区国民经济生产总值的贡献率 r,即 r = 旅游业总收入/国民经济生产总值。因此,该地区的生态足迹(或生态承载力)与旅游贡献率 r 的乘积即区域旅游生态足迹(或区域旅游生态承载力)。由此可得区域旅游生态足迹计算

模型如下:

$$TEF = EF \times r \tag{3}$$

$$tef = TEF / 旅游总人次 \tag{4}$$

$$TEC = EC \times r \tag{5}$$

$$tec = TEC / 旅游总人次 \tag{6}$$

式中,TEF 为旅游生态足迹(ha);EF 为区域生态足迹(ha);r 为旅游业对国民经济生产总值的贡献率;tef 为人均旅游生态足迹(ha/cap);TEC 为旅游生态承载力(ha);EC 为区域生态承载力(ha);tec 为人均旅游生态承载力(ha/cap)。由此可知,旅游生态足迹测算的是在区域国民经济所需的生产性土地面积中旅游业所需的生产性土地面积数量(ha);旅游生态承载力测算的是在能够提供支持国民经济的生产性土地面积中提供支持旅游业的生产性土地面积的数量(ha);二者之差即旅游生态赤字(或旅游生态盈余)。该模型的最大贡献在于引进了旅游贡献率 r 这一变量,为旅游生态足迹的计算提供了新的角度。

根据公式(2)与公式(3),提出改进后的生态足迹计算模型:

$$EF = BEF + EF \times r = N \times ef + EF \times r \tag{7}$$

则,可得:

$$EF = N \times ef / (1 - r) \tag{8}$$

由计算模型(1)可知,均衡因子 r_j 是生态足迹计算中的一个重要参数,它将六种生物生产性类型空间的面积转换为具有相同生物生产力的面积,从而实现了六种土地类型面积的加和。由此可见,均衡因子的准确与否直接关系到计算结果的可靠性及可比性。随着生态足迹模型被广泛采用,有关其标准化及本地化的研究成为迫切的需要。刘某承、李文华(2009)[197]采用2001年我国 1km MODIS 数据,根据植被的净初级生产力,对我国的平均均衡因子进行了测算,结果为:耕地及建筑用地为1.71,林地和能源用地为1.41,草地为0.44,水域为0.35,并与国际通用的均衡因子进行了比较(表6-1):

表6-1 中国均衡因子与全球均衡因子对比

Table 6-1 The comparison of equivalence factor between China and the world

	耕地	林地	草地	水域	建筑用地	能源用地
刘某承	1.74	1.41	0.44	0.35	1.74	1.41
Wackernagel	2.8	1.1	0.5	0.2	2.8	1.1
WWF-2001	2.19/1.80	1.38	0.48	0.36	2.19	1.38

在生态系统中,能量的流动始于绿色植物的光合作用。而 NPP 是绿色植物在单位时间、单位面积所累积的有机物数量,是由光合作用所产生的有机质总量中扣除自氧呼吸后的剩余部分,其直接反映了不同生态系统中植物群落在自然或人工环境条件下的真实生产能力。同时,生态足迹模型中为了将六种不同生物生产力类型的土地面积转换为具有相同生物生产力的面积以便加和及比较,因此,采用基于不同土地类型的 NPP 来计算均衡因子具有理论上的合理性,并可以间接反映人类活动对绿色植物生产力的影响与占用情况,以及植物生产对人类生态系统的支撑能力及其自我维持的能力[197]。

6.3.2 生态承载力计算模型

6.3.2.1 传统的生态承载力计算模型

生态承载力的计算模型:

$$EC = N \cdot \sum e_c = N \cdot \sum A_j \cdot r_j \cdot y_j \tag{9}$$

式中:i 为消费项目的类型;

$\quad\quad j$ 为生物生产性土地的类型;

$\quad\quad EC$ 为总的生态承载力;

$\quad\quad e_c$ 为人均生态承载力;

$\quad\quad N$ 为人口数;

$\quad\quad A_j$ 为人均实际占有的生物生产面积;

$\quad\quad r_j$ 为不同类型生物生产性土地的均衡因子;

$\quad\quad y_j$ 为产量因子。

其中,产量因子是生态足迹计算模型中的重要参数,其准确与否直接影响到计算结果的可靠性与可比性。随着生态足迹模型的广泛应用,其标准化与本地化成为迫切需要。为了便于区域水平上的生态足迹空间分析,刘某承,李文华,谢高地(2010)[198] 采用 2001 年我国 1km MODIS 数据,根据植被的净初级生产力计算出全国以及各省份各种土地类型的产量因子。结果表明,就全国产量因子而言,由于我国农地生产力水平高于世界平均水平,其产量因子为 1.74,而其余几种类型土地的产量因子则均小于 1,分别为林地 0.86,畜牧地 0.51,水域 0.74;就各省份而言,由于区域内不同土地利用类型的相对生产能力存在差异,产量因子也有所不同[198]。

6.3.2.2 改进的生态承载力计算模型

根据渔业种群动力学模型,当未捕捞种群生物量占种群总量的比重不低于 20% 时,可以避免对该种群的过度捕捞现象[199]。大量研究表明,通过覆盖 30% ~ 50% 的全部生境面积,大多数物种的保护目标可以实现[200-201]。借鉴国际上海洋保护区的面积标准,出于谨慎性考虑,在生态承载力计算时应扣除 30% 的生物多样性保护面积[202]。因此,提出改进后的生态承载力的计算模型如下所示:

$$EC = 0.7 \cdot N \cdot \sum e_c = 0.7 \cdot N \cdot \sum A_j \cdot r_j \cdot y_j \tag{10}$$

6.3.3 保护与开发协调度计算模型

通过比较区域生态足迹与生态承载力可以度量区域社会经济发展与生态系统保护之间的关系,由此构建协调度计算模型:

$$C = EC / EF \tag{11}$$

式中:C 为协调度;

$\quad\quad EC$ 为总的生态承载力;

$\quad\quad EF$ 为总的生态足迹。

当 $C > 1$ 时,生态承载力超过生态足迹,区域处于可持续发展状态,开发与保护相协

调,应注意保持;

当 $C \to 1$ 时,生态承载力与生态足迹接近,区域处于生态警戒状态,应注意控制开发强度;

当 $C < 1$ 时,生态足迹超过生态承载力,区域处于过度开发状态,开发与保护严重失调。此时,该地区人口对自然生态系统所提供的生态资源和服务的需求超过了区域生态系统的供给,形成了一种不可持续发展的状态。

运用此模型可以动态监测区域保护与开发之间的协调程度,以据此科学地提出未来发展对策。

6.3.4 旅游容量计算模型

在国家海洋公园内发展生态旅游必须确定合理的旅游容量,生态旅游的临界阈值取决于生态环境和旅游资源的承载能力,公园必须依此对游客数量进行严格的控制。在基于改进后的生态足迹计算模型与改进后的生态承载力的计算模型的基础之上提出国家海洋公园旅游容量计算模型如下所示:

由公式(11)可知,当 $C \to 1$ 时,区域处于生态警戒状态,应注意控制开发强度。因此,令 $C = 1$,即 $EC = EF$,可求出旅游容量的阈值 T:

$$T = TEF / tef = (EF - BEF) / tef = (EC - BEF) / tef \qquad (12)$$

国家海洋公园的游客数量必须控制在阈值 T 以内。

6.4 国家海洋公园保护与开发对策研究

通过建立国家海洋公园协调保护与开发的关系,可以确保区域生态、经济、社会综合效益最大化,维护地方可持续发展。然而,为了综合效益最优,有时可能会损失个别群体的利益。例如,国家海洋公园的建立会对当地渔民造成一定经济损失。鉴于公园在各方面所存在的限制及问题,在此提出以下几点建议:

6.4.1 普及国家海洋公园相关概念

有效的国家海洋公园管理必须建立在所在当地社区自觉参与的基础之上。如果没有居民的支持与帮助,其他的管理措施都难以奏效。宣传教育的目的就是要达到让社区居民了解公园与其自身利益的紧密关系,使其懂得保护自然,就是捍卫人类自身的生存与发展,从而自觉地投入到自然保护的事业中去。因此,应迅速普及国家海洋公园的相关概念,使海洋保护的意识深入人心,为公园建设争取广泛的社会支持。同时,国家海洋公园应被理解为一个维持和增强当地渔业产量的辅助性工具,而不是用其来替代捕捞力和产出控制。国家海洋公园本身并不能解决渔业发展中常见的"捕捞竞赛"等问题,也不能替代传统的渔业资源保护手段,如最小渔获物尺寸限制。毕竟国家海洋公园覆盖的面积有限,大部分的海域仍是渔业捕捞的天下。国家海洋公园管理需要和其他传统渔业管理方法进行整合,否则不仅无法增强或恢复周边海域的渔业资源,国家海洋公园自身的种群数量也难以保证。

6.4.2　完善国家海洋公园相关法规

法律规范是制度实施的基础与保证,任何制度想要在实践中高效运转都需要具有强制力的法律制度来支撑,国家海洋公园的建设亦是如此。完善的国家海洋公园立法是国家海洋公园制度得以良好实施的坚实后盾。虽然我国已经颁布实施了《中华人民共和国自然保护区管理条例》《中华人民共和国海洋环境保护法》《中华人民共和国渔业法》《中华人民共和国海洋自然保护区管理办法》《中华人民共和国海岛保护法》《中华人民共和国海洋特别保护区管理办法》《中华人民共和国水生动植物自然保护区管理办法》《中华人民共和国水产资源繁殖保护条例》等众多有关海洋保护区和渔业的法律规章,但关于国家海洋公园的具体操作规范上却缺乏明确统一的法律文件,难以形成完善的国家海洋公园法律体系。因此,应依据现有各项法律法规,在广泛调查、征求意见与综合研究的基础上,及时颁布国家海洋公园相关制度,对海洋生态环境的保护与管理、海洋保护的投入与补偿、保护与开发的关系调节等进行统一的规定与协调,通过立法规范国家海洋公园的建设与管理。

6.4.3　实施对当地渔民的相关补偿

由于国家海洋公园的设立,渔民丧失了一部分重要的传统渔场,造成其捕捞成本的上升及渔获物的减少。此时,如果渔民的其他替代性收入来源也很有限,则进行经济补偿是必要的。如果没有相关补偿,可能会大大减少渔民对国家海洋公园的接受程度,从而增加国家海洋公园的管理难度,使区域长期的渔业效益难以实现。此外,更多的让渔民参与到国家海洋公园的建设与管理之中会在很大程度上增加渔民对国家海洋公园的认同感与归属感。

6.4.4　转变区域经济社会发展模式

作为一种文化资源,国家海洋公园在游憩娱乐、科学研究以及环境教育等方面具有其相应的作用。现阶段,世界各国大多通过禁渔政策以缓解水产资源的捕捞压力,却也不可避免地导致了很多以捕捞为生的渔民在退出渔业生产后因缺乏其他生产技能而很难转移到其他社会生产部门,当地渔民的生计问题成为区域发展的主要阻碍。然而,绝大多数国家海洋公园可以作为观光游览的旅游目的地,通过开展海钓、观鲸、潜水、水径、摄影等生态旅游活动吸收大量渔民参与就业,使其继续从事与捕鱼相关的各类工作,从而稳定当地社区,促进再就业。此外,新增的经济效益可用于公园自身的建设与维护,缓解政府财政压力。例如,澳大利亚大堡礁国家海洋公园(Great Barrier Reef Marine Park)就是一个成功的典范,保护区内的旅游、潜水、休闲渔业等已成为公园的基本收入来源;此外,在牙买加(Jamaica)的蒙特哥贝(Montego Bay)海洋保护区,通过对旅游活动的收费促使保护区的经费达到完全自给[203]。

6.4.5　科学经营管理国家海洋公园

由于我国现阶段尚未建立国家公园体系,没有类似美国国家公园局(National Park Service)这样的机构全权负责管理全国的保护与游憩用地。目前,我国在管理模式上采用的是有别于美国、加拿大以及澳大利亚等国的属地管理模式,尽管该模式与我国如今的风景名胜区、自然保护区、地质公园、森林公园、矿山公园以及湿地公园等诸体系的相互独立且指定重复的现状相适应,但其所导致的开发不当、保护不力、经营不善等问题长期以来一直是各界争论的焦点所在。鉴于此,我国的国家海洋公园管理应借鉴国际成功经验,采用国家层面统管全局的垂直管理模式,实行统一协调管理与分级、分部门管理相结合的体制。由国家海洋管理部门(如国家海洋局)负责监督管理,并直接设置管理机构负责公园的日常保护、利用和管理等工作,上对国家负责,下对国民负责。地方政府及环保、旅游、渔业、国土、交通等相关部门负责配合与协调。在公园的日常管理中,应将生态保护放在首位,通过严格的动态监测与容量控制减少人类活动对区域产生的负面影响,并在此前提下积极开发生态旅游,促进区域经济可持续发展。

6.4.6 抓好国家海洋公园环境监测

开展动态生态监测及环境影响评价是生物多样性与自然环境保护的需要。在国家海洋公园内开展生态旅游活动必须首先确定合理的环境容量,生态旅游活动的临界阈值取决于生态环境与旅游资源的承载能力,这些数据的确定需要通过科学的测算与研究。因此,必须定期对公园进行科学的生态监测工作,对旅游者的数量采取严格的控制。国家海洋公园是海洋生物学、海洋地质学以及海洋环境科学的最佳研究基地。人们在这里开展科学研究,可以获取大量的海洋生态系统的基本规律及作用,并可以将这些科学知识转化为生产力,同时可以作为监测的本底资料,其价值不言而喻。通过对国家海洋公园的资源、环境以及开发利用状况的调查研究、监测分析等,可系统地积累国家海洋公园成立前后的资料,为分析研究公园的资源变化原因及提出改进管理措施提供基础。国家海洋公园应兼顾海洋生态观测站的功能,其主要观测项目包括海洋水文要素、水质、底质、资源、生物种群结构及其变化等。这种海洋生态监测站,一方面可以为国家海洋公园的管理提供科学依据,另一方面还可以为全海域的生态管理提供示范模式。

6.4.7 广泛进行国际领域合作交流

海洋的国际性和海洋动物长距离的迁徙性要求对某些珍稀、濒危海洋动物进行全球范围内的保护和科研合作。例如鲸、海豹、海鸟等,单就它们的部分栖息环境和生活阶段进行保护,而对它们在世界其他海域的栖息环境和生活环节不予考虑,这些动物最终还是得不到保护。因此,要做到对以这类保护对象为主的国家海洋公园进行有效管理,应当积极进行广泛的国际合作。首先,参加并签订国际有关公约或双边、多边协定,例如《关于保护世界文化与自然遗产公约》《关于特别是作为水禽栖息地的国际重要湿地公约》《迁徙性野生动物保护公约》等。通过国际上联合一致的保护行动,可以促进我国国家海洋公园的有效管理。其次,积极进行国际上的科研合作。例如在珊瑚礁、红树林和海岸湿地这些国际上相同的生态系保护中,有许多相同的课题。进行国际合作研究,可以节约经费,互相交流经验,从而提高国家海洋公园的管理水平。

6.5 小结

国家海洋公园应统筹兼顾生态、经济、社会三大效益,构筑以公园为中心的保护与开发协调发展机制,以此协调生态保护、渔业发展及旅游开发之间的关系,实施可持续发展。协调保护与开发的关系需要构建科学的评估模型,选取基于生态承载力测算的数学模型量化区域生态保护与经济发展的状况,在传统模型基础之上提出改进后的计算模型可以对区域本底生态足迹(BEF)、旅游生态足迹(TEF)、生态承载力(EC)、保护与开发协调度(C)、旅游容量阈值(T)等方面进行定量分析。在公园的建立过程中应做好以下各方面的工作:普及国家海洋公园相关概念;完善国家海洋公园相关法规;实施对当地的渔民相关补偿;转变渔业经济社会发展模式;科学经营管理国家海洋公园;抓好国家海洋公园环境监测;广泛进行国际领域合作交流等。

实践篇

第7章 长山群岛国家海洋公园建设条件分析

在系统分析了国家海洋公园的建设基础与意义,厘清了公园的概念、特征及类型,评述了国内外相关研究进展,总结了公园建设的基本理论,探讨了公园的制度建设、规划与设计、保护与开发互动的基础之上,笔者以大连长山群岛国家海洋公园为例进行了实证研究。

7.1 区位条件

长山群岛位于辽东半岛东南的北黄海海域中(122°12′E～123°13′E,38°13′N～39°34′N),东与朝鲜半岛隔海相望,西南与山东庙岛群岛相对,西部毗邻大连主城区和金普国家级开发区,北部与普兰店、庄河相邻,南部邻近海上国际航线,是东北地区距离日本、韩国最近的区域。长山群岛地处黄渤海经济圈中心位置,是黄海北部东西海上贸易重要通道,是东北地区海上国际经贸往来的桥梁和纽带,是整个东北地区开发利用海洋、发展海洋经济的桥头堡(图7-1)。

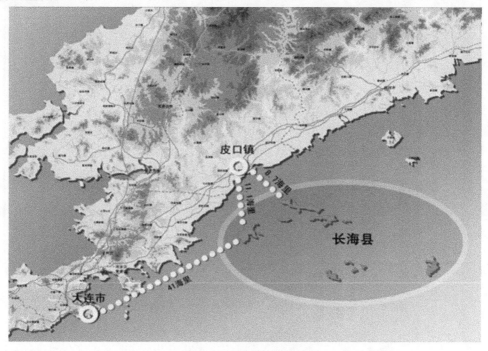

图7-1 长山群岛区位图

Figure7-1 Location map of Changshan Islands

长山群岛是黄海海域岛屿分布最为集中的区域,由 252 个岛、坨、礁组成,是我国黄海中最大的群岛,整个群岛陆域面积约为 170km²,众多岛屿构成了一个不规则的四边形(图 7-2)。北部的石城岛至南部的獐子岛约 60km,西部的广鹿岛距东部的海洋岛约 70km。长山群岛由南向北分 3 组成东西走向排列,根据岛屿的分布特点,又可分为三大岛群:里长山列岛、外长山列岛和石城列岛。其中,北部的石城列岛由主岛石城岛及大、小王家岛与寿龙岛等岛屿构成;中部的里长山群岛由大长山岛、小长山岛、广鹿岛以及哈仙岛、塞里岛、格仙岛、瓜皮岛、乌蟒岛、蚆蛸岛、洪子东岛、葫芦岛等岛屿组成;南部的外长山群岛由獐子岛、海洋岛、大耗子、小耗子岛与东、西褡裢岛等岛屿组成。除石城列岛外,长山群岛行政上隶属于辽宁省大连市长海县。长山群岛中距大陆最近的岛屿为石城岛,仅 4km;最远的是海洋岛,约 60km;海洋岛海拔最高,最高峰为哭娘顶,约为 373m;广鹿岛陆地面积最大,面积约26.78km²。除石城列岛隶属于庄河市外,长山群岛行政上隶属于辽宁省大连市长海县。长海县是东北地区唯一的海岛县、全国唯一的海岛边境县,全县陆域面积约为 142km²,海域面积约为 10 324km²,岛屿岸线约为 358.9km,由 195 个海岛组成。长海县下辖大长山岛、獐子岛 2 个镇和小长山、广鹿、海洋 3 个乡,总人口约 7.8 万人。大长山岛为长海县人民政府所在地。

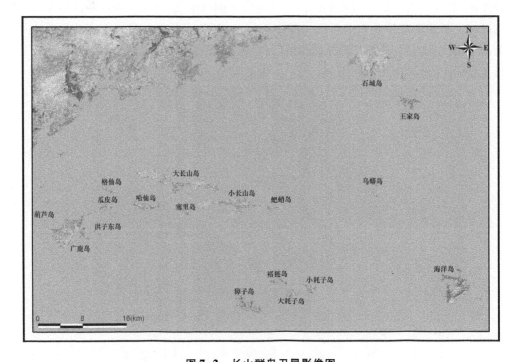

图 7-2　长山群岛卫星影像图

Figure7-2　Satellite images of maritime space of Changshan Islands

7.2 资源禀赋

7.2.1 地质地貌

7.2.1.1 地质

长山群岛在地质构造上与辽东半岛相一致,为辽东古陆的一部分,地层岩性也与半岛相同,并有纬向构造及华夏构造体系的形迹,因此各岛形状不一。本区地层较为简单,主要由前震旦纪的片麻岩、片岩、大理岩、混合岩等变质岩构成,其中还有震旦纪的砂、页岩,并有花岗岩的侵入。此外,在沟谷中还堆积了第四纪地层,缺失寒武纪至第三纪地层。整个岛屿大致呈北东方向展布。

长山群岛在地质构造上以东西向断裂为主,其断裂规模较大,对海岛的地质构造起着主要控制作用[①]。该断裂构造经过后期构造运动的改造,断裂带破碎,风化强烈,断裂由中酸性岩脉充填。地层主要有太古界鞍山群董家沟组、下元古界的辽河群浪子山组、上元古界的细河群桥头组及新生代地层。海岛是以古老变质岩系为基础,地质建造呈现古陆台(中朝准地台)式建造特征。岩性包括片麻岩、混合花岗岩、片岩、碎屑岩、碳酸岩和侵入岩。长山群岛出露岩石等均呈整体块状、块层状,岩石坚硬强度高,可满足各种工程建筑的地基强度要求,在工程地质上属于基本稳定工程地质区。第四纪沉积物类型包括残积物、残坡积物、坡积物、洪积物、坡洪积物、风积、海积、潟湖沼泽堆积、生物堆积等。

7.2.1.2 地貌

长山群岛作为辽东半岛的海上延伸,地貌上具有较为显著的丘陵特点,所有岛屿均为岩岛,而且岩石裸露,地势险峻,峰峦起伏,陡壁悬崖,主要岛屿海拔在100m以上,并有明显的山峰,山峰成为优良的航行标志。长山岛群地貌类型包括剥蚀侵蚀型、剥蚀堆积型、堆积型和人工岸线四种类型。剥蚀侵蚀型地貌主要有侵蚀低丘、侵蚀谷地和剥蚀台地等;剥蚀堆积型地貌主要有坡洪积扇、坡洪积台地、坡洪积平原;堆积型地貌一般有海积平原、潟湖、风成砂地、倒石锥等,海积平原分布在开阔的潮间带及海湾,以滨海堆积为主,地面平坦,地面倾角小于3°;人工岸线主要为码头、护岸等人工构筑物。

由于长山群岛岩层坚硬,岛屿岸线迂回曲折,从而形成了众多良好的港湾及锚地。各岛屿之间水道相交,四通八达,水深适宜,易于舟船的航行、隐蔽及锚泊,为海上运输提供了便利条件。广鹿岛、大长山岛、小长山岛、獐子岛、海洋岛、石城岛、王家岛及众多小岛都有港口,其中大长山岛为沟通各岛以及大陆往来的交通枢纽。为加强经济交流,发展渔业生产及旅游度假,长山群岛各港口规模正逐步扩大,港湾设备日趋完善,已成为舟船避风与补给的良好场所和我国北方著名的渔业基地之一。

7.2.1.3 邻近海域海底地貌及沉积物

长山群岛海域底床是辽东半岛水下的自然延伸,地形总体向东南倾斜。在长期不同强度的水动力塑造下,形成沟槽状正负地形和较平坦堆积地形的复杂地貌格局,基本可分为

---

① 长海县海洋与渔业局,国家海洋环境监测中心.大连长山群岛国家级海洋公园总体规划,2015.

滨岸浅滩、潮汐沟槽、浅海堆积平原、堆积台地、冲刷槽、浅洼地、冲刷陡坡等海底地貌类型。

海岸类型以侵蚀岸为主,其次为侵蚀堆积岸和堆积岸。地貌形态类型有海蚀崖、海蚀洞穴、海岸阶地、海蚀台、海蚀柱、滨岸堤和沙堤等。海蚀地貌形态变化奇特,常成为旅游观光景点。

海域现代沉积物共有 24 种沉积物类型,主要类型有 12 种,分别为砾石、砾砂、中粗砂、粗中砂、细中砂、中砂、中细砂、细砂、黏土质砂、黏土质粉砂、砂—粉砂—黏土。根据沉积动力大小及物质来源,可分为四个沉积区。粗粒沉积区(细砂区),属西朝鲜湾潮流脊的一部分,该区域地形平坦,面积约占群岛海域的二分之一,沉积物以黄褐、灰褐色细砂为主;长山水道沉积区,包括外长山水道,里长山水道及大、小长山水道,沉积物分选从极好到极差都有;近岸混合类型沉积区,多为砂—粉砂—黏土,分选差;岸边沉积区,分布局限,沉积物为粉砂、黏土或砂,分选一般。

7.2.2 气候气象

长山群岛系近陆海岛,具有大陆性及海洋性影响的双重气候特点。在气候带上,属温带季风气候区,常年受季风影响,形成雨热同季,光、温、降水较丰富的气候特点。一年之中盛行风向的季节变化明显。冬季为冷高压所盘踞,盛行偏北风;夏季受来自热带风的影响,天气湿热多雨。春季天气多变,降雨带自南向北逐步推进。秋季受高压控制,晴朗少云,秋高气爽。海岛所具有的过渡性气候特征使得其冬季较邻近大陆温暖,夏季较邻近大陆凉爽,表现出夏无酷暑、冬无严寒的气候特征。

7.2.2.1 气温

长山群岛地处暖温带海域,受海洋性气候影响;又因其位于亚欧大陆与太平洋之间的中纬地带,且西北部紧靠大陆,因此也随大陆气候的变化有较为明显的四季之分,但温差不大,冬无严寒,夏无酷暑,有"天然空调"之称。海岛历年平均气温为 10.2℃,最高年份为 11.7℃(2007 年),最低年份为 8.5℃(1969 年)。历年 1 月最冷,平均气温为-7.6℃;8 月最热,平均气温为 23.8℃;2~8 月气温逐月上升,递增幅度以 4~6 月偏大,平均每月上升 4.4~5.4℃;9 月至翌年 1 月气温逐月下降,降温幅度以 10~12 月偏大,平均每月降 7.2~8.3℃。多年来岛群气温变化总体呈上升趋势,以冬季增温尤为明显。20 世纪 90 年代与 60 年代比较,冬季平均气温增温达 1.5℃、夏季增温 0.5℃。无霜期为 184 天,入冬及开春时节与辽东半岛南部气候相似。

大、小长山岛代表了本群岛的气温状况,其变化情况如表 7-1 所示。气温年较差大长山岛为 29℃(北京为 30.4℃),年平均日较差 5.9℃(北京为 11.3℃)。极端最低温度(小长山岛)为-19.9℃,而最高温度 30 年平均高于 30℃的日数年平均仅为一天。体现了长山群岛夏无酷暑,冬无严寒的气候特征。

表 7-1　长山群岛平均气温变化(单位:℃)
Table7-1　Average temperature change of Changshan Islands (unit:℃)

站点	1 月	2 月	3 月	4 月	5 月	6 月	7 月	8 月	9 月	10 月	11 月	12 月	全年
大长山岛	-4.7	-3.2	1.9	8.0	13.5	17.9	22	23.8	20.4	14.2	6.0	-1.3	9.9
小长山岛	-4.4	-2.9	2.0	7.8	13.1	17.7	21.9	23.8	20.6	14.0	6.2	-1.1	9.6

7.2.2.2　降水

长山群岛的降水主要集中在夏季,年均降水量为584.1mm。1985年年降水量最多,为929.5mm。1999年最少,为264.4mm。降水量的分配上,春、夏降水量占全年的60%~70%,各月降水量以7月最多、8月次之。降水日数(大于0.1mm)在70~80天。降雪量年平均20~30cm,全年降雪日数为15~20天。1971年3月20日,大长山岛曾降雪33cm,为历史上最深降雪。8月相对湿度较高,达91%。

7.2.2.3　风

全年风向随季节变化明显,冬季受大陆高压控制,多偏北风;春季大陆高压减弱,气旋活动频繁,南北大风交替出现;夏季处于大陆低压区前部的副高压控制,多偏南风;秋季大陆低压减弱消失,北方高压南下增多,冷暖空气活动频繁,南北风向交替出现,但仍以偏北风为主。此外,当气压梯度较小,也就是风速较小时,风向受地形影响很大,常出现地方性风,如海陆风,风向南北交替。

一般情况下,一天内夜间风速小,白天风速大,尤其午后风速最大;北风和南风较多,且夏季南风多于北风,冬季北风多于南风;东风多于西风。一年中西风9月略多;东北风和西北风冬春季多于夏秋季,其中东北风4、5、6、7四个月少见;西北风6、7、8三个月少见;东南风和西南风夏秋季多于冬春季,前冬、后冬少见。近十年间,年平均风速4.0m/s,其中冬季风速相对较大,全年6级以上大风日数平均为48.3天、8级以上大风日数平均为1.7天,其中以冬季最多。

7.2.2.4　雾

长山群岛属于辽东半岛多雾区,每年雾日数40~60天,以3~7月雾日最多,雾最少的月份是9~12月。

7.2.3　海洋水文

7.2.3.1　潮汐

长山群岛海域属正规半日潮,昼夜出现两次高潮、两次低潮,潮汐涨落一次约12小时。正常情况下,每潮向后推迟48分钟。潮汐的计算以农历日期为准,潮汐的活动规律每半个月轮换一次,即农历初一对十六,初一和十六高潮时间同为8时48分。渔民依据实践经验,编成潮汐谚语:"初一、十六巳时满";"初三水、十八汛";"十二三,正晌午,满了潮,黑了天";"初五、十九,两头都有";"初五、二十正响满";"二十四五,潮不离母"。

7.2.3.2　潮差

长山群岛海域潮差平均为3m。夏季潮位高,最高值为4.93m,冬季潮位相对较低。每月有大潮和小潮各两次,农历初三和十八日前后有两次大潮,潮差最大;初十和二十五日前后有两次小潮,潮差最小。

7.2.3.3　海流

海流由潮流和余流两部分组成。长山群岛海域潮流呈往复流形式运动,属规则半日潮流,流速一般为1~2节,大潮时可达3节。涨潮时流向东北,落潮时流向西南。中长山海峡多为东西往复流,流速最大值为3节。塞里岛和哈仙岛两个水道多为南北往复流,平均流速 2.5 节。表、中、底三层的流速分布较为一致,但最大值多见于中层。

相对于潮流而言,余流一般较小,海域春、夏两季大小潮期,表、中、底层余流处于其海域中间值。春季大潮期表层余流较弱,春季小潮期表层余流速度较强,一般为表层 21.9cm/s、中层 13.3cm/s、底层 9.6cm/s。

7.2.3.4 海浪

长山群岛海域海浪包括风浪和涌浪,以风浪为主,一般南向、西南向浪大,北向浪小;外海浪大,近海浪小。年平均浪高 0.3~0.7m,波向南西或南东向,波型为风浪,对应周期 3.2~4.0s,最大周期 5.1s,对应波高 0.5m。台风过境时可造成大浪。1989 年 8 月和 1990 年 5 月,波浪实测资料统计结果表明,最大波高 0.6~0.7m,波向为东至南东,波型为风浪,对应周期 2.5~4.6s。

7.2.3.5 水温

长山群岛海域水温季节性变化明显,表层水温 8 月份最高,平均 23.3℃;9 月份至翌年 2 月份水温逐渐下降,2 月份最低,平均 0℃,最高 3.2℃,最低-2℃;3~8 月水温逐渐上升。

海域夏季水温出现温跃层,8 月份为温跃层最强盛期,多出现在 5~20m 水层中,比较稳定,至 11 月基本消失。全年平均水温在 12.5℃。

7.2.3.6 盐度

长山群岛海域表层海水盐度由北向南逐渐增高,但盐度的水平梯度分布比较均匀,基本与陆岸平行。以 11 月份为例,表层水平均盐度 27.7‰,属中盐水系。底层水盐度与表层相差不大,平均为 28.3‰。

春季盐度高于夏季;春季表、中、底层盐度相差不大,最大差值 0.93‰。夏季表、中、底层盐度变化较大,最大差值 1.67‰。春季盐度垂直分布明显较夏季均匀,各层之间的垂直变幅一般不大,跃层现象不明显。夏季在水深 5~10m、10~15m、15~20m 层中盐度变化相当大,呈现出三个明显的跃层分布。春季长山岛群海区的盐度稍高于广鹿岛海区,夏季则与广鹿岛海区盐度大致相仿。夏季盐度平面分布的总趋势与春季一致。

7.2.3.7 海冰

长海县气象局海冰气象资料表明,海域每年均发生海冰现象。1960 年至 1987 年,每年冬季经常受强烈冷空气侵袭,海面表层水温降至冰点以下,形成海冰。1988 年至 2009 年,气候逐渐变暖,出现 15 个暖冬,冰情较轻,海冰较少。2009 年和 2010 年冬季持续寒冷的低温天气,出现近 20 年来较严重的冰情。海域海冰具有初冰期海冰成长慢、盛冰期周期短、海冰呈局部分布等特点。

结冰区主要分布于大长山岛、小长山岛东北侧海域。初冰期为 12 月下旬,最早初冰期为 12 月 18 日,终冰期在翌年 2 月下旬。最晚终冰期为 3 月 19 日,最长结冰期约在 80 天左右。1~3 月冰情较重,结冰面积较大,一般冰区自岸向外宽在 1.0~2.2 海里,冰厚度 10cm以内,堆积冰最厚达 1m 以上。

一般年份,冰情对海上活动影响不大。历史上冰情较重的年份是 1968 年、1969 年、1977 年、1999 年和 2010 年,其他年份冰情均较轻。

7.2.4 生物资源

长山群岛位于著名的海洋岛渔场中心,拥有经济鱼类近百种、经济贝类二十余种、藻类数十种,海参、鲍鱼、海胆等海珍品享誉海内外。区域内海水较浅,北部平均水深仅 10m 左右,南部平均水深也在 50m 以内,海域底部地势平坦,海水透明度高,阳光可直达海底,北部有鸭绿江注入,东部也有河流注入,海洋环境良好,营养盐丰富,饵料充足,且河流流量小,盐度相对稳定,底质适宜,利于鱼类的栖息、洄游、索饵、繁殖,海域生物多样性指数较高,生物种类达 400 多种,是我国北方优良的渔场之一,所辖海域一直保持国家鉴定的一类水质标准,并通过了欧盟海洋环境检测,已被确定为省级海珍品保护区和中国钓鱼协会海钓基地。

7.2.4.1　浮游植物

长山群岛海域鉴定出浮游植物 40 种,其中硅藻 35 种、甲藻 5 种。一年中秋季出现的浮游植物种类数量最多(22 种),其次为冬季和春季(分别为 21 种和 20 种),夏季最少(16 种)。浮游植物年均密度为 360.83 万个细胞/m³,优势种为圆筛藻类、浮动弯角藻、梭角藻和长角角藻(附录 7)。

7.2.4.2　浮游动物

长山群岛海域鉴定出浮游动物 31 种(类),其中原生动物 3 种、节肢动物桡足类 7 种、毛颚动物 2 种、被囊动物 2 种、腔肠动物 3 种、头足类 1 种和浮游幼虫幼体 13 种(类)(附录 8)。种类数量以夏季最多(19 种)、春季和冬季次之(分别为 17 种和 16 种)、秋季最少(11 种),年均密度为 1580 个/m³,密度优势种为中华哲水蚤桡足幼体等。这些浮游生物为鱼、虾、贝类提供了充足的饵料。

7.2.4.3　潮间带生物

(1)潮间带底栖动物

长山群岛鉴定出潮间带底栖动物 42 种(类)。其中,软体动物 14 种,环节动物 12 种,节肢动物 11 种,棘皮动物 1 种,腔肠动物 2 种,纽形动物 1 种,星虫动物 1 种(附录 9),平均密度为 338 个/m²,密度优势种类为红角沙蚕、托氏昌螺、小头虫和星虫状海葵等。海岛潮间带经济动物有褶牡蛎、紫贻贝、菲律宾蛤仔、日本镜蛤、托氏昌螺、短滨螺和大蝼蛄虾等种类(表 7-2)。

其中,褶牡蛎的平均密度和生物量分别为 80 个/m² 和 779g/m²,褶牡蛎的资源面积为 400 余公顷,资源量 1700 余吨。菲律宾蛤仔的平均密度和生物量分别为 18 个/m² 和 142g/m²,全岛菲律宾蛤仔的资源面积近 100 公顷,资源量为 80 余吨。紫贻贝的平均密度和生物量分别为 116 个/m² 和 212g/m²,资源面积约 150 公顷,资源量有 1800 余吨。

表 7-2　大长山岛潮间带主要经济动物
Table7-2　Intertidal zone main economic animals of Dachangshan Island

序号	中文名称	拉丁文名称	用途
1	褶牡蛎	*Alectryonella plicatula（Gmelin）*	食用、壳可入药
2	紫贻贝	*Mytilus edulis Linnaeus*	食用、饵料
3	菲律宾蛤仔	*Ruditapes philippinarum（Adams et Reeve）*	食用、肉可入药
4	日本镜蛤	*Dosinorbis japonica*	食用

序号	中文名称	拉丁文名称	用途
5	托氏昌螺	*Trochus vesriarium L.1758*	食用
6	短滨螺	*Littorina（L）brevicula（Philippi）*	食用、厣和肉可入药
7	大蝼蛄虾	*Upogebia major（de Haan）*	食用

（2）潮间带海藻

长山群岛潮间带共鉴定出大型海藻80种,其中,蓝藻4种、绿藻14种、褐藻27种、红藻35种(附录10),其中经济海藻24种(表7-3)。藻类群落以温水性种类为主,藻类群落的种类组成季节性变化很大,四季均出现的海藻主要有马尾藻属、鹿角菜、叉枝藻属、石叶藻、原型胭脂藻、刺松藻、石莼属及刚毛藻属等多年生藻类。在经济海藻中,浒苔、刺松藻、石莼、孔石莼等12种为传统食用海藻,也可开发为营养食品或食品添加剂;药用海藻12种,如刺松藻、波登仙菜、石花菜和海带等。这些海藻中,可用作工业原料的有9种如鼠尾藻、马尾藻等。此外,羊栖菜、鼠尾藻、裂叶马尾藻、海黍子等也是养殖刺参和皱纹盘鲍等海珍品的主要饵料。

表7-3 潮间带经济海藻种类及用途

Table7-3 Intertidal zone economic algae species and their use

序号	中文名	拉丁文名	用途
	绿藻	**Chlorophyta**	
1	石莼	*Ulva lactuca L.*	食用、饲料
2	孔石莼	*Ulva pertusa Kjellm.*	药用、食用、饲料
3	浒苔	*Entermorpha prolifera（Muell.）J.Ag.*	药用、食用
4	肠浒苔	*Entermorpha intestinalis（L.）Grer.*	食用、药用
5	缘管浒苔	*Entermorpha lina（L.）J.Ag.*	食用、药用
6	北极礁膜	*Monostroma arcticum Wittr.*	食用、药用
7	刺松藻	*Codium fragile（Sur.）Hariot*	驱虫药、食用
	褐藻	**Phaeophyta**	
8	绳藻	*Chorda filum（L.）Lamx*	药用、工业原料
9	海带	*Laminaria japonica Aresch.*	食用、药用、制碘原料
10	裙带菜	*Undaria pinnatifida（Harv.）Suringar*	食用、药用、制胶原料
11	鼠尾藻	*Sargassum thunbergii（Mert.）O.Kuetz.*	药用、饲料、肥料
12	海蒿子	*Sargassum pallidum（Turn）Ag.*	药用、工业原料

序号	中文名	拉丁文名	用途
13	叶裂马尾藻	*Sargassum siliquastrum（Turn）Ag.*	药用、肥料、工业原料
	红藻	**Rhodophyta**	
14	甘紫菜	*Porphyra tenera Kjellm.*	食用、药用
15	条斑紫菜	*Porphyra yezoensis Ueda*	食用、药用
16	石花菜	*Gelidium amansii（Lamx.）Lamx.*	琼胶材料
17	鸡毛菜	*Pterocladia temuis Okam.*	药用
18	海萝	*Gloiopeltis furcata（P.et R.）J.Ag.*	药用、纺纱浆料
19	舌状蜈蚣藻	*Grateloupia prolongta J.Ag.*	食用、饲料
20	三叉仙菜	*Ceramium kondoi Yendo*	药用、食用、制胶原料
21	红翎藻	*Solieria tenuis Zhang et Xia*	制胶原料
22	波登仙菜	*Ceramium boydenii Gepp.*	药用、食用、制胶原料
23	叉开叉枝藻	*Gymnogongrus divaricatum Holin.*	食用
24	角叉藻	*Chondrus ocellatus Holm.*	药用

长山群岛海域海洋植物丰富,具有雄厚的海洋牧场的基础,如大长山岛的大型海藻不仅生长茂盛,生物量较大,而且藻体长大,生态位高,如缘管浒苔,生物量可达 535g/m^2,藻体长可达 1.5~2.0m。

7.2.4.4 浅海底栖生物

沿岸浅海底栖生物主要分布于低潮线以下至水深 20m 左右的海底,长山岛群海域共鉴定出底栖动物 70 种(类),其中,腔肠动物 2 种、纽形动物 1 种、环节动物 37 种、星虫动物 1 种、软体动物 9 种、棘皮动物 7 种、节肢动物 11 种、鱼类 2 种(附录 11),年均密度为 143 个/m^2,密度优势种类主要有丝缨虫、不倒翁虫、异亮樱蛤、扁玉螺、日本角吻沙蚕等。

主要经济种类资源有刺参、皱纹盘鲍、栉孔扇贝、大连紫海胆、香螺、虾夷扇贝、魁蚶、乌蛤、脉红螺、紫石房蛤、栉江珧、布氏蛤、大泷六线鱼、黑鲷、孔鳐、石蝶、木叶蝶、长绵鳚、半滑舌鳎、星康吉鳗、纹缟鰕虎鱼、真鲈、口虾蛄等 20 多种。如小长山岛附近海域的皱纹盘鲍平均密度和生物量分别为 7.2 个/m^2 和 423g/m^2,全岛资源面积为 11.9hm^2,资源量 36.1 吨。刺参的平均密度和生物量分别为 10 个/m^2 和 1031g/m^2,全岛资源面积为 75.2hm^2,资源量 634 吨;香螺的平均生物量为 20g/m^2,资源面积为 280.5hm^2,资源量 117.6 吨。紫石房蛤资源面积为 0.29hm^2,资源量 6.9 吨。大连紫海胆资源面积为 6248hm^2,资源量 69.9 吨。布氏蛤资源面积为 0.79hm^2,资源量 1 吨。另外,还有栉江珧和魁蚶、乌蛤等。

在 20 世纪 80 年代前后,虾夷扇贝引进并进行浮筏养殖和底播增殖以来,虾夷扇贝的产量逐年增长,但其在自然海床中的密度和生物量分布,以及资源面积和资源量,均缺乏调查资料。广鹿岛海域的刺参的平均密度和生物量分别为 20.8 个/m² 和 1825g/m²，全岛资源面积为 1354hm²，资源量为 577 吨；栉孔扇贝全岛资源面积为 318.3hm²，资源量为 3.5 吨；大连紫海胆资源面积 3878.3hm²，资源量为 35.3 吨；香螺资源面积为 139.7hm²，资源量为 66.7吨。鱼类有孔鳐、石蝶、木叶蝶、长绵鳚、半滑舌鳎、六线鱼（大泷六线鱼）、黑鲪（许氏平鲉）、纹缟鰕虎鱼和真鲈，以及虾蟹类口虾蛄等（表7-4）。

表 7-4 岩礁海域和底层渔业种类
Table7-4 Reef waters and the bottom fish species

序号	中文名称	拉丁文名称
1	皱纹盘鲍	*Haliotis discus hannai*
2	刺参	*Apostichopus japonicus（Selenka）*
3	栉孔扇贝	*Chlamys（Azumapecten）Farreri Jones et Preston*
4	虾夷扇贝	*Pecten（Mizuhopecten）yessoesis（Jay）*
5	大连紫海胆	*Strongylocentrotus nudus（A.Agassiz）*
6	栉江珧	*Atrina（Servatrina）pectinana（Linnaeus）*
7	紫石房蛤	*Saxidomus purpurata（Sowerdy）*
8	乌蛤	*Cardium muticum Reeve*
9	布氏蛤	*Arca boucardi Jousseaume*
10	魁蚶	*Scapharca broughtonii（Schrenck）*
11	香螺	*Hemifusus tuba Gmelin*
12	脉红螺	*Rapana venosa（Valenciennes）*
13	孔鳐	*Raja porosa Gunther*
14	石蝶	*Kareius bicoloratus（Basilewsky）*
15	木叶蝶	*Pleuronichthys cornutus（Temminck et Schlegel）*
16	长绵鳚	*Enchelyopus elongatus Kner*
17	半滑舌鳎	*Paraplagusia semilaevis Gunther*
18	大泷六线鱼	*Hexagrammos otakii Jordan et Starks*
19	黑鲪	*Sebastodes schlegeli（Hilgendorf）*
20	纹缟鰕虎鱼	*T.trigonocephalus（Gill）*
21	真鲈	*Lateolabrax japonicus（Cuvier et Valenciennes）*
22	口虾蛄	*Oratosquilla oratoria（de Haan）*
23	日本蟳	*Charybdis japonica（A.milne-Edwards）*

7.2.4.5 游泳生物

长山群岛海域共发现游泳生物 45 种(类),其中,甲壳类 18 种、头足类 5 种、鱼类 22 种(附录 12)。游泳动物密度冬季最高,为 72 737 个/km²,密度优势种类依次为华鳂、小黄鱼、矛尾鰕虎鱼、矛尾鰕虎鱼。鱼类资源主要包括牙鲆、鲐鱼、马面鲀、六线鱼、鲆鲽类、鲅鱼、乌鱼、带鱼、小黄鱼、绵鱼、黑鳗、玉筋鱼、黑裙鱼、鲳鱼、星鳗、对虾以及甲壳类资源等。其中含有洄游性鱼类和地方性鱼类,如六线鱼、黑鱼等,不但可作为天然的捕捞资源,而且也为人工育苗养殖提供了基础。

7.2.4.6 珍稀濒危生物[①]

据《中国鲸类》[①]一书记载,长山群岛海域曾出现过小鳁鲸、长须鲸、灰鲸、伪虎鲸、宽吻海豚、江豚、西太平洋斑海豹等鲸豚类珍稀濒危生物(表 7-5),均属国家 II 级保护动物。20世纪 70 年代以前,小鳁鲸由日本海经俄罗斯远东沿岸海域,顺朝鲜半岛东海岸海域南下,穿越朝鲜海峡后进入黄海,并沿朝鲜西海岸北上到达海洋岛渔场,部分可达到大连近海。每年 11 月至翌年 1~2 月,少数小鳁鲸来到黄海北部海域。自 3 月开始,数量逐渐增多,4~6 月经常可见到 20 头以上,在岛间海域出没。主要分布在海洋岛、大耗岛、小耗岛、獐子岛、小长山岛、蚆蛸岛一带附近海域。7 月初以后,数量开始减少,逐渐集中于海洋岛东南深水区,并向南洄游。

近年,小鳁鲸搁浅每年均有发生,表明小鳁鲸数量已有恢复迹象。1960 年 4 月 30 日,在大长山岛后海发现并捕获 1 头。1979 年 1 月,大长山岛渔民又在该岛后海发现 1 头灰鲸,滞留 10 余天后才离去。20 世纪 70 年代以后,长山岛群海域很少见到灰鲸。江豚主要出现于黄海北部海域,春夏季可见数十头江豚群活动于长山群岛海域,秋冬季江豚亦随鱼类越冬洄游向黄海深水区迁移。西太平洋斑海豹在南下北上洄游期间,长山群岛海域是其必经之处,因而,长山群岛海域也有西太平洋斑海豹分布。据小长山蚆蛸岛和大长山哈仙岛村委员会介绍,近年冬季在蚆蛸岛狮子石礁和哈仙岛五虎石附近海域偶尔可见到斑海豹活动,数量一般在几十头。

表 7-5 长山群岛海域珍稀濒危生物名录
Table7-5 Rare and endangered species list of Changshan Islands sea area

序号	中文名称	拉丁文名称
	海兽	**Mammal**
1	小鳁鲸	*Balaenoptera acutorostrataLacepede*
2	长须鲸	*Balaenoptera physalus(Linnaeus)*
3	灰鲸	*Eschrichtius robustus(Lilljeborg)*
4	伪虎鲸	*Pesudorca crassidens(Owen)*
5	宽吻海豚	*Tursiops truncatus(Montagu)*

---

① 王丕烈.中国鲸类,化学工业出版社,2012.

序号	中文名称	拉丁文名称
6	江豚	*Neophocaena phocaenoides*(*G.Cuvier*)
7	西太平洋斑海豹	*Phoca larghaPallas*

7.2.4.7　鸟类

长山群岛记录到的国家Ⅱ级保护鸟类有鹰(*Accipitridae spp.*)、猫头鹰(*Strigidae spp.*)和海鸬鹚(*Phalacrocorax pelagicus Pallas*)等。

7.2.5　生态环境

长山群岛大气环境达到国家一级标准,地处温带,气候宜人,生物物种多样。海岛拥有丰富的动植物资源,森林覆盖率达44.4%,共有乔、灌树种21科36属79种,被誉为"天然氧吧",早在1993年即被列为国家级海岛型森林公园(当时唯一的国家级海岛森林公园),海水生物资源几乎囊括黄海北部海域所有海洋生物种类,区内林木茂密,空气质量好、鸥鸟成群。

长山群岛所辖海域保持国家一类水质标准,属国家无污染一类海区。根据2010年对长山群岛海域无机氮(亚硝酸盐氮、硝酸盐氮、氨氮三者总和)、活性磷酸盐、石油类、铜、铅、锌、镉、汞、砷及总铬的调查结果,无机氮、活性磷酸盐、铜、铅、锌、镉、汞、砷及总铬均达到国家一类海水水质标准,仅石油类在夏季个别站位达到国家二类海水水质标准。沉积物质量调查结果表明,沉积物中硫化物、有机碳、石油类、铜、铅、锌、镉、汞及总铬均达到国家一类海洋沉积物质量标准。

7.2.6　旅游资源

长山群岛自然环境优良,海域空间广阔,植被覆盖率高,生物种类多样,景观丰富多彩。迷人的海岛风光,独特的海蚀地貌,碧透的海水,松软的海滩以及美味的海鲜均为优质资源禀赋,又与冷热适中的宜人气候相得益彰,星罗棋布的岛屿宛如颗颗璀璨的珍珠洒落在黄海北部海疆,享有"南有海南椰林御寒,北有长山群岛避暑"的美誉,是我国长江口以北唯一的群岛型休闲避暑胜地。

7.2.6.1　自然旅游资源

作为大陆岛,长山群岛有着上升海岸的特点[204],经过地壳运动及海洋动力的作用,大自然的鬼斧神工为其塑造了绚丽多彩的海蚀地貌:如海蚀崖、海蚀拱桥、海蚀柱、海蚀穴、门、洞等,这些独特地貌造就了千奇百怪、类人肖物的群体景观,又随着角度和光线的变化而形成了千变万化的自然景观与意境,被誉为"海上石林"。著名诗人郭沫若先生曾赞其曰:"媳子窝前舟暂止,阳光璀璨海波平,汪洋万顷青于靛,小屿珊瑚列画屏。"

区域海滩浴场资源丰富,分布在各个岛屿,主要包括饮牛湾浴场、北海浴场、金沙滩浴场、四道沟浴场、郭家庙浴场、月亮湾浴场、柳条湾天然浴场、塘洼海滨浴场、鸳鸯湾浴场等,这些浴场沙质柔软细腻、海水洁净、环境优美。

7.2.6.2　人文旅游资源

长山群岛还拥有深厚的历史文化底蕴,已发掘的 30 余处贝丘遗址和出土的大量石器、骨器、陶器等文物显示,远在 7000 年前就有人类在此繁衍生息,这里是辽南地区第一缕炊烟升起的地方,其活动遗址相当于新石器和青铜时期的四个文化类型[204]。例如,以国家级文物保护单位广鹿岛小珠山遗址中的下、中、上层为代表的文化类型以及大长山岛上马石文化类型等。此外,还有上马石青铜短剑墓。这些文化遗址大多与山东大汶口及龙山文化跨海北航有关。区域还遗存不同历史时期留下的文物古迹,包括在广鹿岛发现的战国时期钱币燕明刀、隋代五铢钱、老铁山隋唐水师衙门遗址等。

同时,当地渔民对平安幸福的追求形成了对海神的崇拜与信仰,海神文化在各个岛屿比较普遍,重点景点包括祈祥园、海神园(5 个)、马祖庙、海蜃神庙、三元宫等。"长海号子"被列入国家非物质文化遗产名录。"国际钓鱼节""马祖文化节"等一系列海岛特色节日享有盛誉。这些人文景观为旅游者提供了了解长海风土民情,增长知识的好去处。

7.2.6.3　旅游资源评价

长山群岛区位条件优越、历史悠久、生态独特、环境良好、气候怡人、景色优美、资源丰富。群岛岛陆植被错落多样,海洋生物物种多样,盛产多种名贵海洋珍品,是全国著名的海洋牧场;群岛四季色彩变换旖旎,碧波潮涌水色万千,海岛景观多姿多彩;群岛不仅升起过辽南先民的第一缕炊烟,也燃烧过日寇侵华的耻辱硝烟,诸多的历史人文遗迹淀积了厚重的海岛发展历程。辽宁省委和省政府将长山群岛定位于国际化的避暑圣地和现代海洋牧场建设地。

长山群岛旅游资源丰富,类型齐全,其旅游资源可概括为:"纯净的海水、纯鲜的海产、纯朴的海岛民风、田园式的自然风光、清凉的海岛夏日。"区域旅游资源以自然旅游资源为主,人文旅游资源为辅,以"极品海鲜"与"避暑胜地"为两大特色,拥有开发生态旅游、海洋旅游、观光旅游、休闲旅游、健身旅游、商务旅游等产品的良好基础。

7.2.7　海洋能资源

7.2.7.1　潮汐能

长山群岛周围海域潮汐属规则半日潮,昼夜两次高潮、两次低潮。潮汐涨落一次约 12 小时。海岛错落分布,湾口、水道较多,由于狭管效应,致使其流速较其他地区大,故其潮流能也较大。其中,里长山水道的潮间最大流速可达 1.37m/s,小潮期间的最小流速 0.69m/s,最大能流密度理论蕴藏量为 1.32kw/m²,装机容量 9.98 万 kw,年发电量可达 1.76 亿 kwh。长山东水道的潮间最大流速可达 1.36m/s,小潮期间的最小流速 1.24m/s,最大能流密度理论蕴藏量为 1.29kw/m²,装机容量 1.02 万 kw,年发电量可达 1.54 亿 kwh。

7.2.7.2　风能

长山群岛平均风速为 5.6m/s,大风日数多,6 级以上大风平均每年 133 天,其中 8 级以上大风平均每年 68.9 天,全年 3m/s~20m/s 有效风速总时数为 70.41 小时,3m/s~5m/s 有效风速最多,占全年的 58.3%。长山群岛风能资源丰富,有效风力出现的小时数高达 7000 小时以上,可占总时数的 80%,居大连地区之首。以大长山岛为例,该岛有效风速时数以冬季最多、夏季最少。海岛的风能密度大,大长山岛全年风能密度为 182.32W/m²。1 月、3 月和5月及年平均风能密度的相对变率较小,说明大长山岛风能资源较稳定。其他各月风能密度的相对变率较大,8月份最大,占37.9%。从表7-6可以看出,大长山岛不同保证率下风能密度及极值的分布。

表7-6　大长山岛不同保证率下风能密度及极值(单位:W/m²)

Table7-6　Wind energy density and extremum with different reliability of Dachangshan Island
(unit:W/m²)

月份	80%保证率	90%保证率	月极大风能密度	月极小风能密度
1	214.57	200.37	322.30	208.69
2	152.40	121.43	303.23	97.53
3	166.30	154.80	247.96	153.26
4	137.00	114.12	262.25	102.21
5	141.56	131.60	206.07	119.45
6	75.12	56.67	212.85	55.97
7	83.30	66.88	185.85	69.03
8	73.62	48.11	235.17	67.21
9	104.23	89.92	178.60	89.08
10	185.71	167.54	297.75	148.72
11	186.83	160.46	329.26	164.91
12	172.38	146.03	304.05	147.08
全年	166.00	157.45	212.12	150.07

7.3　发展现状

7.3.1　社会经济发展概况

据统计,2015年,长海县地区生产总值89.3亿元,比2010年翻了近一番,年均增长10.9%;人均地区生产总值达12.3万元,是全国人均生产总值的2倍多;财政一般公共预算收入4.36亿元,比2010年翻了近一番,年均增长11.8%;五年全社会固定资产投资累计完成260亿元,是"十一五"期间累计投资的1.8倍;社会消费品零售总额14.7亿元,年均增长13.5%;地区恩格尔系数34.9%,人均住房面积31.7m²,大学生入学率100%,城镇居民社会保障率100%,户籍城镇化率56%,农村居民人均可支配收入25 700元,以上均达到或超过国家全面建成小康社会指标。全县政治稳定、社会安定、经济和各项社会事业健康有序发展。

7.3.2 渔业经济发展现状

长山群岛海域环境质量良好,海水营养物质丰富。近年来,长海县充分发挥海洋生态环境资源优势,积极推进海洋牧场的建设工作,完成了新一轮海洋功能区划修编,编制出台了《大连海洋牧场先导区(长海)建设规划》《关于推进现代海洋牧场建设的实施意见》《海洋控制性详细规划》,被省政府确定为现代海洋牧场建设示范县。

围绕"九化"(设施化、良种化、规模化、集约化、标准化、生态化、产业化、社会化、国际化)建设,进一步加大结构调整力度。浮筏养殖面积逐步缩减,底播增殖规模进一步扩大,五年间底播开发海域面积由 462 万亩(1 亩约合 0.0667 公顷)扩大到 1000 多万亩;人工鱼礁及海底改造"1118"工程基本完工,"参、鲍、鱼、藻"四大规模工程深入实施,科技引领能力不断提升。

大长山岛镇以海水增养殖主要围绕皱纹盘鲍水面新型筏式养殖、刺参放流增殖、规模化藻场布局和刺参生态化繁育基地牧场建设为目标,重点建设牧场化养殖示范区。

小长山岛镇海域毗邻獐子岛和海洋岛,底播增殖海域资源丰富,海水养殖主要围绕刺参、虾夷扇贝、海胆、香螺等优势品种为主打品种,合理布局浮筏养殖结构,形成优质高效多品种立体化综合养殖示范区。

广鹿岛海域面积分布较大,发展增养殖条件较好,海水养殖主要围绕刺参、海胆、脉红螺等土著珍贵品种放流增殖为重点,水面发展名贵特鱼类和贝藻类兼顾的发展态势,逐步建立起海底水面综合利用、生态发展的牧场化示范区。

獐子岛牡蛎、大西洋深水贝等新品种培育成功并规模养殖。獐子岛集团建成国内一流、亚洲最大的贝类加工中心项目。大连獐子岛中央冷藏物流平台投入运营,海洋岛集团的杏树屯科技园区项目开工建设。

品牌拉动效应不断增强。完成长海海参地理标志证明商标注册,"獐子岛""海洋岛""财神岛"等品牌先后被认定为中国驰名商标,国家级海品出口质量安全示范区等项目通过国家验收。大连壮元海生态苗业股份有限公司成功上市新三板。渔业生产优化发展,休闲渔业不断壮大。"十二五"期末,长海县水产品总产量达 61 万吨,年均增长 3.8%;渔业总产值 113.3 亿元,比 2010 年翻了一番多,年均增长 15.7%。

表7-7 长海县渔业生产情况一览表

Table7-7 Fishery production statistics of Changhai county

	2011 年	2012 年	2013 年	2014 年	2015 年	年均递增率
渔业经济总产值(亿元)	111	136.7	157.8	171.5	185	10.8%
渔业产值(亿元)	68.3	82.5	97.3	105	111	10.2%
水产品产量(万吨)	61.2	71.6	80.2	72	76	4.4%

资料来源:长海县人民政府,辽宁师范大学城市与环境学院,大连世达旅游研究中心.长海县国民经济和社会发展第十三个五年规划.2016.

7.3.2.1 海洋捕捞业

根据 2013 年的统计公报显示,长海县有 5 个渔业乡,26 个渔业村,10 812 个渔业户,渔业人口 39 916 人,其中传统渔民 30 073 人。渔业从业人员 26 592 人,其中专业从业人员 20 770 人(捕捞 7285 人,养殖 11 503 人,其他 1982 人)。全县捕捞渔业船 2236 艘(包含 124 艘非机动渔船),合计 113 633kw。其中,44kw 以下(60 马力以下)渔船 1888 艘, 45~440kw(61~559 马力)渔船 300 艘,441kw 以上(600 马力)渔船 48 艘。2013 年近海和沿岸捕捞总产量为 186 222 吨,产值 142 187 万元。远洋捕捞总产量 101 209 吨,产值 127 426 万元。合计海洋捕捞产量 287 431 吨,同比增长 7.1%;产值 269 613 万元,同比增长 18.4%。

表 7-8 海洋捕捞业发展情况

Table7-8 Marine fishery development present situation

	2011 年	2012 年	2013 年	2014 年	2015 年	年均递增率
产量(万吨)	24.5	26.7	28.7	24	25	0.4%
产值(亿元)	19.5	22.8	27	29.5	31	9.7%

7.3.2.2 海水增养殖业

十二五期间,长海县各乡镇结合自身区位优势发展生产,在继续突出虾夷扇贝传统优势地位的基础上,推广栉孔扇贝、魁蚶、牡蛎、刺参等多品种养殖模式。全县现已开发利用海域面积 954 万亩。其中浮筏 32.7 万亩;底播增殖 920 万亩;滩涂、围堰、网箱及其他用海 1 万多亩。

表 7-9 海水增养殖业发展情况

Table7-9 Seawater breed aquatics development present situation

	2011 年	2012 年	2013 年	2014 年	2015 年	年均递增率
产量(万吨)	36.7	44.9	51.5	48	51	6.8%
产值(亿元)	40.8	49	57.8	61.5	65	9.8%

7.3.2.3 苗种产业

十二五期间,长海县拥有海珍品综合育苗室 45 座,育苗水体 15 万立方米,生产各类苗种 120 多亿枚,实现产值 4 亿元,有效地促进和带动了全县海水增养殖业的发展。全县生态育苗规模达到 1.3 万箱,培育稚参 260 亿头;培育大西洋深水扇贝约 6 亿枚;三倍体牡蛎 2 亿枚;獐子岛红(紫)60 亿枚。刺参网箱生态育苗技术得到进一步推广。2014 年,全县刺参自然生态网箱育苗规模达 1.3 万箱,覆盖全县 5 个乡镇。

表 7-10 苗种产业发展情况

Table7-10 Breeding industry development present situation

	2011 年	2012 年	2013 年	2014 年	2015 年	年均递增率
产值(亿元)	8	10.7	12.5	14	15	13.4%

7.3.2.4 水产品加工业

近几年来,长海县进一步加大了海参、扇贝、裙带菜等优势产品的深加工力度,鼓励企业开展自主创新和品牌建设,引导企业做强、做大、做精,提高产品科技含量和附加值。獐子岛、海洋岛、钓鱼岛、财神岛、环岛等一批知名水产品牌已经形成辐射带动作用,加工产品10大类50余个品种,畅销十几个国家和地区。国内一流、亚洲最大、世界领先的獐子岛集团贝类加工中心已正式投产,年加工能力六千吨,一次性仓储能力二十万吨。贝类加工中心的建成,将加速海岛海产品由传统加工向现代精深加工的重要转变,推动企业由食材向食品转变,有效提升产品附加值,一批"岛字牌"品牌效应已经形成了辐射带动之势。到目前,全县拥有国家驰名商标3个,省级著名商标5个,市级著名商标4个。

表7-11 水产品加工业发展情况

Table7-11 Aquatic products processing industry development present situation

	2011年	2012年	2013年	2014年	2015年	年均递增率
产量(万吨)	11.5	11.5	13.6	14.4	15.5	6.2%
产值(亿元)	20	24	28.1	31.5	33	10.5%

7.3.3 旅游经济发展现状

"十二五"期间,长山群岛旅游避暑胜地建设稳步推进。旅游规划的龙头引领作用受到重视。编制了长山群岛国际生态文化旅游度假区总体策划与概念设计、旅游总体规划和区域控制性详细规划等规划,出台了《长海县关于加快旅游业发展的意见》。旅游产品的支撑作用日趋明显。旅游"双七一"和"六海"建设成效明显,荣获"全国十大海洋旅游目的地"称号。海昌广鹿岛综合开发一期项目和港中旅饮牛湾金莎国际酒店等一批旅游项目相继完工并投入运营。"长海渔家"特色区建设加快推进,一批高端渔家乐开门纳客。国家3A级景区小水口森林公园对外纳客,海上游船"圣亚号"开通运营,房车基地、水上运动中心、水上飞机、半潜式观光潜艇等投入使用。

目前,长海县的旅游市场已形成一定规模,且增势较快,处于初步发展末期向快速发展过渡的时期,正是即将腾飞前的高速奔跑阶段(表7-12)。特别是"十二五"期间,旅游人次及旅游综合收入等指标增速明显加快,已具备飞跃发展的基础条件(图7-3、图7-4)。

表7-12 长海县历年旅游综合收入及旅游人次统计(1995—2015)

Table7-12 Tourism comprehensive income statistics and tourism person-time statistics of Changhai county(1995—2015)

年份	旅游综合收入(亿元)	游客人数(万人次)
1995	0.45	25
1996	0.5	26
1997	0.63	30

年份	旅游综合收入（亿元）	游客人数（万人次）
1998	0.53	23
1999	0.69	32
2000	0.72	35
2001	0.87	38
2002	1.23	44
2003	1.24	46
2004	1.5	52
2005	1.68	57
2006	2	67
2007	2.9	82
2008	3.6	81
2009	4.3	86
2010	6	100
2011	7.5	110
2012	9.2	122
2013	11.2	134
2014	9.9	109
2015	12	125

数据来源：长海县历年政府工作报告。

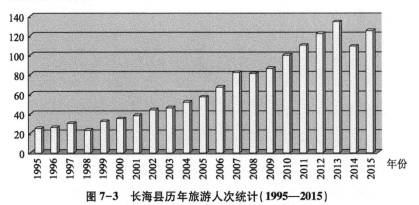

图7-3　长海县历年旅游人次统计（1995—2015）

Figure7-3　Tourism person-time statistics of Changhai county（1995—2015）

旅游综合收入（亿元）

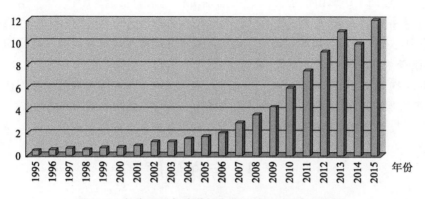

图 7-4　长海县历年旅游综合收入统计（1995—2015）

Figure7-4　Tourism comprehensive income statistics of Changhai county（1995—2015）

资料来源：长海县人民政府，辽宁师范大学城市与环境学院，大连世达旅游研究中心.长海县国民经济和社会发展第十三个五年规划.2016.

7.3.4　基础设施建设现状

"十二五"期间，功能性基础设施日趋完善。长山大桥工程竣工通车。机场扩建工程被纳入国家支持东北振兴重大项目计划，前期工作有序推进。环岛公路全线贯通。长山群岛陆岛交通体系建设进展顺利，一批港口码头相继完工，西部通道成功开通，建成四块石和海洋岛国家一级渔港。完成长海跨海引水工程。供电环网 66 千伏广长线工程、35 千伏海房线升压工程、10 千伏獐子岛至褡裢岛海缆敷设工程通电运行。

7.3.5　城乡建设环境治理

"十二五"期间，城乡建设与环境治理力度加大。广鹿中心镇建设全面启动，獐子岛进入大连市新一轮中心镇建设范围。实施了棚户区改造工程。完成了县镇区供暖设施改造工程。县镇污水处理系统改造项目基本建成，完成了小长山和獐子岛中心污水处理厂建设。大长山垃圾场二期工程完工，实现了獐子岛镇垃圾转运，广鹿岛生活垃圾减量化、资源化处理中心项目试运行效果良好。累计投资 4 亿多元实施青山生态系统工程。投资 2.3 亿元实施海岛生态修复工程。完成 10 个村新农村"六化"工程。通过省级生态县验收，国家卫生县城和国家级生态县创建工作全面启动。

7.3.6　社会事业民生质量

"十二五"期间，社会事业和民生质量显著提高。科技事业取得新成绩，获批专利 211件，连续获得全国科技进步县称号。各级各类教育均衡优质发展，辽宁省基础教育强县暨县域义务教育均衡发展通过评估验收，国家义务教育发展基本均衡。国家基本药物制度得到严格执行，实施县级公立医院体制改革，实现了基本公共卫生服务全覆盖。重视人才工作,成立了长海县人才工作站。计划生育公共服务网络进一步完善,人口出生率稳定在6.07‰左右。启动了小珠山遗址公园建设前期工作。全力推进"七个一百"基层群众文化创建活动,乡镇综合文化站、村(社区)文体活动达标率100%。群众性体育事业健康发展,市民健身中心投入使用,成功举办首届长山群岛马拉松和自行车赛。城乡广播电视综合覆盖率达100%。加快智慧海岛建设,智慧办公、"全民付"等系统在全县推广。实施积极的就业政策,注重保障劳动者合法权益,城镇登记失业率2.8%。落实最低生活保障自然增长机制,城市低保标准逐年提高;各项社会保险费征缴率达100%。殡葬改革成效显著。老年人、残疾人、慈善等工作取得新进步。

7.4 存在问题

7.4.1 资源环境问题

7.4.1.1 水土资源稀缺

由于长海县各个海岛相对孤立地散布于海上,面积狭小,地域结构简单,淡水资源短缺,土壤有机质含量少,造成大多数海岛土壤贫瘠,土地生产潜力和产出效益较差。长山群岛土地稀缺,可开发的陆域空间有限,种植的粮食作物只能作为部分饲料粮和生活调剂粮,必须依赖从其他系统输入的食物能量维持,土地资源承载力远小于人口容量,无法适应进一步建设旅游避暑度假区的要求。

长海县海域面积占总面积的98.5%,陆地面积仅占总面积的1.5%。陆域面积小,对土地资源的有效利用和保护提出苛刻的要求,尤其是对占地面积较大的工程,建设选址难度大,经济发展的需求与规划建设的实施产生矛盾,其结果是限制经济的快速发展。岛屿陆地的不连通,又导致同一种功能设施在各岛内重复建设,不可避免地增加土地的占用率,也加大投资。

区域内淡水资源短缺,个别海岛供水能力较低,缺口依然很大。由于长海县的地质、地貌以及水文特点,地下水蓄量较小,加上过量开采,导致地下水资源贫乏。各乡镇岛屿均不同程度严重缺乏淡水资源,居民每天的生活用水受到严格的控制。近年来,虽然发展了海水淡化工程和跨海引水工程,但由于成本高、难度大,淡水缺乏问题依然存在,水资源短缺已成为海岛发展的主要"瓶颈"。

7.4.1.2 生态环境脆弱

由于岛屿地域的狭小和海水的隔离,海岛生态系统脆弱。每个海岛都是一个独立而完整的生态环境地域体系,由岛屿、岛滩、岛基、环岛滩涂四个小环境构成,具有独特的生物群落。由于海岛面积狭小,生物物种之间及生物与非生物之间关系简单,生态系统稳定性差,易遭受到损害。任何物种的灭失或者环境因素的改变,都对整个海岛生态系统造成不可逆转的影响和破坏,而且其生境一旦遭到破坏就难以或者根本无法恢复。

长山群岛生态系统脆弱,海域承载能力有限,发展生产与保护生态之间的矛盾日益明显。区域海水增养殖业品种相对集中和单一,管理方式粗放,再加上盲目增加台筏密度,扩张台筏规模,养殖密度过大,导致饵料不足,海洋生物抗灾能力减弱,海域生态环境恶化。

此外,稀缺的水产资源和脆弱的生态环境正在受到过度开发的威胁。滩涂资源开发不合理,海滨浴场环境遭到破坏,严重影响自然景观,生态环境问题日益突出。

研究表明,长山群岛海域渔业生态系统受陆域人类活动影响较小,主要受渔业捕捞影响较大[204]。近年来由于对海岛生物资源掠夺式的开发利用以及外来物种的引入等,海岛生物资源面临着严重威胁,生物多样性降低。另外,海岛围海造地、建港等开发活动使海洋生物最为丰富的潮间带不断萎缩。第一产业所占空间快速扩张,受自然灾害、病害等因素的影响也随之增大,渔业经济的脆弱性变得更加突出,如 2006 年 4 月海洋乡海域太平湾内出现的不明潮汐流,造成直接经济损失达 1631.7 万元。

近二十年来,长山群岛海域由于捕捞过量所导致的主要经济鱼种尤其是优势种的交替较为显著,而海域水产资源的变化也直接影响到春季进入渤海的生殖群体及其后补充群体的数量与分布,尤其是在黄海加大鳀鱼的捕捞强度之后,导致鳀鱼群体结构趋于简单化,渔业生产主要依靠补充群体[205]。生殖群体数量的减少是导致鳀鱼生物量减少的直接原因[206]。过高的捕捞强度导致长山群岛海域渔业生态系统的结构及功能发生明显变化,长寿命、高营养级的肉食性鱼类生物量明显下降,区域生态系统以寿命短、类型小的鱼类占优势。鱼类资源数量、营养级、底层鱼类比重、经济鱼类渔获量、多样性指数、优势种单体重量、均匀度数年退化率分别为 4.5%、0.31%、3.64%、2.32%、0.39%、4.28%、1.14%[205]。捕捞压力强度和渔船增长量已严重威胁到长山群岛海域的渔业资源承载力,这与南海北部湾的研究结果基本一致[207]。

长期以来,长海县只设有两个自然保护区,即大连长海海洋生物自然保护区(省级)和大连长山列岛珍贵海洋生物自然保护区(市级),这两个保护区的面积分别为 7.6 km²、4.1 km²,面积之和仅为 11.7km²,只占所辖海域的 0.11%。自然保护范围较小,导致本地物种保护受到限制。由此可见,长山群岛目前亟须建设大面积的海洋保护区以恢复并保护本区独特的自然生态系统。

7.4.2　产业结构问题

目前,长海县第一产业比重过大,粗放利用资源的经济发展模式长期未得到根本转变,经济质量脆弱,未摆脱自然经济、靠天吃饭的困境,产业结构调整、优化任务艰巨。长海县 2014 年三次产业结构比例为 65.5∶8.7∶25.8,第一产业比重明显过高,而二、三产业在 GDP 中的比重则明显偏低,如果用美国著名学者英格尔斯(Yinggeersi)的现代化标准(Ⅰ、Ⅱ、Ⅲ产业比重分别是:12%~15%,40%~43%,45%)来比照,长海县距离这一标准差距较大。值得注意的是,这种建立在资源基础之上的传统产业结构不利于区域经济的可持续发展。图 7-5 显示了长海县产业结构演变具有以下特征:

(1)第一产业增加值占 GDP 的比重在 2004—2008 年期间呈现缓缓上升的趋势,2008—2010 年呈现下降的趋势,2010—2013 年呈上升并趋于平稳的趋势。然而,第一产业占 GDP 的比重在三次产业结构中居于第一的位置没有得到改变。

(2)第二产业增加值占 GDP 的比重在 2004—2008 年期间呈现上升趋势,而在 2008—2013 年又呈现下降的趋势,但下降的速度较慢。

(3)第三产业增加值占 GDP 的比重总体上呈现先下降,然后上升,最后趋于稳定的趋

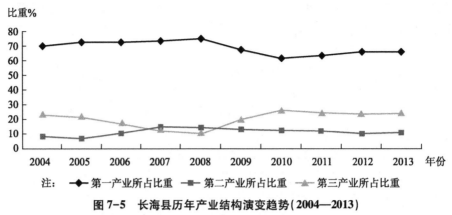

图 7-5　长海县历年产业结构演变趋势（2004—2013）

Figure7-5　Evolution trend of the industrial structure of Changhai County（2004—2013）

势。然而,现阶段第三产业所占比重已有轻微下降的趋势,需要从思想上提高对第三产业的重视程度。

7.4.2.1　渔业经济

长海县渔业发展迅速,已成为区域主导产业。然而,由于受到气候条件、市场价格波动、交通运输等因素的影响,渔业生产变动性较大,表现出不稳定性的特征,这是影响地方经济持续稳定发展的制约因素。此外,渔业生产的抗风险能力不强,2014年獐子岛集团106万亩底播增殖虾夷扇贝遭受北黄海冷水团影响,导致大面积减产,渔业生产受自然气候条件影响较大,抗风险能力有待加强。

现代海洋牧场建设缺乏顶层设计,海洋牧场的概念仍然没有统一,发展方向尚需明确,发展脉络有待厘清,科学化、市场化建设现代海洋牧场迫在眉睫。此外,区域渔业基础设施薄弱,渔港建设滞后,资金投入不足,台汛期间大部分渔船不能进港避台。建立在资源基础之上的传统的渔业捕捞,已经面临着海洋渔业资源枯竭的危机,渔业捕捞作业船队出海距离不断加大,成本日趋升高。

水产养殖业虽然已超过捕捞业,但近海海域生态也面临着过度养殖而造成的病害。此外,水产品生产以农户为主体,加工设备落后,加工成品数量少、品种少,加工效率低,产品的附加值低,进而导致渔业生产效率较低、效益不好。海水养殖业对经济增长做出贡献的同时,也威胁着海域生态环境。区域产业竞争力不强,企业产业化水平低,品牌创建和培育意识还有待于进一步提高,除獐子岛集团和海洋岛集团外,水产知名产品少,缺少影响力与知名度。同时,渔业保障政策还有待完善,渔业、渔区和渔民的"三渔"问题仍没有得到妥善解决。此外,受旅游业等其他产业的冲击,渔民随时可能"失海",旅游用海等其他产业用海与渔业用海冲突严重,渔民保障制度仍需完善。

7.4.2.2　旅游经济

近年来,长海县依托丰富的旅游资源发展旅游业,旅游业正在成为区域的朝阳产业。然而,由于区域旅游业仍处于初级发展阶段,旅游拉动效应未能充分发挥,对经济贡献度还较低。在旅游发展过程中尚存在一些问题:首先,渔业与旅游业之间,存在着争海滩、争水面、争空间等矛盾,如浮筏养殖占用海域,近海区域进行海产品初加工等,会影响海滨风貌,将原先的养殖业用地用于发展旅游又会导致成本的增加;其次,全县各个岛屿自立门户,产品趋同,产品档次低,存在无序竞争现象;再次,各岛之间的产业结构趋同,彼此之间缺少合作,难以将县域优势资源转化为优势产业。

虽然长山群岛海洋资源丰富,但随着长海县社会经济的发展和人口的增加,资源开发强度持续加大,资源保护与利用之间的矛盾越来越突出。由上述分析可知,区域目前亟须调整产业结构,大力发展以旅游业为龙头的第三产业。同时,还应加强对生态环境和渔业资源的保护。因此,迫切需要通过建立大连长山群岛国家海洋公园,对海洋资源的保护与利用活动进行规范和管理,以实现海岛地区的可持续发展。

7.4.3　海洋灾害问题

影响长山群岛的主要气象灾害有台风、暴雨、干旱、寒潮和大雾,依据历史资料和近年调研简述如下。

7.4.3.1　台风

1960—2007年,长山群岛经受台风22次,平均两年1次。台风袭击的时间多在7月份和8月份。如1997年8月20日晚至21日晨,遭11号强热带风暴袭击,平均风力8级,阵风最大10级,并伴大雨,平均降雨量138.8mm,最大降雨量192.5mm。全县海水增养殖业歉收4万吨,价值1.1亿元,毁坏玉米等农作物1589hm^2。公路及若干涵洞被冲毁,经济损失123万元。11座码头毁坏,经济损失827万元。电力、通信设施遭受破坏,直接经济损失1.25亿元。

7.4.3.2　雨灾

1980—1996年,海岛出现8次雨灾,平均每两年一次。8次雨灾中,日降雨量最低140mm、最高246.4mm。暴雨冲毁公路、涵洞,淹没农作物,冲塌民宅,近岸海域形成强淡水团,导致贝、藻类大面积死亡。如1995年8月,辽宁普降大雨,鸭绿江泄洪,百年不遇的淡水团南下袭击黄海北部,上层水域盐度大幅下降,持续多日,使长山群岛栉孔扇贝、海参等养殖受到一定危害。

7.4.3.3　寒潮

影响长山群岛的寒潮虽然较少,但也会产生冻灾和风雪灾害,造成海岛沿岸结冰,影响航运交通。如1969年2月,各岛附近出现冰障,影响船只补给,无法出海。2010年1月,北黄海沿岸结冰宽度15~30km,各岛周围也出现一定面积的浮冰。

7.4.3.4　风暴潮

当有强台风(热带气旋)、寒潮、气旋时,常使水位暴涨,海水淹没陆地,给海岛居民的生命财产和生产活动带来严重威胁和损害。

2005年8月8日、9日,9号台风"麦莎"在北上途中逐渐减弱为热带气旋,并在旅顺登陆。受其影响,长山岛群过程降雨量达103.9mm,陆地风力7~8级,阵风9级(21.7m/s),海面阵风可达10级,适逢天文大潮,在狂风巨浪的推动下,海面出现4m以上的大浪,形成风暴潮。8月8日午间,海水潮位达到4.42m,超过警戒潮位2cm。全县海上台筏受损636台,虾圈、海参圈堤坝坍塌2处,直接经济损失1199.5万元。

2007年3月4日、5日,受北上江淮气旋和贝加尔湖较强冷空气的共同影响,长海县全县普降暴雨,系 48 年来初春出现的首次暴雨,部分乡镇降水量分别为大长山岛镇 62.4mm、广鹿乡 69.0 mm、獐子岛镇 66.5 mm。同时出现陆地 8~9 级阵风 10 级,海面风力 9~10 级阵风 11 级的偏北大风。全县 5 个乡镇渔业捕捞、养殖及交通运输、通信、供电、供水、供暖等基础设施遭受重大损失,直接经济损失达 86 000 万元。

7.4.3.5　赤潮

早在 20 世纪 80 年代,长山群岛海域曾发生小面积赤潮现象,如 1988 年 9 月,在小长山岛庙底港附近海域出现红色漂浮物,带宽 5~6m,长 70~80m,至翌年 2 月消失。进入 21 世纪后,部分海域受赤潮影响较大,如 2007 年和 2008 年较为严重,赤潮面积较大,对海洋生态环境造成了一定的影响。

7.5　发展机遇

"五年规划"为长海县区域旅游的发展提供了新的机遇,使旅游业在国民经济产业结构中的比重更大,地位更重要,所涉及的范围也更加宽泛[208]。长海县在"十一五"规划中的产业发展战略是渔业立县、工业强县、旅游兴县。而在"十二五"规划中则提出:以经济社会发展转型升级和体制创新为主线,以改善民生为出发点,以群岛型国际旅游避暑度假区和世界著名的海岛旅游目的地为目标,全力实施国际旅游避暑胜地和现代海洋牧场建设两大发展战略,通过不懈努力,最终把长山群岛建设成为一个生态环境优美、产业结构高端的亚太地区著名温带海岛型旅游目的地、世界著名国家海洋公园。

在最新一轮的"十三五"规划中又进一步提出:以生态立县为根本,以现代海洋牧场、国际旅游避暑胜地建设为中心,以全面深化改革为动力,以经济社会转型发展为主线,高标准建设生态环境美好、产业结构合理、经济繁荣发达、人民安居乐业的长山群岛旅游避暑度假区。以经济转型和结构调整为主线,以发展旅游经济为主导,发展旅游度假与海洋牧场,形成休闲度假和海洋水产两大支柱产业。牢固树立尊重自然、顺应自然、保护自然的理念,把生态文明理念贯穿于经济社会发展全过程和各领域,完善生态文明制度。

从"十一五"规划中提出的"渔业立县"到"十三五"规划中提出的"生态立县",不难看出长海县渴求"生态优先,绿色发展"的决心。"十三五"规划将使长海县的产业结构出现重大调整,区域旅游将得到跨越式发展,也为长山群岛全面建设国家海洋公园迎来了新的契机。

7.6　建设意义

长山群岛是我国唯一的海岛边境县,本区域内拥有国家特殊用途海岛,地理位置十分优越,是我国重要的海防战略中心,是维护我国主权和领土完整的前沿阵地,为维护我国黄海地区的海洋权益发挥了重要作用。区域内拥有丰富的深水岸线及港口、航道资源,是我国东北地区对外开放的海上门户和通道。

长山群岛及周边海域蕴藏着我国目前地理分布最北的刺参、皱纹盘鲍、栉孔扇贝、紫海胆、香螺等我国北方珍稀海洋生物物种群和土著海洋生物地理种群资源,分布着具有代表性、典型性和特殊保护价值的海岛沙滩、湖泊、岛岸岩礁景观带,具有物质、非物质文化遗产和重要景观价值的众多海岛等旅游资源独具特色,集科学研究、经济社会价值于一身。

　　通过建设长山群岛国家级海洋公园,能够极大地推动长山群岛旅游避暑胜地和现代海洋牧场建设,打造我国北方最亮丽的海岛景观、最优美的滨海旅游避暑胜地、最富饶的海岛、最丰富的海岛生态财富,为"描绘北黄海画屏,构造原生态长海"提供基础保障。因此,建设长山群岛国家级海洋公园具有十分重要的现实意义和长远的战略意义。

第8章 长山群岛国家海洋公园的规划与设计

8.1 长山群岛国家海洋公园的选址

8.1.1 影响因子分析

将长山群岛国家海洋公园核心区选址的目标作为选址的问题分析域,借鉴国际相关研究成果[209],从区域的自然、地理、生态、人文、社会、经济等多个角度对公园核心区选址的影响因素进行明确,进而求出选址决策因素的影响因子(表8-1)。

表8-1 长山群岛国家海洋公园选址的影响因子
Table8-1 Factor of influence of Changshan Islands National Marine Park siting

类别	影响因子	释义
生态条件	多样性	生态系统、群落、生境以及物种的种类或丰度。拥有最大种类的区域应该得到较高的额定值
	自然性	不存在扰动或退化。已衰退的生态系统对渔业或旅游业的价值较小,对生物的影响也不大。高度自然性的生态系统应予以相应地重视。如果恢复已退化的生境是优先目标,那么对高度的退化系统也应予以相应地重视
	代表性	一个区域代表生境类型、生态过程、生物群落、自然地理特征或其他自然特征的典型程度。如果某一特定类型的生境未得到保护,则该生境应有较高的额定值
	完整性	某区域为一个功能单元——一个有效的独立生态系统所达到的程度。该区域生态上独立的东西越多,其生态价值得到有效保护的可能性就越大,因此,对这样的区域应给予较高的额定值
	生产性	区域内生产力过程为物种或为人类贡献的效益程度。对生态系统得以持续、贡献最大生产力的地区应得到较高的额定值。但是,高生产力可能造成有害影响的富营养化区域除外
	脆弱性	因自然事件或人类活动而造成退化的区域敏感性。与海洋生境有关的生物群落对环境条件变化的耐受性较低,或者其仅能生存于其耐受性极限的边缘(取决于盐度、水温、深度或浊度)

类别	影响因子	释义
生态条件	重点保护物种的存在	珍稀、濒危海洋生物物种的天然集中分布区域应给予较高的额定值
	海水质量	考虑相关污染因子,海水质量优良的区域应给予较高的额定值
	自然灾害威胁水平	受自然灾害(如台风、风暴潮、海浪等)威胁程度较低的区域应给予较高的额定值
经济条件	经济物种影响	某些重要的经济物种对区域的依赖程度
	渔民数量	公园对当地渔民造成的经济影响程度
	经济效益	保护长期影响地方经济发展的区域。某些保护区的建立在短期内可能会影响地方经济,然而那些长期产生明显积极影响的保护区则应具有较高的额定值(如游憩娱乐区或保护经济鱼类的饵料区)
社会条件	旅游	该区域对旅游业开发现有的或潜在的价值。本身具有与保护目标相一致的旅游开发模式也应得到较高的额定值
	美学吸引力	海洋景观、陆地景观或其他风景优美的区域
	可进入性	考虑距离大陆的远近,通过陆地和海洋的进入便利性等
	科教与公众意识	一个区域代表各种生态特征,并服务于研究和科学方法展示的程度

在长山群岛国家海洋公园核心区的选址过程中应选择具有代表性的生物群落区域,以保护其自然资源与环境,探究生物发展演化的自然规律,即选址应具有代表性。核心区中群落数量的多寡以及群落的类型取决于公园立地条件的多样性和生物发展的历史,也应是核心区选址的重要依据。对环境改变敏感且具有脆弱性及较高保护价值的生态系统亦需要有特殊的考虑。还应对稀有或地方特有的物种或群落及其独特的生境,以及汇集大量动植物稀有物种避难所的区域考虑其优先地位。自然性是自然生态系统中未受人类影响的程度,其对建立以科学研究为目的的核心区的选择具有重要意义。此外,在国家海洋公园选址过程中,还应考虑其对科学研究的支持程度。

8.1.2 空间结构分析

以 GIS 为平台,借助地理信息系统空间分析技术中的缓冲区分析以及空间叠加分析等为研究手段,综合地理相关分析法、空间叠置法等定性与定量相结合的分区方法,建立长山群岛国家海洋公园空间结构分析模型,并对长山群岛海域进行综合评价,确定出建立核心区的候选位置[①]。具体步骤如下:

(1)确定长山群岛建设国家海洋公园选址的范围,并准备工作底图。本书采用1:300 000比例尺的 MapInfo 格式长山群岛海域基础图作为国家海洋公园选址的工作

---

① 王恒.国家海洋公园选址研究——以大连长山群岛为例[J].自然资源学报,2013,28(3):492-503.

底图。

（2）依据海域的自然地理、生态特点、水动力条件以及环境单元的自然条件,使用"自上而下"顺序划分法与地理相关分析法相结合的方法,对海域保护生物的分布状况、自然属性、水深条件、开发利用的现状及潜力等进行相关分析,明确不同海域的相似性及差异性,把所在海域划分为若干个自然地理区域。

（3）收集相关部门的规划资料①,整理研究相关图件,包括行政辖区范围图、海洋功能区划图、生态功能区划图、生态环境保护规划图、海域养殖浮筏分布图、海域底播养殖分布图、海域水深图、海域海底地貌图、海域表层沉积物分布图、海域表层沉积物类型分布图、海域沉积厚度分布图等,使用空间叠置法,将各相关部门的区划图叠置于同一张底图上,然后采用地理相关分析法,在充分比较研究各部门区划轮廓的基础之上确定核心区的候选位置。

通过使用 GIS 软件的空间分析功能,对长山群岛进行综合评价,最终遴选出建立国家海洋公园核心区的候选地址,包括 5 个预选区,见图 8-1,同时获取建立国家海洋公园核心区候选地址的地理坐标,见表 8-2。

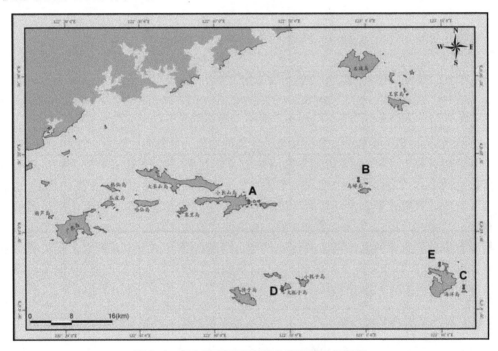

图 8-1　长山群岛国家海洋公园预选区位置图

Figure8-1　Location of Changshan Islands National Marine Park candidate sites

---

① 辽宁省人民政府,辽宁海岸带保护和利用规划.2013;中国环境科学研究院,大连市城市规划设计研究院,长海县人民政府.长海生态县规划建设.2007;长海县海洋与渔业局,国家海洋技术中心.长海县海洋生态文明建设行动计划.2015;国家海洋环境监测中心,大连市城市规划设计研究院.辽宁沿海经济带大连区域用海规划.2009;长海县统计局.长海统计年鉴.2014;国家海洋环境监测中心.长海县海域养殖容量与增值潜力调查研究报告.2009.

表 8-2　长山群岛国家海洋公园预选区信息表
表 8-2　长山群岛国家海洋公园预选区信息表

Table8-2　Information sheet of Changshan Islands National Marine Park candidate sites

编号	名称	坐标	主要物种
A	小长山岛核大坨	122°44′34″E 39°13′33″N	刺参、皱纹盘鲍、栉孔扇贝、六线鱼、黄盖鲽、高眼鲽、蓝点鲅、马面鲀及海星等温带岩礁生物群落
B	乌蟒岛菜坨子	122°59′10″E 39°16′19″N	皱纹盘鲍、光棘球海胆、刺参、褶牡蛎、栉孔扇贝、牙鲆等我国北黄海特有珍贵物种
C	海洋岛南坨	123°13′10″E 39°2′26″N	皱纹盘鲍、光棘球海胆、刺参、褶牡蛎、栉孔扇贝、牙鲆等我国北黄海特有珍贵物种
D	獐子岛板子石	122°44′6″E 39°2′12″N	皱纹盘鲍、光棘球海胆、刺参、褶牡蛎、栉孔扇贝、牙鲆等我国北黄海特有珍贵物种
E	海洋岛后套	123°9′56″E 39°5′24″N	皱纹盘鲍、光棘球海胆、刺参、褶牡蛎、栉孔扇贝、牙鲆等我国北黄海特有珍贵物种

8.1.3　适宜性分析

　　由于国家海洋公园的自身属性以及多重功能,在对其选址时不仅要考虑生态条件,还应考虑经济、社会等方面的因素。因此,在长山群岛国家海洋公园的选址过程中还应对核心区候选地址进行适应性分析,以确定最终的理想位置,其具体步骤如下:

　　(1)参照层次分析评价常用模型,借鉴相关研究成果[210],根据海岛型国家海洋公园的属性状况,运用层次分析法,构建长山群岛国家海洋公园选址适宜性评价层次模型,见图 8-2。

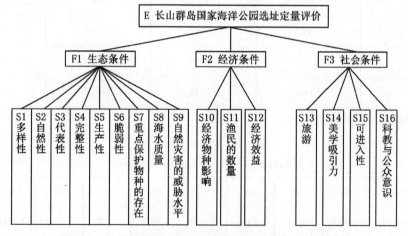

图 8-2　长山群岛国家海洋公园选址适宜性评价层次模型

Figure8-2　Evaluation hierarchy model of location suitability of Changshan

Islands National Marine Park

（2）采用德尔菲法及模糊评判方法，发放问卷30份，邀请专家学者以填表的方式，按重要性等同、稍微重要、比较重要、十分重要、绝对重要等级别对各评价因子的相对重要性进行比较，给出定性结论。分别以1、3、5、7、9及其倒数作为量化指标，而2、4、6、8、10及其倒数则表示相邻判断的中值（表8-3）。对同一层次中的各因子间对应于上一层次中的某项因子的相对重要性予以判别，由此构造判断矩阵（表8-4~表8-7），进行因子权重计算，经上机运算、检验，求出权重值（表8-8）。

表8-3 层次分析法打分标准与解释
Table8-3 AHP Scoring Criteria and Interpretation

尺度	含义	说明
1	C_i 与 C_j 同等重要	
3	C_i 比 C_j 稍微重要	
5	C_i 比 C_j 比较重要	1.C_i、C_j 为同一层次的两个比较因子
7	C_i 比 C_j 十分重要	2.按某准则（即对应于上一层次中的某项因子的相对重要性予以判别）进行判断
9	C_i 比 C_j 绝对重要	
2,4,6,8	两相邻判断的中值	需要有两个判断的折中
1,1/2,…,1/9	C_i 比 C_j 影响之比为上面尺度的互为倒数	

表8-4 E—F 判断矩阵
Table8-4 E—F Judgment matrix

E	F1	F2	F3	Wi
F1	1.0000	3.3201	2.2255	0.5740
F2	0.3012	1.0000	0.8187	0.1848
F3	0.4493	1.2214	1.0000	0.2413

CR＝0.0043＜0.1000，通过一致性检验。

表8-5 F1—S 判断矩阵
Table8-5 F1—S Judgment matrix

F1	S1	S2	S3	S4	S5	S6	S7	S8	S9	Wi
S1	1.0000	1.4918	1.0000	0.8187	2.2255	1.4918	0.8187	3.3201	1.4918	0.1429
S2	0.6703	1.0000	0.8187	0.4493	1.4918	0.8187	0.8187	1.4918	0.6703	0.0896

F1	S1	S2	S3	S4	S5	S6	S7	S8	S9	Wi
S3	1.0000	1.2214	1.0000	1.4918	2.2255	1.4918	1.2214	3.3201	1.4918	0.1562
S4	1.2214	2.2255	0.6703	1.0000	2.2255	1.2214	0.5488	2.2255	2.2255	0.1398
S5	0.4493	0.6703	0.4493	0.4493	1.0000	0.6703	0.5488	0.8187	1.4918	0.0702
S6	0.6703	1.2214	0.6703	0.8187	1.4918	1.0000	0.6703	1.4918	1.2214	0.1024
S7	1.2214	1.2214	0.8187	1.8221	1.8221	1.4918	1.0000	3.3201	2.2255	0.1597
S8	0.3012	0.6703	0.3012	0.4493	1.2214	0.6703	0.3012	1.0000	0.8187	0.0588
S9	0.6703	1.4918	0.6703	0.4493	0.6703	0.8187	0.4493	1.2214	1.0000	0.0802

CR=0.0159<0.1000,通过一致性检验。

表 8-6　F2—S 判断矩阵

Table8-6　F2—S Judgment matrix

F2	S10	S11	S12	Wi
S10	1.0000	1.4918	1.2214	0.3965
S11	0.6703	1.0000	0.5488	0.2326
S12	0.8187	1.8221	1.0000	0.3709

CR=0.0171<0.1000,通过一致性检验。

表 8-7　F3—S 判断矩阵

Table8-7　F3—S Judgment matrix

F3	S13	S14	S15	S16	Wi
S13	1.0000	2.2255	1.4918	1.2214	0.3433
S14	0.4493	1.0000	0.8187	0.6703	0.1705
S15	0.6703	1.2214	1.0000	0.8187	0.2189
S16	0.8187	1.4918	1.2214	1.0000	0.2674

CR=0.0019<0.1000,通过一致性检验。

表 8-8　长山群岛国家海洋公园选址定量评价权重表

Table8-8　Evaluation weights table of Changshan Islands National Marine Park siting

类别	权重	影响因子	权重
生态条件	0.5740	多样性	0.0820
		自然性	0.0515
		代表性	0.0897
		完整性	0.0802
		生产性	0.0403
		脆弱性	0.0588
		重点保护物种或种群的存在	0.0917
		海水质量	0.0337
		自然灾害的威胁水平	0.0460
经济条件	0.1848	经济物种影响	0.0733
		渔民的数量	0.0430
		经济效益	0.0685
社会条件	0.2413	旅游	0.0828
		美学吸引力	0.0411
		可进入性	0.0528
		科教与公众意识	0.0645

经一致性检验,CR<0.1,具有完全一致性。

（3）通过 AHP 法实现定性与定量相结合,建立长山群岛国家海洋公园选址优化模型：

$$E = \sum_{i=1}^{n} QiPi$$

式中,E 为国家海洋公园选址综合评价结果,Qi 为第 i 个评价因子的权重,Pi 为第 i 个评价因子的评价结果,n 为评价因子的数目。

（4）根据对区域资料数据[211-219]的综合分析,并依据上述因子的权重值,采用模糊评判的方法（表 8-9）,对 5 个预选区进行分项打分,然后使用上述评价模型进行计算,得到各个预选区的评分值及其位次（表 8-10）。

表 8-9　长山群岛国家海洋公园选址量化评判标准

Table8-9　Quantitative evaluation standard of Changshan Islands National Marine Park siting

第一层	第二层	第三层	量化评判标准			
评价目标	评价因子	评价指标	10~9(优)	8~7(良)	6~5(中)	4~0(差)
国家海洋公园选址定量评价	生态条件	多样性	生物量很多	生物量较多	生物量一般	生物量不多
		自然性	不存在扰动或退化	存在少量扰动或退化	存在大量扰动或退化	自然性受到严重破坏
		代表性	很高	比较高	一般	不高
		完整性	很完整	比较完整	一般	不完整
		生产性	很高	比较高	一般	不高
		脆弱性	很高	比较高	一般	不高
		重点保护物种的存在	存在的数量很多	存在的数量比较多	存在的数量一般	不存在
		海水质量	很好	比较好	一般	不好
		自然灾害威胁水平	很低	比较低	一般	比较高
	经济条件	经济物种影响	很高	比较高	一般	不高
		渔民数量	很少	比较少	一般	比较多
		经济效益	很高	比较高	一般	不高
	社会条件	旅游价值	很高	比较高	一般	不高
		美学吸引力	很高	比较高	一般	不高
		可进入性	很好	比较好	一般	不好
		科教与公众意识	很好	比较好	一般	不好

表 8-10　长山群岛国家海洋公园选址量化得分

Table8-10　Quantitative score of Changshan Islands National Marine Park siting

第一层	第二层	第三层	量化得分				
评价目标	评价因子	评价指标	A	B	C	D	E
国家海洋公园选址定量评价	生态条件	多样性	0.328	0.41	0.574	0.656	0.574
		自然性	0.206	0.515	0.412	0.412	0.309
		代表性	0.8073	0.8073	0.8073	0.8073	0.8073
		完整性	0.7218	0.7218	0.7218	0.7218	0.7218
		生产性	0.3627	0.3627	0.3627	0.3627	0.3627

续表

第一层	第二层	第三层	量化得分				
评价目标	评价因子	评价指标	A	B	C	D	E
国家海洋公园选址定量评价	生态条件	脆弱性	0.294	0.4116	0.0588	0.1176	0.4704
		重点保护物种的存在	0.7336	0.8253	0.5502	0.6419	0.6419
		海水质量	0.337	0.337	0.337	0.337	0.337
		自然灾害威胁水平	0.414	0.414	0.414	0.414	0.414
	经济条件	经济物种影响	0.6597	0.6597	0.6597	0.6597	0.6597
		渔民数量	0.172	0.43	0.344	0.387	0.215
		经济效益	0.6165	0.6165	0.6165	0.6165	0.6165
	社会条件	旅游	0.828	0.5796	0.6624	0.7452	0.6624
		美学吸引力	0.411	0.3699	0.2877	0.3288	0.2877
		可进入性	0.4752	0.3696	0.2112	0.3696	0.264
		科教与公众意识	0.5805	0.5805	0.5805	0.5805	0.5805
总分			7.9473	8.4105	7.5998	8.1576	7.9239
位次			3	1	5	2	4

资料来源:《长海生态县规划建设》①《辽宁海岸带保护和利用规划》②《辽宁沿海经济带大连区域用海规划》③《长海县海洋生态文明建设行动计划》④《长海统计年鉴》⑤《长海县海域养殖容量与增值潜力调查研究报告》⑥等。

(5)从候选位置中最终确定建设国家海洋公园核心区的最优地址。

根据上述分析可知,预选区 B,即乌蟒岛菜坨子的综合得分最高,因此最终成为长山群岛国家海洋公园核心区的最优地址,见图 8-3。

① 中国环境科学研究院,大连市城市规划设计研究院,长海县人民政府.长海生态县规划建设.2007.
② 辽宁省人民政府.辽宁海岸带保护和利用规划.2013.
③ 国家海洋环境监测中心,大连市城市规划设计研究院.辽宁沿海经济带大连区域用海规划.2009.
④ 长海县海洋与渔业局,国家海洋技术中心.长海县海洋生态文明建设行动计划.2015.
⑤ 长海县统计局.长海统计年鉴.2014.
⑥ 国家海洋环境监测中心.长海县海域养殖容量与增值潜力调查研究报告.2009.

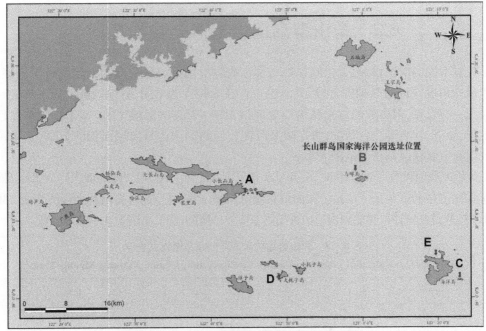

图 8-3 长山群岛国家海洋公园核心区位置图

Figure8-3 Location of core zone of Changshan Islands National Marine Park

8.1.4 评价结果分析

乌蟒岛菜坨子一带海域之所以最终成为长山群岛国家海洋公园核心区的最优地址主要得益于其优越的生态条件。

根据《乌蟒岛增养殖海域环境质量评价报告》[①]中显示：乌蟒岛海域的溶解氧的范围为12.08mg/L~13.21mg/L,化学耗氧量的范围为 0.8350mg/L~1.0153mg/L,磷酸盐含量范围为 0.0019mg/L~0.0061mg/L,无机氮含量的范围为 0.0646mg/L~0.1017mg/L,按照《海水水质标准 GB3097—1997》的规定,各指标均在一类海水范围内。利用磷酸盐、无机氮和化学耗氧量计算的营养指数 E 值范围为 0.0243~0.1059,海域营养指数均为贫营养,发生赤潮几率很小。利用无机氮、磷酸盐及溶解氧计算的有机污染评价指数 A 值范围为－1.3155~－0.7046,海域水质良好。异养细菌数在 15CFU/mL~71CFU/mL,属清洁水平。浮游植物范围为 299.68 个/L~664.33 个/L,属超高水平,对海洋生物繁殖生长非常有利。

同时,选址位置的区位条件也十分优越,乌蟒岛菜坨子处于长山群岛的几何中心位置,东部有海洋岛;西部为大、小长山岛及蚆蛸岛;南部有獐子岛及大、小耗子岛和褡裢岛;北部为石城岛及大、小王家岛。该区域所辖海域面积大,涉及陆域面积较小,受渔业生产影响较低。此外,本区还位于国家二级保护动物辽东湾斑海豹的洄游路径之中,对这个区域进行生态保护意义十分重大。

① 大连獐子岛渔业集团股份有限公司海洋生物技术研发部.2011 年 2 月份乌蟒岛增养殖海域环境质量评价报告,2011.

8.2 长山群岛国家海洋公园的范围

针对不同的保护目标,大量的理论与实证研究对国家海洋公园的面积进行了论证,但由于研究角度及理论基础等差异,其结论也存在着较大的不同,目前国际上尚未形成一个相对统一的意见,但多数的意见认为需要区域 10% ~ 35% 的海域[220]。鉴于长山群岛目前的生态、经济、社会等综合状况,暂定国家海洋公园的面积为其海域面积的 20%,未来可根据公园的发展状况调整其范围大小。

区域海域面积约为 10 324km²,取其 20% 建立国家海洋公园,则公园的面积约为 2064.8km²。由前面的论述可知(见第 5 章),公园的形状应取圆形,因此经计算可得出其半径约为 25.53km。使用 GIS 软件的缓冲区功能划出长山群岛国家海洋公园的范围,见图 8-4 中圆形区域。

表 8-11 长山群岛国家海洋公园范围拐点坐标
Table8-11 Inflection point coordinates of Changshan Islands National Marine Park

序号	东经	北纬
1	122°58′37″	39°29′43″
2	122°58′50″	39° 3′42″
3	122°42′3″	39°16′47″
4	123°14′25″	39°16′56″

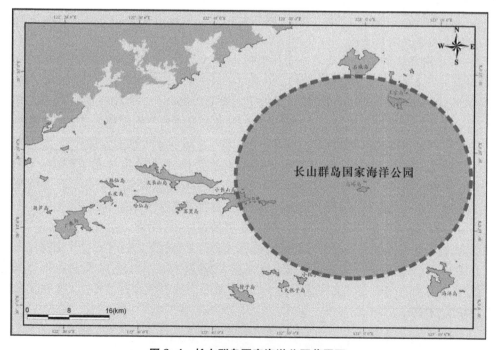

图 8-4 长山群岛国家海洋公园范围图
Figure8-4 Scope of Changshan Islands National Marine Park

　　由于大面积的国家海洋公园建设所带来的冲突和成本等问题,在实施过程中应采用循序渐进的方法。首先,可采用小型保护区把最需要保护和具有最大生态影响的地点保护起来,因为小型的保护区更容易得到人们的支持,随后再在必要的时候逐步扩大保护区的规模以满足管理目标的需要[221]。此外,还可以实施分区管理的方法,建立一个范围较小但管理措施严格的核心区,以及一个面积较大但管理措施相对宽松的缓冲区,这样既可以满足保护面积的要求,同时又可以减少成本。

8.3　长山群岛国家海洋公园分区规划

　　长山群岛国家海洋公园的主要保护对象为皱纹盘鲍、刺参、扇贝、香螺、紫海胆等我国北方珍稀海洋生物物种和土著海洋生物地理种群,具有一定代表性、典型性和特殊保护价值的海岛沙滩、湖泊、岛岸岩礁景观带,以及具有物质、非物质文化遗产和重要景观价值的海岛。海洋公园的主要保护目标为:禁止非法捕捞、采集海洋生物,禁止周边海域废弃物倾倒,防止海上污染等。

　　根据海域生态环境现状、敏感性、承载力、生态系统类型的结构与过程特征、自然环境与社会经济发展现状及趋势,结合长山群岛的自然特征、保护对象及保护目标,充分考虑海洋生物的分布状况、繁殖、生长规律,以及有利于生态保护与科研教育,并减少对当地生产的影响等因素,对长山群岛国家海洋公园进行分区规划,确定主体功能定位,明确生态保护和资源利用方向,逐步形成生态保护与资源利用和谐的格局。将公园划分为核心区、缓冲区、实验区、游憩区以及一般利用区等五个功能区(图8-5),其中各功能区的位置及面积见表8-12,目的及功能见表8-13,多功能分区活动分类见表8-14。

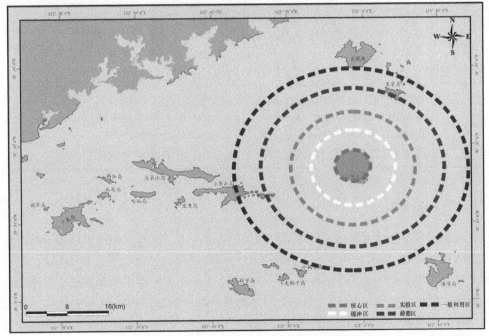

图 8-5　长山群岛国家海洋公园分区规划图

Figure8-5　Zoningplan of Changshan Islands National Marine Park

对旅游者的分流可以避免游憩活动对保护对象造成破坏,从而使海洋资源得以合理配置和科学利用。这种分区规划可以保护景观尺度上的自然栖息地及生物多样性,同时不危害敏感脆弱的栖息地和生物。在对公园的景观进行规划设计时,还应充分研究区域自然生态系统的特征及功能机制,构建符合本地区自然生态安全的生态格局,构成视觉上美观完善、功能上良性循环的长山群岛国家海洋公园功能分区。

表8-12　长山群岛国家海洋公园功能分区位置及面积

Table8-12　Locationg and area of Changshan Islands National Marine Park

名称	位置	经纬度坐标	面积
核心区	乌蟒岛西北部海域,包括大坨子、二坨子、菜坨子等岛礁	122°58′35″E,39°18′50″N 122°58′43″E,39°15′17″N 122°56′53″E,39°16′53″N 123° 0′36″E,39°16′58″N	26.52km²
缓冲区	核心区外围区域,包括乌蟒岛本岛及其周围海域	122°58′44″E,39°21′27″N 122°58′41″E,39°12′30″N 122°54′11″E,39°16′53″N 123° 3′20″E,39°17′ 1″N	143.28km²
实验区	缓冲区外围区域	122°58′38″E,39°24′38″N 122°58′53″E,39° 9′ 7″N 122°50′18″E,39°16′55″N 123° 7′ 7″E,39°17′4″N	374.30km²
游憩区	实验区外围区域,涉及蚆蛸岛、王家岛等岛、坨、礁	122°58′35″E,39°27′42″N 122°58′50″E,39° 6′ 1″N 122°46′59″E,39°16′50″N 123°10′23″E,39°17′4″N	509.90km²
一般利用区	游憩区外围区域,涉及小长山岛东部及其东南海域的核大坨子、核二坨子、核三坨子、砂珠坨子、波螺坨子、蚆蛸岛、王家岛以及海王九岛等岛、坨、礁	122°58′37″E,39°29′43″N 122°58′50″E,39° 3′42″N 122°42′3″E,39°16′47″N 123°14′25″E,39°16′56″N	1010.8km²

8.3.1　核心区

核心区是原生生态系统与物种保存良好的空间,应受到严格保护,其主要任务是保护基因及物种多样性,同时亦可进行生态系统结构与功能等方面的研究。核心区内严禁各种资源开发等活动,只为科学研究所用,禁止旅游者进入。长山群岛国家海洋公园核心区包括乌蟒岛以北的大坨子、二坨子、菜坨子等岛礁及其周围海域。该区域是皱纹盘鲍、光棘球海胆、刺参、褶牡蛎、栉孔扇贝、牙鲆等我国北黄海特有珍贵物种的集中分布区,核心区总面积26.52km²,约占公园总面积的1.28%。

8.3.2　缓冲区

为更好地保护核心区内的珍贵物种,避免外界人为的影响和干扰,并同时开展科研、教学、参观、考察以及受控制的海钓等活动,在核心区外围划出乌蟒岛本岛及其周围海作为缓冲区,面积约为 143.28km²,占公园总面积的 6.94%,其中陆域面积 1.88km²,包括部分原生生态系统类型,以及由演替系列所占据的受过干扰的地段。设置缓冲区可以保护景观尺度上的自然栖息地以及生物多样性,同时并不危害敏感的栖息地与生物,防止对核心区的影响及破坏,还可用于某些理论和应用研究。缓冲区作为少数旅游者游览的对象,严格控制交通工具的进入数量,区内限制永久性建筑的进入。

8.3.3　实验区

缓冲区周围划出相当面积作为实验区,面积约为 374.3km²,占公园总面积的 18.13%。本区应以控制污染物进入以及科研科考和环境教育等为目标,开展科研、教学、参观、考察以及受控制的海钓等活动,同时对各种旅游、交通等污染进行严格控制和清理。缓冲区并作为区域性特有生物资源的空间,同时也可以作为海洋生物繁育栖息的基地,还可以根据区域经济发展的需要建立起各种类型的人工生态系统,促进区域性的生物多样性恢复。

8.3.4　游憩区

作为旅游者集中活动空间的游憩区位于实验区外围,起到分隔核心区、缓冲区、实验区与一般利用区的作用,面积约为 509.9km²,占公园总面积的 24.7%,涉及蚆蛸岛、王家岛等岛、坨、礁。本区功能是有计划地开展科研、教学、考察、观光、游憩以及受控制的渔业捕捞、海珍品增养殖等。游览活动区内应控制任何娱乐、游憩活动的强度,要规划适宜的游览方式和活动内容,安排适度的游憩设施,避免游览活动对湿地生态环境造成破坏。

8.3.5　一般利用区

除核心区、缓冲区、实验区以及游憩区外,长山群岛国家海洋公园其他海域划为一般利用区,面积约为 1010.8km²,占公园总面积的 48.95%,涉及小长山岛东部及其东南海域的核大坨子、核二坨子、核三坨子、砂珠坨子、波螺坨子、蚆蛸岛、王家岛以及海王九岛等岛、坨、礁。本区各类交通工具可以通达,但应位于国家海洋公园的边缘或外部毗邻区。同时,应按照相关规定对位于本区境内的大连长海海洋珍贵生物自然保护区以及大连海王九岛海洋景观自然保护区加以保护。

表 8–13　长山群岛国家海洋公园功能分区目的及功能

Table8–13　**Purpouse and function of function division of Changshan Islands National Marine Park**

名称	目的	功能	保护程度
核心区	保护公园的自然完整性及其价值,一般禁止任何人类活动存在,只允许得到批准的船舶进入或不低于150m的低空飞行	可以进行包括环境影响评估在内的研究活动	最高

续表

名称	目的	功能	保护程度
缓冲区	保护海洋公园的自然完整性及其价值,一般禁止任何开采性活动	可进行一些低影响的传统资源利用及航行、潜水、观光等活动	较高
实验区	保护海洋公园的自然完整性及其价值,一般禁止任何开采性活动	可进行一些低影响的传统资源利用及航行、潜水、观光、游憩等活动	高
游憩区	保护海洋公园的自然完整性及其价值,一般禁止任何开采性活动	可进行一些低影响的传统资源利用及航行、潜水、观光、游憩等活动	中高
一般利用区	保全国家海洋公园区域,并提供合理利用的机会	允许一些捕捞活动及游憩活动的进行	一般

表 8-14　长山群岛国家海洋公园多功能分区活动分类

Table8-14　Classification activities of function division of Changshan Islands National Marine Park

活动类型	核心区	缓冲区	实验区	游憩区	一般利用区
海水养殖	×	*	*	*	*
诱网捕捞(撒网/超网/围网)	×	×	×	*	√
航行、潜水及摄影	×	*	√	√	√
捕蟹	×	×	×	*	√
海参等海珍品捕捞	×	×	*	*	*
受限的采集活动	×	×	×	*	√
受限的影响评估研究	*	√	√	√	√
受限的叉鱼(轻潜)	×	×	×	*	√
手钓	×	*	*	√	√
其他网具捕捞(非诱网)	×	×	×	×	√
科研(非受限影响评估)	*	*	*	*	*
航运(非指定航行区域)	×	*	*	*	√
旅游项目	×	*	√	√	√
传统资源利用	×	√	√	√	√
拖网	×	×	×	*	√
拖钓	×	×	×	√	√

注:√=允许;×=禁止;*=允许但需要审批。

8.4 小结

　　结合前人研究成果及本研究案例,笔者认为,国家海洋公园的选址应在综合考虑区域生态、经济、社会等因素的基础之上,通过影响因子、空间结构、适宜性等多方面分析确定公园的位置、范围及分区。具体操作应以 GIS 为平台,借助地理信息系统空间分析技术,综合相关分区方法,建立空间结构分析模型,对区域进行综合评价,确定出建立核心区的候选位置,进而对核心区候选地址进行适宜性分析,并确定最终的理想地址。公园面积应占管辖海域面积的 10%～35%,理想的国家海洋公园形状为圆形,并应进行相应的功能分区。在综合考虑长山群岛区域生态、经济、社会等因素的基础之上,通过影响因子、空间结构、适宜性等多方面分析,最终确定建设国家海洋公园核心区的最优地址为乌蟒岛菜坨子,面积约为 2064.8km²,将其划分为核心区、缓冲区、实验区、游憩区以及一般利用区等五个功能区,并提出了相应的功能分区目的及功能。

第9章 长山群岛国家海洋公园保护与开发互动研究

9.1 生态足迹计算

9.1.1 本底生态足迹计算

根据改进的生态足迹计算模型(见第6章),采用《长海统计年鉴》(2013年)中的统计数据,测算2013年长海县本底生态足迹需求。

9.1.1.1 生物资源足迹

生物资源消费包括农产品、动物产品以及水果等,生物资源测算中使用联合国粮农组织(FAO)有关生物资源的世界平均产量[222]作为全球平均生产力,均衡因子使用刘某承、李文华最新的研究成果[150]。

根据生态足迹计算模型,利用均衡因子将长海县2013年各种生物资源消费量转为提供这类消费需要的生物生产性空间面积(表9-1)。

表9-1 长海县本底生态足迹账户(生物资源消耗部分)

Table9-1 Account of original ecological footprint of Changhai county (Degradation of biological resource)

项目	平均产量(kg/ha)	区域人均消费量(kg/cap)	人均生态足迹(ha)	均衡因子	人均生态足迹需求(ha)	生产面积类型
粮食	2744	106.86	0.0389	1.06	0.0412	耕地
油料	1856	12.84	0.0069	1.06	0.0073	耕地
蔬菜	18 000	74.34	0.0041	1.06	0.0044	耕地
瓜果类	40 457	52.24	0.0013	1.04	0.0014	林地
蛋类	400	15.22	0.0381	1.06	0.0404	耕地
肉类	107	22.16	0.2071	0.58	0.1201	草地
禽肉	457	3.18	0.0070	1.06	0.0074	耕地

项目	平均产量 （kg/ha）	区域人均 消费量 （kg/cap）	人均生态 足迹（ha）	均衡因子	人均生态 足迹需求 （ha）	生产面积 类型
奶类	502	21.29	0.0424	0.58	0.0246	草地
水产品	29	31.16	1.0745	0.46	0.4943	水域
合计					0.7411	

区域人均消费量:长海县统计局.长海统计年鉴(2013).2014.

区域人口数量:72 643,长海县统计局.长海统计年鉴(2013).2014.

9.1.1.2　能源足迹

能源消耗部分包括汽油、柴油、煤炭、液化气以及电力等的能源生态足迹。能源的全球平均足迹取自 WWF 计算的中国生态足迹报告[223],以世界单位化石燃料生产土地面积的平均发热量作为标准,利用我国能源统计使用的发热量折算系数[224],并采用刘某承、李文华计算出的均衡因子[150]将长海县能源消费折算成化石燃料土地面积(见表9-2)。

表 9-2　长海县本底生态足迹账户(能源消耗部分)

Table9-2　Account of original ecological footprint of Changhai county
(Degradation of energy)

项目	全球平均 能源足迹 （Gj/ha）	折算系数 （Gj/t）	区域人均 消费量 （t）	均衡因子	人均生态 足迹需求 （ha）	生产面积 类型
煤炭	55	20.90	0.3243	1.04	0.1282	化石燃料用地
柴油	93	42.71	0.2162	1.04	0.1033	化石燃料用地
汽油	93	43.12	0.0811	1.04	0.0391	化石燃料用地
液化气	71	52.20	0.0608	1.04	0.0465	化石燃料用地
电力*	1000	11.84	0.1259	1.06	0.0016	建筑用地
合计					0.3187	

全球平均能源足迹:世界自然基金组织 WWF

*单位:万 Kw·h

9.1.1.3　本底生态足迹汇总

整合表9-1与表9-2中的数据,得出长海县总的本底生态足迹账户,见表9-3。

表 9-3 长海县本底生态足迹账户(汇总)

Table9-3 Account of original ecological footprint of Changhai county (Summarizing)

土地类型	人均面积(ha)	均衡因子	人均生态足迹需求(ha)
耕地	0.095	1.06	0.1007
林地	0.0013	1.04	0.0014
草地	0.2495	0.58	0.1447
建筑用地	0.0015	1.06	0.0016
化石燃料用地	0.3049	1.04	0.3171
水域	1.0745	0.46	0.4943
合计			1.0598

由计算可知,人均生态足迹(ef)为1.0598ha,则区域本底生态足迹(BEF)为76 987.05ha。

9.1.2 总生态足迹计算

根据生态足迹计算模型,由公式(1)可得:

$$ef = \sum r_j(c_i/p_i) = 0.751$$

由上文可知,旅游贡献率 r =旅游业总收入/国民经济生产总值。

且根据《长海统计年鉴》(2013年)中的统计数据可知,区域旅游业总收入为11.15亿元,区域国民经济生产总值为84.5亿元:

$$r = 11.15 / 84.5 = 13.2\%$$

由公式(8)可得:

$$EF = N \times ef /(1-r) = 72\ 643 \times 1.0598 /(1-0.132)$$
$$= 72\ 643 \times 1.0598 / 0.868$$
$$= 88\ 694.76$$

可知,区域总生态足迹为88 694.76ha。

$$TEF = EF \times r = 88\ 694.76 \times 0.132 = 11\ 707.71$$

则区域旅游生态足迹为11 707.71ha。

根据公式(4):

$$tef = TEF / 旅游总人次 = 11\ 707.71 / 1\ 340\ 000 = 0.0087$$

则区域人均旅游生态足迹为0.0087ha。

9.2 生态足迹预测

9.2.1 本底生态足迹预测

随着居民生活水平的提高,恩格尔系数会逐年降低,因此,生物资源的人均生态足迹将会按照逐年递减的增长率增长。假定长海县人均生态足迹增长率的下降速度与长海县经济增长率一致,保持在7%左右,能源需求逐年增加(根据长海县历年能源消耗情况),增长速度在8%左右。

根据上述假设,可以计算出各年的生物资源和能源消耗的人均生态足迹,并根据《长海县国民经济和社会发展第十三个五年规划》中的人口预测数量,从而推算出长海县2014年至2020年的本底生态足迹需求,见表9-4。

表9-4 长海县本底生态足迹需求预测
Table9-4 Demand forecast of original ecological footprint of Changhai County

年份	人均生态足迹(ha)		人均生态足迹(ha)		本底人均生态足迹(ha)	人口数	总本底生态足迹(ha)
	变化率	生物资源	变化率	能源部分			
2013	0.07	0.7411	0.08	0.3187	1.0598	72 643	76 987.0514
2014	0.0651	0.7930	0.08	0.3442	1.1372	72 414	82 347.2456
2015	0.0605	0.8446	0.08	0.3717	1.2163	72 361	88 014.9624
2016	0.0563	0.8957	0.08	0.4015	1.2972	71 782	93 115.9422
2017	0.0524	0.9462	0.08	0.4336	1.3798	71 208	98 249.7049
2018	0.0487	0.9957	0.08	0.4683	1.4640	70 638	103 413.2142
2019	0.0453	1.0442	0.08	0.5057	1.5499	70 073	108 608.9355
2020	0.0421	1.0915	0.08	0.5462	1.6377	69 513	113 840.7478

9.2.2 旅游生态足迹预测

由公式(3)与公式(7)可得:

$$TEF = BEF \times r / (1 - r)$$

按照《长海县国民经济和社会发展第十三个五年规划》的要求,到"十三五"期末,实现旅游综合收入约19亿元,相当于当年区域生产总值的15.2%,即$r=0.152$。已知2013年长海县实现旅游综合收入约11.15亿元,相当于当年全区生产总值的13.2%。据此可计算出在此期间旅游业对国民经济生产总值贡献率的年均变化率约为2.04%。由此,可推算出长海县2014年至2020年旅游生态足迹需求,见表9-5。

表9-5 长海县旅游生态足迹需求预测
Table9-5 Demand forecast of tourism ecological footprint of Changhai County

年份	r	r变化率	本底生态足迹(ha)	旅游生态足迹(ha)
2013	0.1320	0.0204	76 987.0514	11 707.70828
2014	0.1347	0.0204	82 347.2456	12 818.08482
2015	0.1374	0.0204	88 014.9624	14 024.3355
2016	0.1402	0.0204	93 115.9422	15 189.17792

年份	r	r变化率	本底生态足迹（ha）	旅游生态足迹（ha）
2017	0.1431	0.0204	98 249.7049	16 408.14673
2018	0.1460	0.0204	103 413.2142	17 683.03815
2019	0.1490	0.0204	108 608.9355	19 016.66878
2020	0.1520	0.0204	113 840.7478	20 412.26076

按照《长海县国民经济和社会发展第十三个五年规划》要求，到"十三五"期末，接待游客约170万人次，已知2013年长海接待游客数量约为134万人次。据此可计算出游客增长的年均变化率约为3.46%。由此，可推算出长海县2014年至2020年人均旅游生态足迹需求，见表9-6。

表9-6 长海县人均旅游生态足迹需求预测
Table9-6 Demand forecast of per capita tourism ecological footprint of Changhai County

年份	旅游生态足迹（ha）	游客数（万人次）	变化率	人均旅游生态足迹（ha）
2013	11 707.70828	134	0.0346	0.0087
2014	12 818.08482	138.6364	0.0346	0.0092
2015	14 024.3355	143.4332	0.0346	0.0098
2016	15 189.17792	148.3961	0.0346	0.0102
2017	16 408.14673	153.5305	0.0346	0.0107
2018	17 683.03815	158.8427	0.0346	0.0111
2019	19 016.66878	164.3386	0.0346	0.0116
2020	20 412.26076	170.0247	0.0346	0.0120

9.2.3 总生态足迹预测

整合表9-5与表9-6中的数据，得出长海县总生态足迹账户，见表9-7。

表9-7 长海县年生态足迹需求预测
Table9-7 Demand forecast of ecological footprint of Changhai County

年份	本底生态足迹（ha）	旅游生态足迹（ha）	总生态足迹（ha）
2013	76 987.0514	11 707.70828	88 694.7597
2014	82 347.2456	12 818.08482	95 165.3304
2015	88 014.9624	14 024.3355	102 039.2979
2016	93 115.9422	15 189.17792	108 305.1201

年份	本底生态足迹（ha）	旅游生态足迹（ha）	总生态足迹（ha）
2017	98 249.7049	16 408.14673	114 657.8516
2018	103 413.2142	17 683.03815	121 096.2523
2019	108 608.9355	19 016.66878	127 625.6043
2020	113 840.7478	20 412.26076	134 253.0086

9.3　生态承载力计算及预测

9.3.1　生态承载力计算

将长海县土地总面积按生物生产性土地类型进行分类汇总。根据长海县各类土地面积，通过均衡因子[150]和产量因子[198]调整后，计算得出人均生态承载力，见表9-8。

表 9-8　长海县生态承载力计算

Table9-8　Calculation of ecological capacity of Changhai County

空间类型	总面积（ha）	人均面积（ha/cap）	均衡因子	产量因子	人均生态承载力
耕地	1392	0.0192	1.06	0.84	0.0171
林地	6852	0.0943	1.04	1.03	0.1010
草地	79	0.0011	0.58	1.83	0.0012
建筑用地	2154	0.0297	1.06	1.74	0.0547
化石燃料用地	0	0	1.04	0	0
水域	510 864	7.0325	0.46	1.83	5.9200
总计					6.0939

空间面积：长海县人民政府.长海县土地利用总体规划（2006—2020）.2012.

人口数：72 643,长海县统计局.长海统计年鉴（2013）.2014.

水域面积：51 0864ha,长海县统计局.长海统计年鉴（2013）.2014.

由公式（10）可得：

$$EC = 0.7 \cdot N \cdot \sum e_c = 0.7 \times 72\ 643 \times 6.0939 = 309\ 875.4244$$

则区域 2013 年生态承载力约为 309 875.4244ha。

9.3.2　生态承载力预测

长海县的生态承载力取决于土地和海域承载能力的提高,科技进步所带来的资源利用率提高,以及人口素质提高带来的资源节约等因素。随着社会发展,科技水平提高,生态承载力将会提高。生态承载力按照逐年递减的增长率增长。在 2014 年至 2020 年期间,考虑科技进步和人口素质提高等因素的影响,假定生态承载力增长率的下降速度与长海县经济增长率基本持平,保持在7%左右,由此可以计算长海县未来几年内的生态承载力预期,见表9-9。

表 9-9　长海县生态承载力预测
Table9-9　Forecast of ecological capacity of Changhai County

年份	变化率	总的生态承载力(ha)	扣除生态保护后的生态承载力(ha)
2013	0.07	442 679.1777	309 875.4244
2014	0.0651	471 497.5922	330 048.3145
2015	0.0605	500 023.1965	350 016.2375
2016	0.0563	528 174.5025	369 722.1517
2017	0.0524	555 850.8464	389 095.5925
2018	0.0487	582 920.7826	408 044.5478
2019	0.0453	609 327.0941	426 528.9658
2020	0.0421	634 979.7647	444 485.8353

9.4　协调度计算及预测

9.4.1　协调度计算

由公式(11),根据长海县2013年统计数据,经计算可得:

$$C = EC / EF = 309\ 875.4244 / 88\ 694.7597 = 3.4937$$

可知 $C > 1$,表明区域处于可持续发展状态,开发与保护相协调。

运用此模型可以动态监测区域保护与开发之间的协调程度,以据此科学提出未来的发展对策。

9.4.2　协调度预测

整合表9-7与表9-9中的数据,可以计算长海县2014年至2020年保护与开发的协调度预期,见表9-10。

表 9-10　长海县保护与开发协调度预测
Table9-10　Forecast of coordination degree of protection and development of Changhai County

年份	生态足迹(ha)	生态承载力(ha)	协调度
2013	88 694.7597	309 875.4244	3.4937
2014	95 165.3304	330 048.3145	3.4682

年份	生态足迹(ha)	生态承载力(ha)	协调度
2015	102 039.2979	350 016.2375	3.4302
2016	108 305.1201	369 722.1517	3.4137
2017	114 657.8516	389 095.5925	3.3935
2018	121 096.2523	408 044.5478	3.3696
2019	127 625.6043	426 528.9658	3.3420
2020	134 253.0086	444 485.8353	3.3108

由计算结果可知,在未来的一段时间内,协调度 C 始终大于 1,表明生态承载力超过生态足迹,区域处于可持续发展状态,开发与保护相协调,应注意保持。产生该结果的原因在于区域本底人口数量呈下降趋势,且旅游者数量上升幅度不大,区域生态足迹出现缓慢增长,而区域生态承载力不断提升,促使协调度 C 始终大于 1。

同时,需要注意的是,协调度 C 不断减小,表明生态承载力与生态足迹逐渐接近,区域未来极有可能处于生态警戒状态,应注意控制开发强度,其中应重点控制旅游者的数量,减少人类活动对自然资源与生态环境的影响。

9.5 旅游容量计算及预测

9.5.1 旅游容量计算

由公式(12),根据长海县 2013 年统计数据,经计算可得:

$$T = (309\ 875.4244 - 76\ 987.0514) / 0.0087 = 2676.8779(万人次)$$

即长海县当年的旅游容量应控制在 2676.8779 万人次以内。

9.5.2 旅游容量预测

整合表 9-4、9-6 以及 9-9 中的数据,可以计算长海县 2014 年至 2020 年的旅游容量预期,见表 9-11。

表 9-11 长海县旅游容量阈值预测

Table9-11 Forecast of threshold of tourist capacity of Changhai County

年份	生态承载力（ha）	本底生态足迹（ha）	人均旅游生态足迹（ha）	旅游容量阈值（万人次）
2013	309 875.4244	76 987.0514	0.0087	2676.8779
2014	330 048.3145	82 347.2456	0.0092	2692.4029
2015	350 016.2375	88 014.9624	0.0098	2673.4824

年份	生态承载力 （ha）	本底生态足迹 （ha）	人均旅游生态足迹 （ha）	旅游容量阈值 （万人次）
2016	369 722.1517	93 115.9422	0.0102	2711.8256
2017	389 095.5925	98 249.7049	0.0107	2718.1859
2018	408 044.5478	103 413.2142	0.0111	2744.4264
2019	426 528.9658	108 608.9355	0.0116	2740.6899
2020	444 485.8353	113 840.7478	0.0120	2755.3757

从生态承载力的角度来看,人类的发展需求应与生态承载力的提升保持相对一致,并且要保证适当的承载潜力空间,这是一个同步的协调发展过程。同时,在测算旅游容量时还应考虑到区域交通、住宿、餐饮等基础设施及旅游服务设施的容量。因此,需要特别注意的是,真实的区域旅游容量应远低于这个数值,而不是仅仅控制在这个范围内即可。根据长海县旅游容量阈值的预测数据,取其30%为旅游容量理想值,取其60%为旅游容量警戒值,得到表9-12。由计算结果可见,到2020年长海县应将旅游者人数控制在826万人次以内。

表9-12　长海县旅游容量理想值及警戒值预测
Table9-12　Forecast of desired value and warning value of tourist capacity of Changhai County

年份	旅游容量阈值(万人次)	旅游容量理想值(万人次)	旅游容量警戒值(万人次)
2016	2711.8256	813.5477	1627.0954
2017	2718.1859	815.4558	1630.9115
2018	2744.4264	823.3279	1646.6559
2019	2740.6899	822.2070	1644.4140
2020	2755.3757	826.6127	1653.2254

9.6　小结

通过改进后的数学模型量化区域生态保护与经济发展的协调状况,对区域本底生态足迹(BEF)、旅游生态足迹(TEF)、生态承载力(EC)、保护与开发协调度(C)、旅游容量阈值(T)等方面进行定量分析。通过对研究区域的测算可知$C > 1$,表明区域处于可持续发展状态,开发与保护相协调。然而,在未来的一段时间内,协调度C不断减小,表明生态承载力与生态足迹逐渐接近,区域未来极有可能处于生态警戒状态,应注意控制开发强度,其中应重点控制旅游者的数量,减少人类活动对自然资源与生态环境的影响。

第10章 建设长山群岛国家海洋公园的实施方案

10.1 长山群岛国家海洋公园与生态保护

10.1.1 普及海洋公园相关概念

党的十八大报告特别强调了生态文明建设的宣传教育,指出要加强生态文明的宣传教育,增强全民节约意识、环保意识、生态意识,形成合理消费的社会风尚,营造爱护生态环境的良好风气。弘扬生态文明主流价值观,把生态文明纳入社会主义核心价值体系,形成人人、事事、时时崇尚生态文明的社会新风尚,为生态文明建设奠定坚实的社会、群众基础。最根本的是要培养人们具有自觉的生态文明理念与保护自然生态的良好习惯,努力建设美丽长海,实现长海持续健康发展。

建设长山群岛国家海洋公园应始终将生态保护放在首位,将恢复及保护北黄海区域特有的原生生态系统作为公园建设的第一目标,努力为子孙后代提供一个均等地享受人类自然及文化遗产的机会。因此,应尽快普及生态保护及长山群岛国家海洋公园相关概念,使海洋保护的意识深入民心,为公园的建设争取广泛社会支持,让长海人民了解到公园与其自身利益的密切关系,使人们懂得保护自然就是捍卫人类自身的生存与发展,既而自觉地投入到海洋生态保护的事业中去。

10.1.2 加大生态系统保护力度

把保护海洋生态完整性、系统性作为发展的首要前提,合理开发利用海洋资源,对公园的核心区、缓冲区、实验区、游憩区以及一般利用区等按设计要求实行严格保护,具体要求参见表8-13。强化生态安全防护体系,构建岛屿生态安全格局。制订生态保护红线方案,坚守生态保护红线,强化对重点生态功能区和生态环境敏感区域、生态脆弱区域的有效保护。加强森林抚育,持续推进城市、村镇、交通干线两侧等区域的造林绿化,优化树种、林分结构,提升森林生态功能。加强自然保护区建设,维护生物多样性。实施沿海岸线整治与生态景观恢复。完善防灾减灾体系,提高适应气候变化能力。采取切实有效措施修复海底环境。推进长山群岛国家级海岛生态修复工程。加强对生态型岸线环境保护,禁止在生态保护区、岛屿等岸线区域进行有损生态环境的开发建设。着力保护山海间生态廊道、山体间生态廊道、道路景观视廊以及广场景观视廊,重点打造海湾滨海通道。实施受损生态系统恢复重建、宜林地植树造林等工程。强化县城绿地系统建设,大力推进城乡绿化一体化。

深入开展水环境综合整治和近岸海域环境整治,抓好畜禽养殖业等农业面源污染防治,推进重点行业废水深度治理,完善城乡污水处理设施。加大大气污染综合治理力度,实施清洁能源替代,加快重点行业脱硫、脱硝和除尘设施建设,强化机动车尾气治理,进一步提高城市环境空气质量。加快生活垃圾、危险废物等处理处置设施建设。加强土壤污染治理。严格控制陆源污染物向海域排放和围填海工程,加强海域生态环境损害评估和生物多样性影响评价。强化养殖投入品管理,减少养殖污染,控制沿岸捕捞强度。

10.1.2.1 海洋生态环境保护

(1)加强海洋生物物种保护。保持海区生物物种多样性,全面实施伏季休渔制度,发展生态化、可持续的海洋养殖产业。严格控制养殖场布局,控制养殖总量,划定禁养区、限养区、适养区,发展生态养殖。

(2)加强海岛生态系统建设与保护。合理保护和开发海岛资源,禁止炸礁、围礁等开发活动,遏制海岛生态系统及生物多样性退化趋势,全面提升海岛生态系统服务功能与旅游价值。

(3)控制陆域污染。综合利用废弃贝壳,有效处理水产品加工的废弃水产品摘除物等有机固废物。加强乡、镇生活污水的处理、水产品加工废水的处理和海水增养殖业废水的处理,控制其达标排放或中水回用。加强海域直排口的污染防治,控制陆域入海污染物种类和污染量,合理安排养殖密度,避免海区的富营养化。

(4)严格控制围、填海范围。科学合理地制定围海造地规划,严格控制围海、填海造地工程。严格保护沿海自然保护区、严格控制港湾区域的围垦活动、严格控制滩涂围垦和围填海。

(5)严格执行海洋功能区环境质量标准。各类用海活动必须严格执行海洋功能区划环境保护要求。排污口的设置应满足海洋功能区、海水动力条件和环境保护有关规定,加强近岸海域环境保护与治理。

(6)严格执行环评制度。排放非达标项目坚决一票否决,确保海洋经济可持续发展。制定严格的涉海产业准入标准,严禁高污染、高排放企业在县城落户。

(7)建立海洋保护工作协作机制。全力推进污染物排海总量控制试点,强化海洋倾倒性排污的监管工作。加强对所有产业的污染物排放达标管理,实行定额定质,严格控制排放数量与质量。

10.1.2.2 生物多样性保护

(1)开展基础性科学研究工作,建立起长山群岛珍贵海洋生物物种库。全面调查各类生物资源本底,建立数据库和信息系统,构建保护与持续利用的信息共享平台。建立长海县陆域特殊海岛景观与珍稀物种自然保护区,开展国内外交流与合作,建成高标准、多功能的自然保护区体系。

(2)保护和培育长海海岛森林植物和鸟类生态系统,保护海域及其海洋动物群落,加强管理和保护动植物群落的生长环境。维持恢复物种在自然环境中有生存力的种群;加强自然保护区、生态旅游景区的保护与建设,构建完整的生态系统。

(3)对生物及其栖息环境实施有效的保护。实施濒危生物拯救工程,对栖息场所或生存环境受到严重破坏的珍稀濒危物种,采取迁地保护措施。

(4)建立外来有害生物预测、预报、监测系统,采取生物防治等技术防治外来物种入侵。逐步控制现有入侵物种危害,并防范新的外来物种入侵。

10.1.3 严格控制公园开发程度

在长山群岛国家海洋公园实际建设中务必要减少基础设施建设和旅游项目开发对自然生态系统产生的影响,具体包括禁止在非允许区域内使用下锚停船;在海洋中妥善处理废弃物及石油产品等;严格控制来自陆地的污染及其他物质的流入;对公园实施动态性的环境监控及评价,并根据环境的变化及时做出应对;在开展观光游憩等活动的同时严格控制旅游者的数量,具体数值参见表8-14;加强对国家海洋公园相关人员的生态保护教育,包括公园的管理者、经营者、旅游者以及其他相关利益者等。

严格执行环境影响评价和污染物排放许可制度,实施污染物排放总量控制。加快重点污染源在线监测装置建设,完善环境监测网络。加强危险化学品、放射源安全监管,强化环境风险预警和防控。严格海洋倾废、船舶排污监管。全面推行环境信息公开,完善举报制度,强化社会监督。

10.1.4 多措并举推进节能减排

大力发展循环经济,积极对接中日韩循环经济示范基地相关政策,大力发展再生资源利用和节能环保产业。实施产业分类节能管理。积极推广循环经济试点单位成功经验和典型模式。大力推广使用清洁能源,打造海岛清洁能源示范区。实施水、大气污染物总量控制,推进生活源减排、工业企业减排、农业污染源减排三大工程。落实二氧化硫和氮氧化物总量减排任务,严格控制煤炭使用的增加量。严格执行机动车油品质量标准和排放标准。有序开展重污染行业的清洁生产审核,加大清洁生产审核技术支持,抓好重点企业清洁生产审核、评估和验收。

把握生态文明建设的契机,积极倡导发展新兴技术产业,农业要节水,工业要节能,倡导绿色服务业,鼓励发展低碳旅游经济,坚决杜绝高碳企业入驻海岛。在推进太阳能、风能、海洋能、地热能的综合利用基础上,重点推进LNG(液化天然气)和分布式能源利用,倡导企业和个人使用新兴能源、清洁能源,减少碳排量。扩大清洁能源使用规模,加快现有燃煤设施清洁能源替代利用。推广应用海水源热泵、风力发电、太阳能以及生物质能、LNG等清洁能源,改善一次能源消费结构,提倡冷、热、电联产。加快完善中心城区内气源配套设施的建设。在保证民用气的基础上扩大饮食服务行业、民用锅炉、集体食堂的燃气使用率,在办理工商执照和年审时,实行"环保第一审批权"。提高电化率,并发展其他新型燃料,如海岛太阳能、风能、海水热泵等能源。

10.1.5 加强环境污染综合治理

改善大气环境质量。落实大气污染防治行动计划,推行集中供热,推进绿色施工,启动机动车尾气检测,开展船舶烟气脱硫脱硝除尘试点,进行有毒有害空气污染物控制,实施油品输送、销售环节挥发性有机物治理。

提高海水环境质量。规范整治沿岸排污口,加大工业废水污染控制,全面完成水产品加工企业污水治理工程。完善港口污染控制,建设含油污水接收处理设施、应急器材以及垃圾接收装置。合理布局养殖和水产加工地点,控制养殖网具异味污染。实现养殖贝壳资源综合再利用。

开展土壤污染防治。建立土壤污染数据库。严格控制污染型工程和生态破坏型工程。开展农村环境综合整治,严格控制禽畜养殖污染,严格控制重金属随农药、化肥等进入土壤环境。

保障噪声环境达标。合理布局,减少工业噪声污染。妥善安排县城公共场所娱乐、集会活动时间,严控社会噪声污染。限制重型卡车等强噪声车辆穿越敏感区域,降低交通噪声污染。

加大固体废物处理。实现工业固废高度资源化,工业固废利用处置率100%。强化源头控制,严禁任何单位自行焚烧、填埋。完善全县医疗废物收集、运输、储存、处置管理体系,合理布设医疗废物收集点,全面实行医疗废物转移联单制度。

保障城乡饮水安全。实施重点水源地隔离防护工程和农村饮用水源保护区所在村庄装备污水净化设施建设。合理开发利用地下水,加强地下水污染防治。

完善环保设施建设。推进现有城镇污水处理设施改造提升,加快污水收集管网建设。加强农村生活污水集中处理设施建设。推行居民生活垃圾分类收集和资源化回收利用。加快海岛生活垃圾无害化处理系统建设,探索实施垃圾外运。

10.1.6　健全生态文明制度体系

完善地方环境法规体系,建立长效机制。建立健全污染物削减、污染物排放总量控制、企业环境诚信、生态补偿等适合长海特点的环境保护政策。推进执法监督网格化精细管理。制定减排配套政策,完成总量控制目标。建立政府、企业、社会多元化投资机制,完善相关激励和约束政策,创新投资模式,拓宽融资渠道,采取"以奖代补""以奖促治"等方式,加快环保产业发展。建设环境风险预警体系,完善环境应急管理机制,提升突发环境污染事故应急能力。加强环境信息管理体系建设,建成长海环境信息专网,与市、省和国家环境信息形成信息共享,实现"县—市—省—国家"四级网络互联互通。加强宣传教育,动员全社会积极参与环保。

10.2　长山群岛国家海洋公园与渔业发展

由于长海县长期以来主要依靠渔业经济发展作为地方经济的支柱,绝大部分海域已成为海产养殖与渔业捕捞的基地,这就不可避免地与建设国家海洋公园实施严格的海洋生态系统保护之间产生矛盾。因此,协调好公园建设与渔业发展的关系至关重要,具体说来应包括以下几方面内容:

10.2.1　积极进行宣传教育

应对当地渔业相关部门及人员进行相关宣传教育,使其理解国家海洋公园并不是用来替代渔业捕捞并控制产出,而是一个维持和增强当地渔业产量的辅助性工具,毕竟公园的覆盖面积有限,大部分海域仍是渔业生产的基地。

10.2.2　适时调整功能分区

在建设国家海洋公园的过程中应采取循序渐进的方法,不断适时调整公园各功能区的面积。公园建设初期可采用小型核心区把最需要保护和具有最大生态影响的地点保护起来,如上文所述,规划建设长山群岛国家海洋公园的核心区面积约为 26.52km²,占公园总面积的 1.28%,仅占长海县海域的 0.26%;随着公园的不断发展,功能日趋完善,人们的生态保护意识逐步提高,可逐渐扩大公园核心区的面积,并同时相应扩大缓冲区、实验区、游憩区以及一般利用区乃至整个国家海洋公园的范围,以保护更多的海洋生物物种。同时,应对受公园建设影响的相关者实施相应的补偿,以确保国家海洋公园建设与当地渔业经济协调发展。

10.2.3　优化产业产品结构

以产业发展"九化"(设施化、良种化、规模化、集约化、标准化、生态化、产业化、社会化、国际化)目标为统领,建设结构优化、布局合理、生态良好、技术规范、装备先进、生产高效、链条完整、产品丰富、增产增收、安全健康的现代海洋牧场。科学构建增养殖品种的多样性,在巩固虾夷扇贝传统规模化优势基础上,稳步推进参、鲍、藻、三倍体牡蛎等规模化养殖,逐步实现养殖品种由传统大宗型向优质高效型转变,由规模数量型向质量效益型调整,努力形成优质、高效、安全的养殖格局。

加强海洋资源环境保护,养护生物资源,改善海洋生态环境,推进人工生态环保型鱼礁区和大型生态藻场建设,鼓励开展高效、生态型底播扇贝采捕装备研发,实施近岸海域水生资源增殖放流,促进海域生态环境修复与优化。鼓励使用科学健康的增养殖方式方法,积极推广筏式养鲍、网箱养参等养殖新方法,鼓励在不同区域不同领域建立增养殖实验区,做好海洋岛虾夷扇贝底播增养殖技术规范实验区和广鹿岛虾夷扇贝自然采苗试验区建设。

加大优良品种引进、培育、试验和推广力度,建立引进、驯化、繁育、储备一体化苗种培育体系。利用本地原种、良种资源优势,开展良种选育研究。大力推广自然海域刺参网箱生态育苗等新技术,不断扩大原良种生产规模。以国家级、省级原良种场和市级良种繁育基地为载体,建设长海县海珍品种质资源开发和繁育基地。压缩沿岸捕捞规模,控制近海捕捞强度,积极稳妥发展远洋渔业。着力拓宽远洋渔业生产空间和合作领域,加大远洋渔船装备升级改造力度,进一步增强外向型渔业的整体实力。

10.2.4　大力发展休闲渔业

以国家、省、市休闲渔业示范基地建设为依托,大力发展渔业旅游综合开发、海上垂钓、渔业体验、渔业观光、海洋科普、渔文化保护与开发等多种形式的休闲渔业,努力建设适应不同层次、不同需求的休闲渔业基地。将适合旅游业发展的潮上带、潮间带和部分临岛海面逐步从养殖用海中退出,由单纯的生产型用海向生产与休闲型并举转变。把沿岸捕捞生产同休闲渔业等第三产业进行有机结合,积极推进渔民转产转业,引导民间资本参与发展休闲渔业,努力培植渔业经济新的增长点。

10.3　长山群岛国家海洋公园与旅游开发

通过对长山群岛国家海洋公园内具有科学和观赏价值的自然景观及历史文化遗产的保护,为国民提供一个回归自然、欣赏生态景观、陶冶情操的天然游憩场所,并吸收大量渔民参与就业,从而稳定当地社区,促进再就业,同时增加社区居民收入,繁荣区域经济,进一步推动公园的生态保护。

10.3.1　旅游开发模式

纵观世界各国海岛旅游开发,已获成功的有:巴利阿里(Baleares)模式、马尔代夫(Maldives)模式、新加坡(Singapore)模式、夏威夷(Hawaii)模式、巴哈马(Bahamas)模式等。

他山之石,可以攻玉。借鉴世界海岛旅游地开发的成功经验,结合长山群岛的实际情况,提出适合本区的旅游开发模式——吉美(GEME model)模式[225](适用于面积较小的岛屿或群岛),即以政府(Government)为主导,注重生态环境(Ecology),市场(Market)化运作,整岛开发(Entirety)的旅游模式(图10-1)。"吉美"是由"政府""生态""市场""整体"的字头组成的单词的译音,从中文字面上讲则寓意着海岛旅游开发的目标吉祥和美。运用这一模式打造长山群岛旅游度假区,使其成为具有国际影响力的休闲度假区,将实现长山群岛旅游业的健康稳定持续发展。

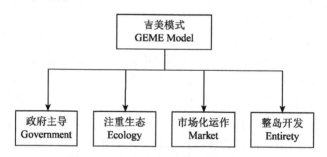

图 10-1　长山群岛旅游开发吉美模式
Figure10-1　GEME tourism development mode of Changshan Islands

10.3.1.1　政府主导,制定实施高起点的旅游规划

当今世界著名海岛旅游地的发展之所以能够取得巨大成功,均离不开政府的强有力支持。政府能够从总体上把握当地旅游业的发展态势,从宏观上对海岛进行整体规划以确保海岛旅游的发展,并适应不断变化的市场需求。政府在对投资者的引导和土地的投入等方面也发挥着巨大的作用。在规划初期,由于海岛旅游需要大规模的投资,多数投资者缺乏信心,只有在政府的支持下才能保证海岛旅游开发合理有序的进行。在投资环境形成后,政府将土地投入其中,投资者才能开始对旅游地进行开发建设。2008年,在大连市政府的组织下,已编制完成了高起点的《大连长山群岛旅游度假区总体规划》,而这个规划也只有在政府的主导、推动下才能得到贯彻实施。只有具备前瞻性和可操作性的旅游规划才能保证旅游基础设施的有序建设,旅游产品的合理开发,旅游与生态环境的协调发展。

10.3.1.2　注重生态环境,倡导低碳旅游开发

相对于陆地,海岛生态系统更为脆弱,自然条件如淡水资源、生态承载力等从客观上制约着海岛旅游的开发规模,因此在旅游开发中应针对海岛的环境容量,注重对生态的保护,创建和谐的海岛生态环境,走可持续发展之路。长山群岛可以借鉴"亚洲旅游王国"新加坡在此方面的经验。花园般的城市一直是新加坡最具吸引力的旅游资源和旅游发展招牌,在新加坡所有的空地上均有花草环绕,并且通过立法对其进行严格保护。在长山群岛旅游开发中,应针对海岛的不同特色和环境容量进行合理建设,遵循"三低一高"的开发原则,即低密度开发、低层建筑、低容量利用以及高绿化率。避免因过度开发对地貌、植被等造成的破坏,同时可以通过警示牌等设施对旅游者的自我意识进行约束,以绿色、环保为理念,倡导低碳旅游开发,创建国际级海岛旅游品牌,并对其进行宣传及推广,打造良好的旅游形象。

10.3.1.3　市场化运作

市场化运作就是要充分发挥市场的调节机制,遵循市场的普遍规律,推进旅游服务专业化、市场化。加快培育旅游市场主体,积极引进先进的管理模式和管理集团,推动组建跨行业、跨部门、跨地区、跨所有制的大型旅游企业集团,鼓励旅游企业做大做强,大力扶持中小企业向专业化方向发展。在长山群岛开发初期,更为迫切的任务是招商引资。2008 年年底到 2009 年上半年,为了长山群岛的开发,辽宁省、大连市和长海县的主要领导已几下香港,运用市场运作方式以资源特色招商,通过规划的旅游项目招商,取得了一定成效,扩大了长山群岛的影响。

10.3.1.4　整岛开发,一岛一品

长山群岛中的各岛面积较小,可采用整岛开发模式。在开发中,强调大岛见规模,小岛见特色,一岛一品,突出度假区发展的主题理念与核心内容,因地制宜与特色开发相结合。由于整岛开发所需投资较大,因而可以通过招标的方式向一些有经济实力的公司或集团招标对各岛进行开发建设。目前,旅游形式已经由传统的观光型向休闲体验型转变,因此在保证"4S"旅游产品开发的基础上,应更加注重对康体型、会展型、娱乐型、猎奇型等旅游产品的开发,突出海岛旅游的特色产品。通过对各海岛整体进行个性化的包装及富有吸引力的特色产品的开发,可避免产品与景区定位的雷同,以及重复建设。按照《大连长山群岛旅游度假区总体规划》的要求,长海县獐子岛镇已率先推出一系列招商项目,2009 年 8 月 8 日,獐子岛镇镇长在招商会上宣布,这个镇下辖的原生态小岛褡裢岛($1.62km^2$)及小耗子岛($1.9\ km^2$)将依据国家有关法律及土地租赁政策整体对外租赁开发建设。这一举动,掀开长山群岛旅游发展中整岛开发的序幕。

10.3.2　旅游产业定位

依托国内外旅游大市场,全面整合优化旅游资源和产业布局。突出"海天长山、养生仙境"主题,彰显极品海鲜、渔家风情、群岛海钓、海底观光、渔事体验、商务会议、休闲避暑、温泉养生、婚庆度假特色,打造国内首个群岛型国际旅游休闲度假区,使长山群岛成为最具活力的海岛旅游目的地。坚持全域发展旅游的理念,因地制宜与特色开发相结合,构建涵盖大、小长山岛旅游避暑核心区、广鹿岛海岛休闲度假区、獐子岛海洋渔业体验区、海洋岛海

洋生态保护区以及石城岛海上石林观光区的"一核四星"旅游发展格局。强调小岛迁大岛建,大岛见规模,小岛见特色,一岛一品。

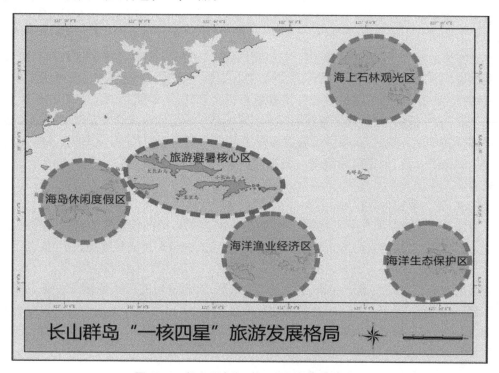

图10-2 长山群岛"一核四星"旅游发展格局

Figure10-2 "A nuclear four-star" tourism development pattern of Changshan Islands

10.3.2.1 旅游避暑核心区

长山大桥将大、小长山岛整合为一体,共同构建旅游避暑核心区。其中,大长山岛建设旅游避暑中心,突出避暑度假特色。主要功能是海洋综合旅游系列,以大众休闲海岛观光为主,兼有海岛运动系列和海鲜美食系列,承担长山群岛游客集散和度假区前期开发建设的综合服务功能。以建设国家海洋公园为契机,通过体制创新和资源整合,建构长山群岛旅游度假区与国家海洋公园;突出"避暑胜地"和"极品海鲜"的比较优势,突出"群岛特色",主打"休闲度假",重视"生态保护",发展"高端产业";近期重点发展旅游度假与海洋牧场,形成休闲度假和海洋水产两大支柱产业,中远期要形成旅游度假主体经济,最终构建海岛生态环境友好、产业结构高端、旅游经济发达的岛屿型国际旅游目的地、世界著名的海洋公园。开发建设大长山岛综合接待中心,配套高级酒店、山地海景度假别墅、游艇停靠码头等服务设施,打造以海滨休闲、水上运动为基础,以海上生活体验为特色的旅游产品体系,建设饮牛湾渔家示范区。重点要做好以下几方面工作:一是开发建设旅游服务中心、高级酒店、山地海景度假别墅、游艇码头;二是打造以海岛休闲、水上运动为基础,以海上生活体验为特色的海岛运动系列产品体系;三是完善重点港口码头等旅游配套设施体系建设;四是提高旅游接待水平和档次。

小长山岛建设国际海钓中心,突出海钓运动特色。主要功能是国际海钓系列,兼有海岛运动系列和美食疗养等功能。围绕海钓产业，将海钓产业链打造成型，实现全岛人力、物力、土地资源、渔业资源、海岸景观的优化配置；集中优势区域，缩小海钓范围，走精品化发展之路；纵向拓展产业经济，延伸海钓产业链，开展渔具加工、鱼饵生产、陪钓服务、海钓培训、渔具租赁与销售、鱼品加工、包装、海钓形象拍照留念与形象设计、海钓主题纪念品开发与销售等以海钓活动为中心的上下游产业经济活动，弥补目前海钓旅游产品单一、产业结构简单的状况，助力旅游经济。围绕海钓产业，配套建设高端度假酒店，打造小水口森林公园旅游项目，突出以海钓休闲产业发展为特色的精品化发展之路。重点建设国际海钓村、国际海钓俱乐部、海钓文化乐园、海钓培训基地、海钓博物馆、渔人部落、美食天堂等。建设海滨自然生态景观、休闲度假、康体疗养、运动娱乐及其他专项旅游为特色的海岛度假村。

10.3.2.2　海岛休闲度假区

广鹿岛建设海岛休闲度假区，突出休闲度假特色。主要功能是高端休闲会议系列、国际养生理疗系列和渔文化体验系列。加快接待设施建设，打造一批中小型主题特色酒店；加强旅游业与渔业融合发展，推动海洋环保、海洋生物、海洋保健品及旅游纪念品加工等产业发展，构建以旅游业为主导、多元产业融合发展的地方特色产业体系；控制旅游发展占用耕地数量，推动旅游用地集约高效；将广鹿乡打造为长山群岛旅游度假区的先行区，面向中高端游客、以休闲旅游为主的海岛特色旅游度假区。在充分保护和利用其优越的自然生态环境的同时，建成以休闲会议、养生理疗和渔文化体验为特色的兼有海鲜美食功能的国际旅游度假目的地。

10.3.2.3　海洋渔业体验区

獐子岛建设海洋渔业体验区，突出生态渔业特色。建设以"海珍之岛"为主题的海参基地体验区，挖掘当地渔业文化，面向大众市场，开展海珍品体验类旅游项目；以海岛原生态景观、滨海休闲度假、海上运动、海洋奥妙探寻、海珍品饮食文化、商务会谈为主题的高档旅游业；营销"钓大鱼到獐子岛"和探索"冬季到獐子岛吃海参"等休闲旅游品牌，依托海岛环境优势，打造"清肺之旅"新概念，用足用活"六海"文章，开发重返自然与现代生活接轨的新旅游方式。从现有的自然和资源条件出发，充分挖掘其海洋牧场资源巨大潜力，重点建设海珍品基地观光区，开展海产品养殖体验、美食体验等项目建设。以东西褡裢岛为中心，连接大耗子岛、小耗子岛等区域，开展时尚无税购物游项目，打造国际知名的海岛"购物天堂"。凭借獐子岛及其周围地区极为丰富的水产资源，以及鹰嘴石森林公园等旅游资源，开展商务旅游及海洋牧场游等项目。

10.3.2.4　海洋生态保护区

海洋岛建设海洋生态保护区，突出绿色低碳特色。海洋岛是我国最东边的岛屿，东与朝鲜半岛相望，距韩国济州岛仅 98 海里，拥有长山群岛最好的港湾和最高的山峰，自然风光优美，海水清澈无污染，是海岛规划的预留区。着力把握好适度的原则，依托极佳的区位优势，特色的旅游资源，开发建设美丽边疆小镇。

10.3.2.5　海上石林观光区

石城岛建设海上石林观光区，主要功能包括地质地貌旅游、海岛观光、休闲度假、科普教育等，通过整合区内奇特的海岸海蚀地貌群资源，打造海上石林观光区和鸟类保护基地。海王九岛凭借区内秀美迷人的自然山海风光与千姿百态的海蚀地貌景观，构筑以大王家岛为中心、连接众多岛屿的海王九岛观光区。主要功能为休闲度假、地质旅游、海岛观光、游艇旅游、科普教育等。

10.3.3　旅游产品开发

不断挖掘海岛优势,大力培植旅游产品体系。开发海岛特色文化产品,充分利用非物质文化遗产,主打"渔文化博览体验园""渔家风情体验游""海神文化游""古文化遗址游"等系列精品。开发海岛观光产品,拓展常规海岛游览观光,发展海底观光、空中观光等立体、特色观光。开发生态体验产品,突出人类回归自然,让游客体验海岛原始的环境,进行蜜月度假、养生健身等活动。开发休闲渔业产品,重点发展海上垂钓、渔业体验、海洋科普等。开发休闲运动产品,发展水上飞机、帆船、划艇、摩托艇、滑水等一系列水上运动。开发海鲜美食产品,形成特色突出、唯我独有的长山群岛餐饮品牌。开发精品节庆产品,突出人文历史、民风民俗、生产历程、宗教信仰等主题,打造各岛屿特色鲜明的传统节庆活动。

10.3.3.1　大力发展生态体验旅游

在长山群岛国家海洋公园及其周围区域进行旅游开发,不仅要建立旅游度假区和高标准的度假酒店以及旅游服务设施,还应尽量保持本区原始的自然环境,维护生物的生活环境,开展别具特色的生态旅游项目。不仅要强调保持原始的海岛风貌、纯净的海洋环境,更重要的是突出人类回归自然,让游客回到原始的自然环境中体验私密度假、蜜月度假,进行养生健身等活动。

10.3.3.2　全面提升海岛观光旅游

依托长山群岛优质的旅游资源重点开展海洋观光、海岛观光、海底观光、空中观光、生物观光、气象观光等活动。对公园规划范围内已建成的观光景点,如小长山岛、王家岛、海王九岛等,应做好环境优化、设施配套和服务质量提高等工作。加强海岛文化内涵的挖掘与拓展,创新展陈方式和表现手法,规范并完善解说系统。加强景区的容量监控和疏导,加大对其周边环境综合整治的力度。

10.3.3.3　合理开发休闲度假旅游

依据长山群岛的资源特点和市场需求,打造特色化、多元化的海岛休闲度假旅游产品,提升现有产品档次,优化休闲度假环境,重点开展岛上 3S、分时度假、海岛避暑、海岛美食、颐养居住等活动。从科学发展观和可持续发展角度出发,结合《大连长山群岛旅游度假区总体规划》,鼓励环境友好型、生态协调型休闲度假项目的发展,严格控制能耗大、占地多、对生态环境影响较大的旅游项目建设。

10.3.3.4　积极发展体育休闲旅游

利用长山群岛的广阔海域,开展水上飞机、帆船、划艇、摩托艇、滑水等一系列水上运动项目,建立水上运动基地。积极争取大型体育赛事和体育交流在此举办,推进体育旅游发展。重点开展航海旅游、水径旅游、游泳、潜水、沙滩运动、海岛自行车、水上飞机、海钓、赶海、康体理疗等活动,打造商业娱乐、主题娱乐、体育娱乐、休闲健身以及互动性文艺演出等精品项目。现代娱乐产品开发要以市场需求为导向,合理布局,避免同类产品的重复建设和无序竞争。

10.3.3.5　完善发展会议会展旅游

依托公园良好的生态环境,在其周围区域开展商务会议、会展博览、节事活动、海岛购物等活动,配备会议会展旅游配套硬件设施,引进和培养专业化的商务、会展旅游人才,鼓励发展以商务旅游、会展旅游为主的专门化服务单位,提供更多个性化、人性化以及多样化的优质服务。

10.3.3.6　深度开发文化体验旅游

在充分挖掘当地"渔文化"的基础之上,整合我国乃至东北亚独特的渔文化风情,借助长山群岛优美的生态环境、岸线资源和现有的渔家村落,重点开展休闲渔业、渔家体验、传统民俗、海岛寻古旅游、海洋宗教朝拜、海岛爱国主义教育等活动。

(1)渔家风情体验游

海岛人世代临海而居,以渔为生,在赶海、垂钓和捕捞过程中形成了特有的渔家文化。如长海号子等有地方特色的渔家文化是吸引游客的重要资源,也是形成品牌旅游产品的基础。全面推进"渔家乐"提档升级,打造"长海渔家"升级版。通过加大海岛居民参与旅游的扶持,划定一定区域,实施统一规划,搭建海岛居民从事旅游产业新平台,鼓励居民利用现有资源,从事旅游接待、特色餐饮等旅游服务业。利用渔业生产场地、渔船渔具、渔业产品、渔业经营等活动,增加游客对渔业文化的体验,开展以"当渔民、唱渔歌、观渔灯、驾渔船、织渔网、撒渔网、钓海鱼、吃渔家饭"等为主要内容的渔家风情体验项目,实现游客当一回"真正的渔民"的愿望。

(2)渔文化博览体验园

在充分挖掘当地"渔文化"的基础之上,整合我国乃至东北亚独特的渔文化风情,借助长山群岛优美的生态环境、岸线资源和现有的渔家村落,集中打造博物馆群为游客体验区,形成东北唯一的渔文化博览体验园。

(3)海神文化游

渔民对平安幸福的追求形成对海神的崇拜与信仰,海神文化在各岛比较普遍。系统整合包括祈祥园、海神园、妈祖庙、三元宫等旅游资源,积极开展独具长海特色的海神文化游。

(4)古文化遗址游

凭借本区光辉灿烂的远古文明、源远流长的历史文化底蕴,在广鹿岛中部的小珠山遗址以及吴家村遗址地区建设特色鲜明的"贝丘文化博物馆",打造东北地区第一家"新石器时代文化遗址博物馆",作为整个长山群岛旅游度假区的一张王牌。

(5)灵感创作游

依托岛屿优美的环境、静谧的氛围、宜人的气候,面向广大作家以及文化艺术爱好者,创建国内知名的创作基地,打造"灵感天堂"的特色品牌,成为长山群岛旅游度假区的另一大亮点。围绕海岛主题,加强文化包装。集中部分文化人才和文艺精英,打造出几部有影响的小说、歌曲和影视作品,作为大连和长海长山群岛的旅游品牌和名牌,大力向海内外宣传推介。同时,结合渔家文化和海洋文化,以及长山群岛丰富的海洋生物资源和地质地貌资源开展科学研究和知识普及教育。

10.3.3.7　多元开发淡季旅游产品

利用长山群岛的广阔海域,开展帆船、划艇、摩托艇、滑水等一系列水上运动项目,建立水上运动基地。积极争取大型体育赛事和体育交流在本区举办,推进体育旅游发展。

整合研学旅游资源,开发国内外研学旅游市场,建设水族馆、海岛博物馆等场所,开展海洋科普教育,使参与者增加对海洋环境、海洋生物以及海蚀地貌等方面的认识,塑造修学旅游基地的新形象。

加快建设和完善具有高科技含量的科技旅游项目,精心策划组织以科学考察、科技观光、科学实验、专家讲座、座谈交流、文艺创作、专题研讨为主要内容的科技旅游活动。

同时,还可以开展海鲜美食、海岛婚礼蜜月、海岛生育基地、海底探秘、海岛探险猎奇、海岛攀岩蹦极、海岛军事旅游、海岛生存训练等海岛专项类旅游活动。

10.3.3.8 创新策划精品节庆旅游

融现代特色与地方文化内涵于一体,重点提升"渔家风情旅游节"和"长海国际钓鱼节"两大品牌;系统整合并提升各岛特色节庆活动,如"渔民节""妈祖旅游文化节""长海文化艺术节""海鲜品尝节""长海海参捕捞节""海岛垂钓节""渔家风情迎春会"等;积极配合文化宣传等部门举办"走进长山群岛""相约长海"等大型文化艺术活动;加强旅游与相关部门之间的协调和合作,挖掘和开发若干以地方文化为主题的精品节目,使各类节庆活动成为区域旅游的吸引要素。

表 10-1 长山群岛旅游开发重点内容
Table10-1 Important content of tourism development of Changshan Islands

名称	内容
旅游九大特色	极品海鲜、渔家风情、群岛海钓、海底观光、渔事体验、商务会议、休闲避暑、温泉养生、婚庆度假
旅游特色项目 "七个一"建设	一岛一景点、一岛一条街、一岛一酒店、一岛一路线、一岛一节庆、一岛一特色、一岛一游客中心
旅游营销载体 "七个一"建设	一个摄影展、一个书画展、一部广告片、一组海岛歌曲、一个节庆活动、一台文艺节目、一个旅游网站
"六海"产品开发	海鲜、海钓、海潜、赶海、游海、浴海,构建完善的旅游产品体系
渔文化博览体验园	整合我国乃至东北亚独特的渔文化风情,借助长山群岛优美的生态环境、岸线资源和现有的渔家村落,集中打造博物馆群为游客体验区,形成东北唯一渔文化博览体验园
渔家风情体验游	打造"长海渔家"升级版,利用渔业生产场地、渔船渔具、渔业产品、渔业经营等活动,增加游客对渔业文化的体验,开展以"当渔民、唱渔歌、观渔灯、驾渔船、织渔网、撒渔网、钓海鱼、吃渔家饭"等为主要内容的渔家风情体验项目,实现游客当一回"真正的渔民"的愿望
海神文化游	系统整合包括祈祥园、海神园、妈祖庙、三元宫等旅游资源,积极开展独具长海特色的海神文化游
古文化遗址游	开发小珠山遗址以及吴家村遗址地区,建设特色鲜明的"贝丘文化博物馆",打造东北地区第一家"新石器时代文化遗址博物馆"

"十三五"期间,各个海岛除大力完善提升现有旅游区(点)、旅游线路和旅游产品外,还要按照度假区总体规划的功能定位要求,结合市场需求和资源优势,重点开发和培育一批新的旅游项目,形成各具特色的旅游产品体系。

精心培育"一岛一特色"。在大长山、小长山、广鹿、獐子四个乡镇分别培植打造至少一处特色明显的渔家乐区。每个乡镇都要提升改造一处游乐内容丰富、服务项目规范、管理安全卫生的海滨浴场。"十三五"期间,各海岛旅游产品开发重点方向见表 10-2,空间分布如图 10-3。

表 10-2 长山群岛旅游产品开发导向

Table10-2 Tourism product development direction of Changshan Islands

海岛	旅游产品发展重点
大长山岛	避暑度假、休闲娱乐、海上人家
小长山岛	海钓基地、渔家风情、康体疗养
广鹿岛	会议基地、科考科普、文化体验
哈仙岛	长海渔家、海岛度假
格仙岛	浪漫之旅、私密度假
塞里岛	科技体验、低碳示范
乌蟒岛	海洋公园、生态保护
蚆蛸岛	海钓体验、野外生存
礁流岛	海岛野营、拓展训练
瓜皮岛	运动健身、休闲度假
葫芦岛	高端度假、渔业观光
洪子东岛	创作基地
獐子岛	渔业基地、海底观光、休闲渔业、海鲜美食
海洋岛	海洋观光、生态保护
东褡裢岛	特色购物、岸钓基地
西褡裢岛	特色购物、岸钓基地
大耗子岛	商务会馆、岸钓基地、海底观光
小耗子岛	商务会馆、岸钓基地、海底观光
石城岛	休闲度假、海岛观光、科普教育
王家岛	游艇旅游、地质旅游、科普教育

图 10-3 长山群岛旅游产品开发导向

Figure10-3 Tourism product development direction of Changshan Islands

10.3.4 旅游项目建设

进一步促进旅游投资和消费的提升。积极响应"国民旅游休闲"战略,紧紧抓住国务院《进一步促进旅游投资和消费的若干意见》(国办发〔2015〕62号),拓展我县旅游基础设施建设空间布局,策划包装以邮轮访问港、游艇码头、自驾车房车营地、骑行慢行系统、支线机场旅游配套系统、旅游咨询和集散中心等为重点的重大旅游项目。全面提升基础设施功能和旅游消费水平,壮大旅游产业在蓝色经济和 GDP 中的比重。通过一系列重点项目的带动,促进区域旅游持续健康稳定发展。

拓展旅游空间,规划建设邮轮访问港、游艇母港、自驾车房车营地、支线机场旅游配套系统、旅游咨询和集散中心。加快星级酒店建设,大、小长山力争建设两座四星级以上酒店。规划实施从四块石湾到饮牛湾景观带建设。加快渔家乐提档升级,建设高端"长海渔家"旅游集聚区。依托渔业资源优势,建设集海产品研发、精深加工、展示展览、集散交易为一体的产业技术示范园。加强文化包装,培育海洋文化产业项目,筹划建设长海影视基地。策划包装观鸟基地、摄影基地、绘画基地、赶海基地、自行车及马拉松越野基地等项目,拉长旅游旺季。提升改造海滨浴场,推进专属垂钓区建设。推进景区景点标准化建设,策划包装精品旅游线路。积极探索包岛旅游开发。

10.3.5 旅游综合服务

推进旅游管理体制与运营机制的综合改革,建立健全现代旅游管理制度,形成旅游管理一体化机制,推动海岛旅游资源集中管理。积极引进国内外先进的管理理念和模式,推进旅游业向经营专业化、市场专门化、服务精细化方向发展。建立健全旅游行业协会、渔家乐、休闲渔业等专业协会,加大从业人员培训力度。建立完善政府主导、部门联合、上下联动的宣传促销机制,完善旅游网络营销平台,形成全县旅游宣传推广战略体系。

10.4 小结

建设长山群岛国家海洋公园的实施方案,生态保护方面主要包括普及海洋公园相关概念、加大生态系统保护力度、严格控制公园开发程度、多措并举推进节能减排、加强环境污染综合治理、健全生态文明制度体系;渔业发展主要方面包括积极进行宣传教育、适时调整功能分区、优化产业产品结构、大力发展休闲渔业;旅游开发方面主要包括旅游开发模式、旅游产业定位、旅游产品开发、旅游项目建设、旅游综合服务等几个方面。

第 11 章 建设长山群岛国家海洋公园的保障措施

11.1 法规政策保障

(1)认真贯彻执行《中华人民共和国海洋环境保护法》《中华人民共和国海域使用管理法》《中华人民共和国海岛保护法》《中华人民共和国海域使用法》《中华人民共和国海洋特别保护区管理办法》等有关法律法规。

(2)根据长山群岛海洋公园管理的实际需要,制定《大连长山群岛国家级海洋公园管理办法》等规章,建立完善的岗位责任、人事聘用、财务、宣教、培训、巡护、监察执法、社区共管、生态保护、资源利用与恢复、信息管理、考核制度等海洋公园管理配套制度,通过法制化建设,规范海洋公园各项管理工作。

(3)进一步强化海洋生态保护的法律监督,定期对海洋公园建设工作进行检查。通过定期的监督检查,促进海洋公园建设走上良性发展道路。依法打击破坏海洋海岛生态环境、海洋资源等违法犯罪行为,为海洋公园生态环境及资源保护与合理利用提供良好的法制氛围。

11.2 组织保障

(1)根据《海洋特别保护区管理办法》和《国家级海洋特别保护区规范化建设和管理指南》等有关文件的要求及海洋公园的管理需要,尽快建立海洋公园管理机构及其内部设置,根据管理机构的任务、机构设置和职能,本着因事设职、因职定人的原则,落实管理人员。

(2)完善海洋公园管理机制,通过建立管理处、管理站、保护点三级管理联动机制,海洋公园管理机构、社区委员会、社区代表共同参与,做到各级组织各司其职、职责明确、措施得当、管理到位,以达到对海洋公园生态保护和资源合理利用实行有效的保护管理的目标。

(3)海洋公园发生突发事件时,海洋公园管理处将立即启动应急预案,采取有效措施,控制事态发展,最大限度地减少突发事件对人员、资源、生态的危害;同时报告海洋公园行政主管部门。接到报告的保护区行政主管部门立即采取相应的应急措施。

11.3 人力资源保障

(1)加强海洋公园管理人才队伍建设,面向社会引进海洋公园管理所需人才,培养和造就高素质、专业化、复合型的人才队伍。推行岗位聘任制度,采取公开、公平、公正,优胜劣汰的竞争上岗原则,从文化程度、个人素质、工作态度、工作能力等方面综合考虑,关键岗位实行向社会公开招聘优秀管理人才、实用技术人才;一般岗位实行合同制或在社会上招聘临时工;选择、培养一专多能的综合型人才上岗,实行能上能下的用人制度。

(2)为海洋公园管理人员提供必要的学习、培训等条件,使管理人员的政策、业务等水平不断得以提高。通过多种途径,对管理人员进行法律法规、管理业务等内容的培训,不断提高管理人员的自身素质。

(3)采取有效措施充分调动管理人员的积极性,为工作人员提供施展才能的机会,建立、健全岗位激励机制,使业绩考核与薪酬制度、晋升晋级制度相关联。通过采取考核、评比、奖励等措施,激发管理人员的积极性,采取有效措施,提高海洋公园工作人员的待遇,改善其工作和生活条件,减少工作人员的后顾之忧。

11.4　科技保障

(1)建立海洋公园科技支撑体系,依靠科技进步,促进科技成果转化,把科研、试验和示范推广合理运用到生产中去,提高生产力水平。建立海洋公园建设与管理专家咨询委员会,为海洋公园的发展献策把关。

(2)积极开展技术交流,大力引进、消化、吸收和推广科技成果,以增加科技和发展后劲,确保海洋公园工程的顺利实施。搭建科技创新研究平台,吸引国内外有关高等院校和科研单位到海洋公园开展科技创新研究与示范,将科研成果直接转化到海洋公园海洋生态保护与资源合理利用之中,提升海洋公园建设与管理的科技水平。

(3)加强海洋公园科研监测工作管理,通过建立有效的科研监测工作的精干专业队伍,以组织开展常规性科研监测为主,并协调国内外其他科研机构共同开展大型专题性科研任务。

11.5　资金保障

(1)为了实现海洋生态环境的保护和有序管理,政府应把海洋公园建设与管理所需费用纳入财政预算,保证稳定的资金来源。积极争取国家、省、市等各级政府对海洋生态保护和修复的专项资金支持,充分发挥国家专项资金的示范带动作用,做好海洋公园的基础建设工作。

(2)海洋公园建设是一项以社会效益和生态效益为主要目的的国家和地方公益事业,应多渠道、多路径争取建设资金。拓展资金来源的渠道,鼓励社会各界的社团、单位及个人投身到海洋生态环境保护工作中去,积极引进有利于生态保护和生态修复的工程建设项目。通过海洋公园的宣传,积极争取国内外对海洋生态环境保护事业专项基金的资金援助,吸引海内外环保组织与团体的赠款以及相关金融机构的优惠贷款。

(3)海洋公园自身也应积极寻找自养的途径。通过海洋公园资源的合理利用,促进经济的可持续发展。通过适度发展生态旅游,为海洋公园的发展开拓新的融资途径,利用更多的资金来支持海洋公园的发展和管理。

（4）强化海洋公园建设及管理的各类资金的使用与管理，及时将资金按照工程计划和工程建设进度投入使用；严格按照规定的用途和下达计划的内容使用资金，专款专用；按照国家规定进行资金的运行和会计核算，实行专项管理、专户储存、单独建账、单独核算；搞好成本核算，有效提高资金的使用效率；严禁截留、滞留、挤占、挪用资金和虚列工程资金支出、擅自调整工程投资计划；做好项目资金使用的监督和审计工作。建立资金报账制度，对资金的来源、使用、节余及使用效率、成本控制、利益分配等做出详细计划、安排、登记及具体报告，如实提供完整的财务账目、凭证、报表和相关资料。

11.6　科学管理保障

（1）海洋公园应在其总体规划的框架下，编制年度工作计划，明确年度工作目标、合理安排年度工作任务，为年度考核提供基础依据。

（2）及时掌握海洋公园生态环境、主要保护对象或保护目标的动态变化信息，尽快建立海洋公园管理信息系统，逐步实现办公现代化、信息系统化、管理科学化。建立生态环境、主要保护对象或保护目标、旅游及生物等资源动态变化、巡护、宣传教育等活动资料档案，通过先进的信息化管理技术，提高海洋公园的管理水平。

（3）采取多种有效手段向社会公众开展海洋生态环境及海岛保护普法教育和警示教育，增强公众海洋海岛生态环境保护的法制观念。鼓励公众自觉参与海洋海岛生态环境保护行动和社区环保活动，倡导绿色文明，推行绿色消费。建立海洋环境监督网络和举报机制，形成点面结合、专业执法与群众参与相结合的海洋海岛生态保护、资源可持续利用的环境氛围。

第12章　建设长山群岛国家海洋公园的综合效益评价

12.1　资源效益

12.1.1　落实有效监管措施,提高海岛旅游资源质量

长山群岛是我国最北的群岛,经过大自然鬼斧神工的塑造,形成了多姿多彩的自然景观。同时,长山群岛又是我国辽南地区第一缕炊烟升起的地方,历史文化悠久,淀积了厚重的人文历史。长山群岛的旅游资源形式多样、内容丰富,这些宝贵的资源散发着自然与历史的魅力,为人们提供了观光、游览和娱乐的场所,成为人们在丰富文化生活的过程中必不可少的元素之一,为提高人们的生活质量发挥了重要的作用。海洋公园可以有效保护海岛旅游资源,更好地维护海岛旅游环境,并根据旅游资源环境容量,合理引导游人的旅游活动,为社会公众创造良好的旅游环境,使游人充分领略长山群岛诱人的魅力。

12.1.2　实施有效保护措施,蓄养海洋生物资源

海洋公园不断提高监管能力,采取有效保护管理措施,为重要的生物资源提供繁衍生存的保护场所,保护具有重要地理标志的天然刺参、皱纹盘鲍、海胆、香螺、扇贝及其他北黄海独特海洋珍贵生物种群的稳定,逐步提高具有重要经济价值的海洋生物资源量,使之成为具有重要经济价值的海洋生物的天然种质资源库,为海洋牧场的建设提供了重要的基础。同时,根据本海域的特点有计划地开展海洋生态建设等修复工程,为鱼类资源的保护和恢复提供一定的保障。维护刺参、贝类等资源的种群稳定,使其资源量得以养护和提高。此外,针对本海域的特点,实施人工鱼礁建设等生态修复工程,为海洋生物资源的可持续利用提供支撑。

12.1.3　实现有限的海岸线、浅水海域的可持续利用

海洋公园能够实现对有限的海岸线、滩涂、浅海水域等资源的合理规划和利用,保证旅游、海水增养殖及港口等资源的可持续利用。

12.2 生态环境效益

12.2.1 实施有效的环境保护措施，保持长山群岛良好的生态环境

长山群岛虽然拥有良好的海洋生态环境，但在飞速发展的海洋经济态势下，不可避免地出现一些环境问题。海洋公园的有效监管可控制陆源排污、海上船舶排污、海洋垃圾等，使海洋环境质量得到进一步改善，可为海洋生物资源的繁衍提供良好的环境，为旅游活动的开展营造宜人的氛围。

12.2.2 适度开展资源利用活动，促进生态环境向良性方向发展

生态建设致力于解决以发展为导向、以循环经济为核心的产业生态化问题、生态恢复与建设问题等，以实现社会经济发展与环境保护的协调。海洋公园建立后，对各功能区的主导功能都提出了明确界定。如在重点保护区应维持现状，禁止一切开发活动，这将有效地保护园内的海洋珍稀物种，有助于维持海洋系统的生态平衡，促进再生资源的恢复和发展；在适度利用区则以生态旅游活动为主，有效地加强了园内生态旅游景区的建设，促进其经济发展模式由粗放型向生态型转变、促进生活方式向可持续的绿色消费转变，保证了海洋公园经济持续高效的发展，在经济建设过程中发挥了最优作用。同时，海洋公园的建立提高了人们对护岸工程、沙滩再造工程等一系列生态修复工程的重视，有助于国家加大对生态建设的资金投入。

12.3 社会效益

12.3.1 增加地区国内外知名度，扩大城市国际、国内旅游市场

海洋公园作为向公众介绍、宣传和展示海洋保护的窗口，有着广泛的社会影响和感染力，长山群岛海洋公园的建立能够大大增加长山群岛在全国乃至世界的知名度，在扩大城市国际、国内旅游市场方面起着积极的促进作用。

12.3.2 为海洋科学研究提供科研场所

长山群岛海洋公园可以作为科研基地，为海洋地质、海洋生物物种等海洋科学研究工作提供难得的天然实验场所。

12.3.3 为保护海洋的文化教育工作提供实例

海洋公园的建立可以扩大海洋环境保护的宣传力度，引领人民在海洋开发的同时不忘保护，自觉参与到海洋公园的建设和维护管理工作中来，为增强人民保护海洋和可持续发展意识提供实例。

12.4　经济效益

12.4.1　创建良好的旅游环境，拉动地方经济发展，推动生态文明建设

海洋公园的建立能够保护地区的资源景观，维护地区的生态环境。合理的规划与开发可以改善当前本地滨海旅游项目单一、部分资源闲置、资源浪费严重的现状，为当地创造良好的旅游环境，吸引更多的游客前来观光，从而增加旅游收入，带动相关产业发展，拉动地方经济的发展，推动生态文明建设。

12.4.2　协调海洋开发活动与资源环境保护之间的矛盾

海洋公园兼顾了保护与开发的需要，公园建成后，将会采取有效的保护措施和科学的开发方式进行特殊管理，在对少数珍稀资源与生态环境进行严格保护的同时，广泛应用各类资源可持续利用技术和清洁生产技术，实现各岛毗邻海域的多层次海洋开发活动经济效益的最大化，在更大范围内协调海洋资源开发，实现海洋经济、社会与生态环境协调发展。

附录1　国家级海洋公园名录

序号	批次	建立时间	省别	名称	面积(公顷)
1	第一批	2011 年 5 月 19 日	广东	广东海陵岛国家级海洋公园	1927.26
2	第一批	2011 年 5 月 19 日	广东	广东特呈国家级海洋公园	1893.20
3	第一批	2011 年 5 月 19 日	广西	广西钦州茅尾海国家级海洋公园	3482.70
4	第一批	2011 年 5 月 19 日	福建	福建厦门国家级海洋公园	2487.00
5	第一批	2011 年 5 月 19 日	江苏	江苏连云港海洲湾国家级海洋公园	51 455.00
6	第一批	2011 年 5 月 19 日	山东	山东刘公岛国家级海洋公园	3828.00
7	第一批	2011 年 5 月 19 日	山东	山东日照国家级海洋公园	27 327.00
8	第二批	2012 年 12 月 21 日	山东	山东大乳山国家级海洋公园	4838.68
9	第二批	2012 年 12 月 21 日	山东	山东长岛国家级海洋公园	1126.47
10	第二批	2012 年 12 月 21 日	江苏	江苏小洋口国家级海洋公园	4700.29
11	第二批	2012 年 12 月 21 日	浙江	浙江洞头国家级海洋公园	31 104.09
12	第二批	2012 年 12 月 21 日	福建	福建福瑶列岛国家级海洋公园	6783.00
13	第二批	2012 年 12 月 21 日	福建	福建长乐国家级海洋公园	2444.00
14	第二批	2012 年 12 月 21 日	福建	福建湄洲岛国家级海洋公园	6911.00
15	第二批	2012 年 12 月 21 日	福建	福建城洲岛国家级海洋公园	225.20
16	第二批	2012 年 12 月 21 日	广东	广东雷州乌石国家级海洋公园	1671.28
17	第二批	2012 年 12 月 21 日	广西	广西涠洲岛珊瑚礁国家级海洋公园	2512.92
18	第二批	2012 年 12 月 21 日	江苏	江苏海门蛎蚜山国家级海洋公园	1545.91
19	第二批	2012 年 12 月 21 日	浙江	浙江渔山列岛国家级海洋公园	5700.00
20	第二批	2014 年	山东	山东烟台山国家级海洋公园	1247.99
21	第三批	2014 年 3 月 13 日	山东	山东蓬莱国家级海洋公园	6829.87
22	第三批	2014 年 3 月 13 日	山东	山东招远砂质黄金海岸国家级海洋公园	2699.94
23	第三批	2014 年 3 月 13 日	山东	山东青岛西海岸国家级海洋公园	45 855.35

序号	批次	建立时间	省别	名称	面积(公顷)
24	第三批	2014年3月13日	山东	山东威海海西头国家级海洋公园	1274.33
25	第三批	2014年3月13日	辽宁	辽宁盘锦鸳鸯沟国家级海洋公园	6124.73
26	第三批	2014年3月13日	辽宁	辽宁绥中碣石国家级海洋公园	14 634.00
27	第三批	2014年3月13日	辽宁	辽宁觉华岛国家级海洋公园	10 249.00
28	第三批	2014年3月13日	辽宁	辽宁大连长山群岛国家级海洋公园	51 939.01
29	第三批	2014年3月13日	辽宁	辽宁大连金石滩国家级海洋公园	11 000.00
30	第三批	2014年3月13日	广东	广东南澳青澳湾国家级海洋公园	1246.00
31	第四批	2014年12月1日	辽宁	辽宁团山国家级海洋公园	446.68
32	第四批	2014年12月1日	福建	福建崇武国家级海洋公园	1355.00
33	第四批	2014年12月1日	浙江	浙江嵊泗国家级海洋公园	54 900.00

1.广东海陵岛国家级海洋公园

广东海陵岛位于阳江市西南端,为广东第四大岛。全岛陆地总面积108.89平方公里,区域岸线104公里,海域面积640平方公里。

广东海陵岛国家级海洋公园位于海陵岛南部,总面积为19.27平方公里,公园东西长约4.91千米,海岸线长6.12公里,陆地面积1.37平方公里,占其总面积的7.11%;海域面积17.9平方公里,占其总面积的92.89%。范围从西起海陵岛北洛湾景区铁帽山,经大角湾景区海域,东至广东海上丝绸之路博物馆东侧海面。以海陵岛南部沿海大角湾(或称大角环)地理单元为主体。按照海洋特别保护区功能分区原则,海陵岛国家海洋公园划分为重点保护区、生态与资源恢复区、适当利用区和预留区4个功能区。园区内旅游资源丰富,目前拥有一个国家4A级旅游景区——大角湾,还有广东海上丝绸之路博物馆、十里银滩、放生台等著名景点。

广东海陵岛国家级海洋公园建设坚持全面保护、生态优先、突出重点、合理利用、持续发展的原则,以阳江典型的海岛与海洋生态系统为主要载体,以海陵岛独特的山海相伴景观、丰富多样的水禽候鸟及海洋生物、迤逦壮观的海域风光以及独特的海洋考古遗迹为特色,以传统海洋渔业文化、妈祖文化、休闲文化为依托,建设融近海与海岛保护与修复、生态保护、科研、宣教、休闲旅游为一体的广东海陵岛国家级海洋公园。

2.广东特呈岛国家级海洋公园

特呈岛北邻湛江市区,与南三岛相距最近处约800米,东南为港湾出海口,与太平洋相连,南为宽阔海湾,与东头山岛和东海岛相望,西靠湛江港第四作业区,离市区霞山码头1.4公里。全岛南北宽1.4公里,东西长2.7公里,海岸线长7.44公里,面积约360公顷。

广东特呈岛国家级海洋公园包括特呈岛陆地及南部海域,总面积为1893.2公顷,其中特呈岛陆上面积360公顷,占总面积的19％;海域面积1533.2公顷,占总面积的81％。其海域和面积没有包括广东湛江红树林国家级自然保护区HT-T(海头-特呈)保护小区(面积56.8公顷)。其中重点保护区100公顷,生态与资源恢复区633.20公顷,适度利用区840.00公顷,预留区320.00公顷。具有的生态系统类型:海岛陆地生态系统、滨海湿地生态系统、海草生态系统、人工鱼礁生态系统。

广东特呈岛国家级海洋公园以湛江典型的海岛与海洋生态系统为主要载体,以特呈岛独特的滨海生物群落景观、丰富多样的水禽候鸟及海洋生物、迤逦壮观的海域风光以及独特的火山地质遗迹为特色,以传统海洋渔业文化、农耕文化、冼太庙文化、湿地文化、候鸟文化为依托,建设融近海与海岸湿地修复、生态保护、科研、宣教、休闲旅游为一体的广东特呈岛国家级海洋公园。

3.广西钦州茅尾海国家级海洋公园

广西钦州茅尾海国家级海洋公园位于钦州市茅尾海海域,总面积3482.7公顷,边界长25.0千米,南连七十二泾群岛,西临茅岭江航道,北连茅尾海红树林自然保护区,东接沙井岛航道。茅尾海海洋公园具有丰富的生物多样性,同时拥有处于原生状态的红树林和盐沼等典型海洋生态系统,也是近江牡蛎的全球种质资源保留地和我国最重要的养殖区与采苗区。此外,还盛产60多种经济价值较高的鱼类,30多种虾蟹类,110多种贝类,其中近江牡蛎、青蟹、对虾、石斑鱼被誉为"钦州四大名产"。其连片分布的红树林-盐沼草本植物群落,景观独特,在我国较为罕见,具有非常重要的研究价值。

广西钦州茅尾海国家级海洋公园划分为三个功能分区,分别是重点保护区、生态与资源恢复区和适度利用区。重点保护区面积为578.7公顷、适度利用区面积为2183.0公顷、生态与资源恢复区面积为721.0公顷。重点保护区严格保护红树林、盐沼生态系统及其海洋环境,控制陆源污染和人为干扰,维持典型海洋生态系统的生物多样性;生态与资源恢复区修复和恢复物种多样性与天然景观,保护近江牡蛎天然母贝生态环境;适度利用功能区开展海上观光旅游、休闲渔业、海上运动和渔业资源养殖增殖等,促进生态环境与经济的和谐发展。

广西钦州茅尾海国家级海洋公园拥有处于原生状态的红树林和盐沼等典型海洋生态系统,也是近江牡蛎的全球种质资源保留地和我国最重要的养殖区与采苗区。钦州茅尾海国家级海洋公园的建设,将有效改善茅尾海的生态环境和景观环境,促进广西北部湾沿岸开放开发与海洋生态保护的和谐发展。

4.福建厦门国家级海洋公园

福建厦门国家级海洋公园位于厦门岛东部环岛路,包含一定的海域、陆域和海岛。公园南起厦门大学海滨浴场,沿环岛路向北延伸至观音山沙滩北侧及五缘湾(含五缘湾湿地公园),西侧边界为环岛路外侧,包括东部部分海域。海洋公园由两部分组成:第一部分南起厦门大学海滨浴场,沿环岛路向北延伸至观音山沙滩北侧,包括东部部分海域;第二部分为五缘湾(含五缘湾湿地公园)。公园总面积为24.87平方公里,其中陆地面积4.05平方公里,占总面积的 16.28%,海域面积 20.76 平方公里,占总面积的 83.74%,岛屿面积 0.06 平方公里,占总面积的 0.25%。

福建厦门国家级海洋公园由重点保护区、生态与资源恢复区、适度利用区、科学实验区等组成。重点保护对象为区域内自然沙滩和岸线、海洋珍稀物种中华白海豚和文昌鱼等;生态与资源恢复对象为区域内的受损沙滩、岸线资源;适度利用区是厦门国家级海洋公园的主要景观带,分为 4 个亚区、分别为东南海岸度假旅游区、五缘湾度假旅游区、香山国际游艇码头、上屿观光区等。科学实验区主要预留用于海水淡化和其他特殊用途相关的科学实验。公园把厦大浴场、胡里山炮台、书法广场、音乐广场、黄厝沙滩、香山游艇俱乐部、观音山沙滩、五缘湾、五缘湾湿地公园、上屿等都囊括其中。

5.江苏连云港海洲湾国家级海洋公园

江苏连云港海州湾国家海洋公园位于中国江苏省连云港市东北部海域,地处我国海岸南北分界、亚热带与暖温带的交界处,具有 3 种海岸类型、6 种海蚀地貌、陆生动物 4 类、鱼类 200 多种、海岛鸟类 100 多种。公园以秦山岛为中心划定,南侧和西侧以现有海岸线为界,东侧和北侧界限依据连云港人工鱼礁工程区的东界和北界划定,是中国首批国家级海洋公园、江苏省首个被列入国家级的海洋公园,面积在首批七个国家级海洋公园中居首。公园总面积 51 455 公顷,按功能划分为 4 个区:生态保护区、资源恢复区、生态环境整治区各一块,开发利用区两块,3 个保护点分别为龙王河口沙嘴保护点、竹岛保护点、东西连岛苏马湾保护点。在此区域内,基岩海岛、海岸带地貌和生态系统被列为三大重点保护对象。

江苏连云港海州湾是江苏乃至全国海洋生态较为特殊的区域,南北过渡带的自然地理条件,造就了曲折多变的海岸线、怪石突兀的海岛。江苏连云港海州湾国家海洋公园有基岩海岸、砂质海岸、粉砂淤泥质海岸三种海岸类型。基岩海岛受强烈的波浪等水动力作用,形成了海蚀崖、海蚀穴、海蚀平台、海蚀柱和浪蚀蜂窝状崖面等海蚀地貌。秦山岛岸线均受海蚀,四周为海蚀崖及岩滩,海蚀穴、海蚀柱等海蚀地貌发育典型。海州湾海岸类型齐全,保护区内有江苏独有的基岩海岛、沙滩、基岩海岸、泥质海岸及海岛森林,是典型的海洋海岸岛礁自然地貌区。其生态环境是我国海岸南北分界、亚热带与暖温带的交界处,生物资源十分丰富,既有近岸低盐品种,也有远岸高盐类群,同时分布着数百种鱼虾贝蟹等珍贵生物资源和 100 多种海岛鸟类。竹岛、无人岛,原始生态系统保存完好,有天然竹林,蛇类较多,为江苏的蛇岛,地带过渡性的特征使其具有十分重要的植物生态地理等方面的研究和保护价值。

6.山东刘公岛国家级海洋公园

山东刘公岛国家级海洋公园是依托刘公岛为核心,包括海洋与海岛历史文化资源的海洋公园,海洋公园总面积 3828 公顷。刘公岛国家海洋公园范围包含刘公岛周边的大泓岛、小泓岛、日岛、青岛、黄岛、连林岛、牙石岛、黑鱼岛、黑岛等无居民海岛及其周边一定范围的海域。

根据特别保护区的分区要求,山东刘公岛国家级海洋公园划分为重点保护区、适度利用区、预留区及生态资源恢复区四大保护类型区域。四大功能区保护目标分别为:重点保护区中,严格保护刘公岛的历史遗迹、日岛历史遗迹并使其得以有效的保障与维护,使其景观功能得到最大程度的利用;适度利用区,将着力提升海洋生态系统水平,海底藻床在现有基础上加以保护和发展,合理利用海岛资源,加强刘公岛岸线与景观等的保护;预留区内,维持海洋环境的现状,保护海洋生态系统,严禁在海岛进行开山取土采石、挖砂等破坏海岛景观、植被和岸滩地貌的开发活动;生态与资源恢复区中,采取合理措施进行生态修复,杜绝陆源污染物对海洋的污染。

7.山东日照国家级海洋公园

山东日照国家级海洋公园位于山东省日照市区万平口-两城河口沿海一带,北到日照与青岛海域分界线,南到灯塔广场南侧,西到北沿海路,东至离高潮线6海里以内的海域范围。按照规划,园区总面积为27 327公顷,重点保护区3602公顷,生态与资源恢复区5092公顷,适度利用区18 631公顷。其中,海域面积25 998公顷,占总面积的95.14%。整个范围涵盖日照市北部沿海的所有景点景区,包括已建成的灯塔广场、万平口景观区、帆船赛基地、水运基地、阳光海岸以及太公岛、桃花岛2个沿岸岛屿和两城湿地、大沙洼国家森林公园等。

山东日照国家级海洋公园分成3个功能区:重点保护区、生态与资源恢复区、适度利用区。重点保护区,面积5443.00公顷:(1)两城河河口湿地保护区;(2)太公岛与桃花岛海岛保护区;(3)万平口泻湖湿地保护区;(4)鲁南海滨国家森林公园;(5)西施舌种质资源保护区;(6)梦幻沙滩资源保护区。生态与资源恢复区,面积4943公顷:(1)海岸带生态保护与景观区;(2)人工鱼礁保护区。适度利用区,面积16 941公顷:(1)帆船比赛场地;(2)海洋生物增养殖观赏区;(3)管理与科学实验区。

山东日照国家级海洋公园内,海岸泻湖、优质沙滩、岛礁岩礁、河口湿地、滨海森林、历史遗迹等景观元素集中分布,海洋资源保护区、海洋牧场、泻湖公园、梦幻海滩、水上运动基地等人文景观点缀其中,生态环境优良,一直是日照市重点生态保护区域和海滨观光旅游核心区域。

8.山东大乳山国家级海洋公园

山东大乳山国家级海洋公园位于山东省乳山市西南部的大乳山海域,总面积4838.68公顷,其中海域面积3210公顷。海洋公园内划分重点保护区、生态与资源恢复区、适度利用区等三个功能区,其中重点保护区620.67公顷,主要保护优质沙滩、湿地、岩礁等海洋资源;生态与资源恢复区1951.30公顷,主要进行海洋生态修复,适度发展生态旅游;适度利用区2266.71公顷,主要进行旅游设施配套建设和观光渔业设施建设。

大乳山国家级海洋公园北起乳山口湾,南至浦岛,东西沿海滨方向长约10公里,是典型的特殊海洋生态景观分布区,分布有山、海、岛、滩、湾等独特的地理风貌和自然风光,海洋景观多样性符合国家级海洋公园的选划要求。整个范围涵盖大乳山滨海休闲旅游度假区的所有景点景区,主要有小青岛、竹岛、浦岛、南黄岛、杜家岛等岛屿。港口主要包括乳山口港和乳山渔港等,海湾主要包括乳山口湾、月牙湾等海湾。

9.山东长岛国家级海洋公园

山东长岛国家级海洋公园位于山东省烟台市长岛县,总面积 1126.47 公顷,其中,陆地面积 243.88 公顷,占海洋公园总面积的 21.65%;海域面积 882.59 公顷,占海洋公园总面积的 78.35%。公园分 3 个功能区,其中重点保护区 270.44 公顷,生态与资源恢复区 168.51 公顷,适度利用区 687.52 公顷。

在重点保护区,重点保护九丈崖自然的海蚀地貌、月牙湾的自然球石海滩及国家二级保护动物——斑海豹栖息地,禁止或严格限制任何不利于重点保护区保护的活动。在生态与资源恢复区,通过生物技术对其生态环境的综合修复和治理,达到重点保护区水平。适度利用区则在满足保护需求的前提下,开发旅游观光、饮食垂钓、文化娱乐等清洁环保产业。

国家海洋公园规划的生态旅游区,陆域开发形成六大片区、海域拟开发形成海洋生物增养殖实验与观赏区片区的整体结构,七大片区总面积 720.16 公顷。陆域六大片区分别是店子村渔家乐片区、九丈崖风景片区、月牙湾风景片区、海洋文化休闲社区、海上旅游设施配套区、海上观赏区,每个区片将结合自身的资源,建成众多旅游景点。

长岛国家海洋公园将景区划分为四大类:核心景区、一般观赏游览区、环境协调区、综合管理与旅游服务区。其中,核心景区主要以特殊海洋景观为主,主要由"九丈崖风景区片区""月牙湾风景区片区"等组成,严格限制过境交通工具使用。为保证游赏活动不对区内景观造成破坏,长岛国家海洋公园对游人采取了分级控制。一级控制:岩礁群等原貌展示的地区,建立游客控制线。游客在控制线外游览。除进行科学考察和研究外,严控游人登礁,对科普教育活动,每日控制数量。二级控制:对于区内需要进行保护和局部修复的地区,允许采取局部游赏,但应严格限制地点和每日游人数量,未采取保护措施地区仅对科学考察者开放。

10.江苏小洋口国家级海洋公园

江苏小洋口国家级海洋公园位于江苏省如东县内洋口镇近岸,总面积 4700.29 公顷。按功能公园将分为重点保护区、适度利用区和生态与资源恢复区三个功能区。其中,重点保护区 2124.91 公顷,生态与资源恢复区 1308.21 公顷,适度利用区 1267.17 公顷。主要保护对象为滩涂湿地生态系统和珍稀濒危鸟类资源。

小洋口国家级海洋公园的天然滩涂是大批候鸟迁飞的中转站,有各类候鸟 2000 余种,包括丹顶鹤、白头鹤、白鹳、金雕、大天鹅等国家重点保护野生动物,以及极危物种勺嘴鹬。此外,小洋口国家级海洋公园内还分布着海印寺、湿地公园、自驾游基地、洋口国家中心渔港、洋口温泉、黄海大草原等景点,是游人了解大海、亲近自然、休闲娱乐的好去处。

11.浙江洞头国家级海洋公园

浙江洞头国家级海洋公园位于浙江省洞头县,总面积 31 104.09 公顷,其中重点保护区 1998.19 公顷,生态与资源恢复区 23 703.36 公顷,适度利用区 4342.26 公顷,预留区 1060.28 公顷。洞头国家级海洋公园范围包括南北爿山屿、鹿西白龙屿及其周边海域、洞头岛东南沿岸、洞头东部列岛和大瞿岛的周边海域及海岛。陆地以低丘流水地貌为主,无典型河谷地貌,岛岸为海岸侵蚀地貌和海岸堆积地貌。这种地理环境既有利于洞头进行海洋资源保护,又有利于生态旅游开发。

洞头国家级海洋公园在保护和有序利用现有旅游资源的基础上,除延续已实施开发的旅游项目外,在洞头中心渔港、半屏山、大瞿岛、南策岛、大竹峙、鸟岛等地进行生态旅游的具体创意规划,着力建设"滨海休闲度假区""海岛体验区""海钓区"和"海洋特产购物区"四类融合性生态旅游功能区,大力开发海岛风情旅游、海洋生态旅游、海霞红色旅游、宗教文化旅游,推进海洋公园景点"一体化"建设,实现从传统观光游向生态休闲度假游的转变。在开发旅游资源的同时,洞头也通过在海洋公园内建立的洞头南北爿山省级特别保护区保护了海洋环境以及许多濒危的国家级保护动物。

12. 福建福瑶列岛国家级海洋公园

福建福瑶列岛国家级海洋公园位于福建省福鼎市东南部,总面积 6783 公顷,其中重点保护区 3330 公顷,适度利用区 2186 公顷,预留区 1267 公顷。福瑶列岛,意即"福地、美玉",由大嵛山、小嵛山、鸳鸯岛、银屿、鸟屿等 11 个岛屿和 9 个礁石组成,总面积 24.5 平方公里。其中,大嵛山岛直径 5 公里,面积 21.22 平方公里,最高处红纪洞山海拔 541.3 米,为闽东第一大岛。其海洋生态旅游度假区包括天马公路、天湖原始生态别墅区、大使澳休闲区、高速游轮等。

13. 福建长乐国家级海洋公园

福建长乐国家级海洋公园位于福建省长乐市东部海域,总面积 2444 公顷,选址区域以漳港海蚌为中心区,辐射至周边的滨海沙滩及海域,并划分为重点保护区和适度利用区 2 个功能区。其中,重点保护区面积约 1087 公顷,主要为海蚌资源增殖保护区;适度利用区面积约 1357 公顷,是体现"公园"功能的主要区域,规划建设有海洋文化广场、滨海休闲区和水上活动区,区内有保存完整的全国重点文物保护单位显应宫,不仅是长乐海洋妈祖文化的代表,而且是长乐风沙侵蚀海岸变迁的历史见证。

14. 福建湄洲岛国家级海洋公园

福建湄洲岛国家级海洋公园位于福建省莆田市东南部海域,总面积 6911 公顷,其中重点保护区 692 公顷,适度利用区 6110 公顷,预留区 109 公顷。湄洲岛国家级海洋公园以妈祖文化、旅游产业作为重点领域的突破口,带动城乡一体化工作的全面开展,把湄洲岛建成人文浓郁、特色鲜明、设施配套、功能完善、生态优美的世界妈祖文化中心、国际旅游度假目的地和"朝圣岛""生态岛""度假岛"。

15. 福建城洲岛国家级海洋公园

福建城洲岛国家级海洋公园位于福建省漳州市诏安县东南部海域,总面积 225.2 公顷,其中重点保护区 39.7 公顷,生态与资源恢复区 40.0 公顷,适度利用区 121.8 公顷,科学试验区 7.3 公顷,预留区 16.4 公顷。

城洲岛位于诏安湾口,是典型的无居民海岛,全岛南北长 1.3 公里,东西宽 0.75 公里,面积 0.86 平方公里,岛周海岸线长 3.5 公里。岛上风景优美,曾经是海龟、鲨、中华白海豚、海蚌等珍稀海洋生物繁衍生息的优良场所,盛产石斑鱼、黄鳍鲷、黑鲷、对虾等名贵海产品。该岛于 2007 年底入选我省 10 个无居民海岛生态保护试点之一。

2007 年,城洲岛被列入福建省首批 10 个无居民海岛生态保护示范点;2008 年,诏安县挂牌成立"城洲岛特别保护区",对海岛实行封岛保护;2011 年 8 月,城洲岛生态修复及保护项目被列入国家海洋局科研试验基地建设盘子;2012 年 7 月,诏安县出台《诏安县城洲岛保护和利用规划》;2012 年 12 月获批国家海洋公园建设项目。

城洲岛国家海洋公园划分为重点保护区、生态与资源恢复区、适度利用区、科学试验区和预留区五个功能区,保护重要的海岛资源及海洋生物物种资源,促进城洲岛资源的可持续发展与利用。诏安县通过建设城洲岛国家海洋公园,对海岛植被及周边海域生物多样性保护工程的实施,使得城洲岛海岛风貌、海龟产卵场及其周边海域海洋生物生存环境得到改善,海洋渔业资源和生物多样性得到良好的养护,生态系统得到明显修复和保护;开展海岛生态旅游,提升海岛保护与开发的社会效益、经济效益和生态效益,推动海洋生态资源的可持续利用,为国家无居民海岛开发旅游提供示范。

16.广东雷州乌石国家级海洋公园

广东雷州乌石国家级海洋公园位于广东省雷州半岛西南部海域,总面积 1671.28 公顷。按功能公园将分为重点保护区、适度利用区和生态与资源恢复区三个功能区。其中,重点保护区 423.1 公顷,生态与资源恢复区 80.18 公顷,适度利用区 649.91 公顷,预留区518.09 公顷。

17.广西涠洲岛珊瑚礁国家级海洋公园

广西涠洲岛珊瑚礁国家级海洋公园位于广西壮族自治区北海市南部海域,涠洲岛东北面和西南面距海岸线 500 米以外至 15 米等深线直接的两部分海域,总面积 2512.92 公顷,其中重点保护区 1278.08 公顷,主要包括涠洲岛东北部珊瑚礁;适度利用区 1234.84 公顷,位于涠洲岛西南部海域和东南部海域。

涠洲岛珊瑚礁主要分布于涠洲岛北面、东面、西南面,是广西沿海的唯一珊瑚礁群,也是广西近海海洋生态系统的重要组成部分。到目前,已探明的珊瑚分属 26 个属科、43 个种类。珊瑚礁生态系统是南海区特色生态系统,具有高生物多样性、高生产力的特点,对维护生物多样性、维持渔业资源、保护海岸线以及吸引观光旅游有重要作用。

18.江苏海门蛎岈山国家级海洋公园

江苏海门蛎岈山国家级海洋公园位于江苏省海门市东灶中心渔港东北,总面积1545.91公顷,其中重点保护区 169.03 公顷,生态与资源恢复区 643.78 公顷,适度利用区733.10 公顷。蛎岈山地处南黄海沿岸,总面积 12.229 平方公里,全部由活体牡蛎和各种海洋生物构成,距今已有 1690 年历史,是我国海岸滩涂独特稀有的活体牡蛎礁魂宝,甚至可能是探测两万年以来中纬度地区古海洋地质变化的唯一观照体,具有特殊的科研、文化和旅游价值。

江苏海门蛎岈山国家级海洋公园海域部分以保护与开发相结合的模式建设,在生态保护的同时,建设游艇俱乐部,开展海上游艇观光、休闲海钓、登岛探秘等活动。规划建设项目有游艇基地、码头、海上观景平台以及牡蛎保护增殖项目牡蛎林等。陆域部分以蛎岈山保护区为依托,结合海门新区垦牧文化、海洋文化、人文文化等建设国家海洋公园陆域配套项目,规划建设项目有海洋公园入口广场及景观大道、海洋主题文化馆、科普教育馆、垦牧文化馆、拓展训练海防基地、度假养生基地、婚庆摄影基地、高档海景住宅别墅区等。

19.浙江渔山列岛国家级海洋公园

浙江渔山列岛国家级海洋公园位于浙江省象山县东南海域,总面积 5700 公顷,其中重点保护区 41.2 公顷,生态与资源恢复区 178.7 公顷,适度利用区 2492.6 公顷,预留区 2987.5公顷。

渔山列岛位于浙江中南部的中心渔场,由大小 54 个岛礁组成,总面积约 2 平方公里,列岛东侧的伏虎礁是我国领海基线的起点岛之一,地理位置十分重要。独特的自然环境以及丰富的岛礁资源使渔山列岛及其周围海域成为多种海洋生物资源的集聚地,共有浮游植物 135 种、浮游动物 65 种、底栖生物 119 种,潮间带野生贝藻资源丰富。2008 年成为国家级海洋生态特别保护区。建立渔山列岛国家级海洋公园,不仅对维护海洋生态系统的稳定,挖掘海洋景观的价值具有重要意义,而且对合理布局渔山列岛的旅游资源,以旅游环境容量控制入岛人数具有重要的作用。

国家海洋局批复同意象山渔山列岛国家级海洋生态特别保护区加挂国家级海洋公园牌子。渔山列岛国家级海洋公园在渔山列岛海洋特别保护区的基础上进行选划建立,将成为集岛屿生态系统、海洋牧场生态系统、历史文化遗迹、地质地貌景观和珍稀濒危物种于一体的海洋生态景观综合区。在渔山列岛国家级海洋公园里,市民可以到岛上体验海岛生活、渔民生活、海岛野外生存、海洋种养殖,也可以海钓。

20.山东烟台山国家级海洋公园

山东烟台山国家级海洋公园位于山东省烟台市芝罘区和莱山区,总面积 1247.99 公顷,陆域规划面积 100.14 公顷,海域规划面积 1147.85 公顷,主要是保护烟台山至玉岱山海滨的岩礁、沙滩、浅水生态系统,实现对邻近海域海洋资源和生态环境的恢复、修复、利用和整治。按功能公园将分为重点保护区、适度利用区和生态与资源恢复区三个功能区。

其中,重点保护区 451.41 公顷,包括东炮台、玉岱山周边海域,分布有岩礁生态系统,该区域主要以保护海域内珍贵的岩礁生态系统和丰富的生物资源及历史文化古迹为主;适度利用区 506.11 公顷,在适度利用区内,烟台山至东炮台一带主要开展生态旅游、各类亲水活动、休闲渔业活动以及旅游基础配套设施等的建设;生态与资源恢复区 290.47 公顷,生态与资源恢复区内以规划建设生态旅游业、人工增殖放流海洋生物物种、无害化科学试验场以及其他经依法批准的项目为主。

烟台山国家级海洋公园的建立,主要是为了保护烟台山至玉岱山海滨的岩礁、沙滩、浅水生态系统,保护该区域沿海以岩岸、沙滩为主的海洋湿地类型,实现对邻近海域海洋资源和生态环境的恢复、修复、利用和整治。

21.山东蓬莱国家级海洋公园

山东蓬莱国家级海洋公园位于山东省烟台市蓬莱市北部沿海,总面积6829.87公顷,其中海域面积6362公顷,陆地面积467公顷。按功能公园将分为重点保护区、适度利用区和生态与资源恢复区三个功能区。其中重点保护区2130.5公顷,生态与资源恢复区1389.89公顷,适度利用区3309.48公顷。

蓬莱国家级海洋公园重点保护区主要对蓬莱阁、水城及浴场沙滩保护区,蓬莱西海岸浅滩生物资源进行重点保护;而生态与资源恢复区主要是对平山河口湿地生态与资源恢复区以及蓬莱西海岸生态与资源恢复内的资源与生态进行保护和恢复;适度利用区主要包括蓬莱西海岸科研利用区、蓬莱唐风港旅游综合利用区、八仙渡与海市公园旅游综合利用区、海洋王国旅游娱乐利用区等区域。

蓬莱国家级海洋公园沿岸是蓬莱市海滨旅游度假风景区,选划的海洋公园区内包括批准建设的蓬莱西海岸海洋文化旅游产业聚集区中的人工岛、海洋文化产业区、极地海洋世界、蓬莱阁、水城、八仙渡、三仙山、欢乐世界、海市公园、河口湿地、沙滩、岩礁、黄土泥质海岸、登洲浅滩、滨海防护林及种植保护区等多种生态类型与景观。

22.山东招远砂质黄金海岸国家级海洋公园

山东招远砂质黄金海岸国家级海洋公园位于山东省烟台市招远市辛庄镇西北部海滨,总面积2699.94公顷。根据招远市辛庄镇沿海的海洋生态资源分布特点和不同的主导功能,将海洋公园划分出三个功能区:重点保护区、适度利用区以及生态与资源恢复区。其中重点保护区816.08公顷,生态与资源恢复区970.24公顷,适度利用区913.62公顷。

重点保护区以自然保护为主,禁止进行海岸带的开发利用以及一切有关的能够影响该保护区生态系统稳定性的活动;生态与资源恢复区,主要通过培育水生植物,恢复水禽栖息地,来修复受损的河口湿地环境;适度利用区,主要通过开展海上生态旅游,让公众参与其中,体验近海、亲海的乐趣。

招远市地处山东半岛西北部,招远滨海新区沿海一线是典型的特殊海洋生态景观分布区。招远海域海岸线全长约13.5公里,海岸主要为纯砂质黄金岸线,为环渤海一带典型的砂质海岸,通过海洋动力自然活动维持着系统的稳定。区域邻近的莱州湾渔场是多种鱼虾的主要产卵场,是多种鱼类的索饵场及洄游通道。区域拥有4万亩林带,形成由防风林、生态林、经济林组成的南北500米宽的绿色屏障,为滨海新城营造了优美的滨海旅游发展环境。"碧海金沙+森林氧吧"生态资源形成了该海洋公园的主导特色。

招远国家海洋公园的侧重点主要是为了保护该海域的砂质海岸。招远保护区沿岸为环渤海一带典型的砂质海岸,沙质细腻,绵延1500米。海岸总体坡度平缓,沿岸多低缓丘陵、砂嘴、砂坝、潟湖众多,是典型的对数螺旋形砂质海岸。保护区沙滩细软,海水清澈,素有"黄金海岸"之称。保护区沿岸规划一万多亩基干林带,形成招远特色明显的"碧海金沙+森林氧吧"生态资源。

23.山东青岛西海岸国家级海洋公园

山东青岛西海岸国家级海洋公园位于山东省青岛市西海岸经济新区,东起薛家岛街道办事处,沿海岸线向西一直延伸到琅琊镇,主要包括灵山岛、灵山湾、唐岛湾和薛家岛、琅琊镇等前海一线附近海域、陆域,总面积45 855.35公顷,其中海域面积39 742.63公顷,陆域面积6112.72公顷。按功能公园将分为重点保护区、适度利用区和生态与资源恢复区三个功能区。其中,重点保护区14 763.38公顷,生态与资源恢复区10 992.44公顷,适度利用区20 099.53公顷。

青岛西海岸国家级海洋公园区域内海水水质和海域沉积物环境质量总体较好,海域的浮游植物种类大约有163种,浮游动物种类约32种,底栖动物种类119种。除了丰富的海洋生物资源外,还有成熟的旅游、港口航运、海洋科研、矿产和城市文化资源。金沙滩、银沙滩、唐岛湾、风河入海口湿地、灵山岛、琅琊台、斋堂岛等景区景观颇具规模,小珠山、铁镢山、藏马山和大珠山则构成了东北-西南向生态走廊,森林覆盖率达44.2%,具备建设生态文明的独特优势。

青岛西海岸国家级海洋公园在充分保护区域内一、二级国家级保护动物,火山地质景观,珍稀海鸟和候鸟栖息繁殖地,珍稀动物和海珍品以及稀有野生动物基因库等海洋资源和海洋环境的前提下,发展生态旅游及其他海洋产业,实现自然资源保护与旅游经济开发双赢。目前,该区域内的适度利用区已重点发展滨海旅游和海洋生态休闲游,维护区域内的海洋及海岛生态环境。

24.山东威海海西头国家级海洋公园

山东威海海西头国家级海洋公园位于山东省威海市经济技术开发区最东部泊于镇,总面积1274.33公顷,其中陆域面积287.78公顷,海域面积986.55公顷。按功能公园将分为重点保护区、适度利用区和生态与资源恢复区三个功能区。其中,重点保护区371.12公顷,生态与资源恢复区381.01公顷,适度利用区522.2公顷。

山东威海海西头国家级海洋公园拥有典型的滨海湿地,是许多鸟类迁徙的重要中转站,海域部分则是野生刺参、皱纹盘鲍等海珍品的天然繁殖区,具有丰富的生物多样性。建成后的海洋公园既能为威海市经济发展特别是旅游业提供新的机遇,又能保护海洋环境及生物多样性。

25.辽宁盘锦鸳鸯沟国家级海洋公园

辽宁盘锦鸳鸯沟国家级海洋公园位于辽宁省盘锦市盘山县,总面积6124.73公顷。按功能公园将分为重点保护区、适度利用区和生态与资源恢复区三个功能区。其中,重点保护区761.49公顷,生态与资源恢复区1450.32公顷,适度利用区1735.42公顷,预留区2177.50公顷。

盘锦辽河口滨海湿地是全球生态系统最完整的湿地,也是中国最美的六大湿地之一,具有维持生物多样性、蓄洪防灾、提供资源、教育科研、旅游观光等多种功能,生态效益、经济效益、社会效益都非常重要。

鸳鸯沟国家级海洋公园是斑海豹和鸟类的家园,这里有 5 万公顷以上的浅海滩涂,水生生物资源和鸟类十分丰富。盘锦市实施"退养还滩",让这里的自然生态环境得到进一步提升,鸟阵如云、鹤鸥齐舞、锦鳞游泳的生态盛宴已经开始出现。

26.辽宁绥中碣石国家级海洋公园

辽宁绥中碣石国家级海洋公园位于辽宁省绥中县芷锚湾一带,海岸线长 15.29 公里,总面积 14 634 公顷,其中海域面积 14 343 公顷,陆域面积 291 公顷。按功能公园将分为重点保护区、适度利用区和生态与资源恢复区三个功能区。其中,重点保护区 1118 公顷,生态与资源恢复 5303 公顷,适度利用区 5421 公顷,预留区 2792 公顷。公园内有 6 座岛礁分布在距海岸 1 海里的范围之内,离岸线最近的不足百米,最远的可达 800 多米。

辽宁绥中碣石国家级海洋公园内原生沙质海岸保存较为完整,沙滩宽展,海面开阔,滩缓波平,最大水深 10 余米,海域环境质量良好,分布有碣石(姜女坟)、龙门礁、吊龙蛋礁等奇特景观,包括滨海湿地、岛礁和海湾生态系统,天然刺参及贝类等具有重要经济价值的洋生物资源丰富,集沙滩、海湾、岛礁、海水于一身。

27.辽宁觉华岛国家级海洋公园

辽宁觉华岛国家级海洋公园位于辽宁省葫芦岛市兴城市,总面积 10 249 公顷。根据觉华岛近海海洋生态资源与海岛的分布特点,觉华岛国家级海洋公园分为 4 个生态保护与生态旅游功能区,分别为重点保护区、生态与资源恢复区、适度利用区和预留区。其中,重点保护区 664.8 公顷,生态与资源恢复区 2762.0 公顷,适度利用区 3995.8 公顷,预留区 2826.4 公顷。

28.辽宁大连长山群岛国家级海洋公园

辽宁大连长山群岛国家级海洋公园位于辽宁省大连市长海县,总面积 51 939.01 公顷。按功能不同公园共划分四类功能区:重点保护区、生态与资源恢复区、适度利用区和预留区。其中,重点保护区面积约 16 097.1 公顷,主要为沙滩、湖泊、岛岸岩礁景观带和自然保护区及有关岛群,以保护为主,除必要的保护和附属设施外,禁止实施各种与保护无关的工程建设活动;生态与资源恢复区面积约 418.78 公顷,主要为长山大桥附近海域及海洋生物增养殖观赏区,定期对大桥附近海域的水质、生物环境质量等进行监测;适度利用区面积约 30 560.9 公顷,主要为海洋休闲渔业区和生态人居与观光区,可从事基础设施建设,充分依托海岛交通、住宿、娱乐、休闲、林地优势,发展滨海游览观光、沙滩浴场等旅游业;预留区面积约 4862.23 公顷,主要为长山群岛周边的水道和未开发的区域,开发活动待定。

辽宁大连长山群岛国家级海洋公园的主要保护对象包括皱纹盘鲍、刺参、扇贝、香螺、紫海胆等我国北方珍稀海洋生物物种和土著海洋生物地理种群,具有一定代表性、典型性和特殊保护价值的海岛沙滩、湖泊、岛岸岩礁景观带,以及具有物质、非物质文化遗产和重要景观价值的海岛。主要保护措施为禁止非法捕捞、采集海洋生物,禁止周边海域废弃物倾倒,防止海上污染等。

29.辽宁大连金石滩国家级海洋公园

辽宁大连金石滩国家级海洋公园位于辽宁省大连市金州新区,西与原开发区、保税区接壤,北以老座山、康坟山为界与金州新区相邻,东与金州新区大李家镇相连,其东、西、南三面临海,总面积为 11 000 公顷,其中,陆域面积 5860 公顷,海域面积 5140 公顷。按功能不同公园共划分四类功能区:重点保护区、生态与资源恢复区、适度利用区和预留区。

其中,重点保护区 1212 公顷,用于保护金石滩独特的地质地貌资源,内有完整多样的沉积岩、典型发育的沉积构造,丰富多彩的生物化石,是一个天然地质博物馆;生态与资源恢复区 1494 公顷,指生境比较脆弱、生态与其他海洋资源遭受破坏需要通过有效措施得以恢复、修复的区域;适度利用区 3154 公顷,建设金石滩生态公园、海水养殖与增殖等;预留区 5140 公顷,用来规划建设目前未利用区域或目前不具备开发条件的区域。

30.广东南澳青澳湾国家级海洋公园

广东南澳青澳湾国家级海洋公园位于广东省南澳县东侧,总面积 1246 公顷,其中海域面积约 1182 公顷,海岛面积约 64 公顷。青澳湾三面环山,一面临海。湾长 2400 米,状似新月,海底坡度平缓,沙质洁白柔和,海水清洁无污染,被认为是国内顶级海滩和最好的海岸带资源组合、"中国最美丽海岸线",素有"东方夏威夷"和"泳者天池"美称。

广东南澳青澳湾国家级海洋公园按功能不同共划分四类功能区:重点保护区、生态与资源恢复区、适度利用区和预留区,将分梯次保护开发,更好地实现海洋资源与环境的可持续利用、发展。其中,从青澳湾比较靠近外海的鲸、豚、龟等珍稀野生海洋生物经常出没的海域被划定为重点保护区,保护区面积为 836 公顷,占项目总面积的 67%。青澳湾中部沙滩岸线及其部分海域、下游礁石岸线和岛屿将发展为适度利用区,以发展海滨浴场、海上休闲娱乐、生态景观和休闲渔业等海洋生态旅游项目为主,面积为 214 公顷,占国家海洋公园总面积的 17%。生态与资源恢复区 16 公顷,分为两个区域,一为受海浪侵蚀、海洋垃圾和人为破坏较为严重的东北部岸滩资源,面积 12 公顷,主要对岸线资源、鸟类栖息地和海洋生态环境进行恢复;二为紧靠青澳湾中部沙滩东部、受居民生活、生产污水影响相对严重、生态破坏较为严重的避风塘、出海口及部分相关海域,面积 4 公顷,主要是整顿人类生活污染排放,恢复该区自然生态特性。此外,青澳湾东侧岸线及其部分海域具有进行旅游和渔业开发的潜力,同时具有海洋保护的意义,该部分海域将划分为预留区,面积 180 公顷,占国家海洋公园总面积的 14%。

31.辽宁团山国家级海洋公园

辽宁团山国家级海洋公园位于营口市北海新区,总面积 446.68 公顷。按功能公园将分为重点保护区、适度利用区和生态与资源恢复区三个功能区。其中,重点保护区 159.10 公顷,生态与资源恢复区 215.41 公顷,适度利用区 72.17 公顷。

辽宁团山国家级海洋公园由北海浴场、海蚀地貌景区和红海滩景区三部分组成,规划有北海浴场、海蚀地貌、九龙泉、烽火台、北海禅寺、古船陈列走廊、迷宫、红海滩等景点和商业配套。其中,海蚀地貌是历经 18 亿年海蚀作用形成的自然奇观;九龙泉是拥有悠久历史和美丽传说的人文传奇;北海禅寺是始建于 400 年前的镇海宝刹;红海滩是与盘锦红海滩遥相呼应,大自然孕育的又一个奇迹。

32. 福建崇武国家级海洋公园

福建崇武国家级海洋公园位于福建省泉州市惠安县,地处泉州湾北岸、崇武半岛南侧,跨越惠安县山霞、崇武两镇,岸线长 19.2 公里,西起青山湾西侧,东至崇武国家级中心渔港,总面积 1355 公顷,包含青山湾、西沙湾、半月湾海域及其滨海陆域。福建崇武国家级海洋公园旅游资源丰富,有国家级重点文物保护单位崇武古城,有青山湾、半月湾、西沙湾、解放军庙、惠安石雕园,还有富有传奇色彩的惠安女民俗风情。

福建崇武国家级海洋公园按功能划分为重点保护区、适度利用区和生态与资源恢复区三个功能区。其中,重点保护区 137 公顷,包括两个区域:崇武古城保护区和崇武海蚀地貌保护区。崇武古城墙及古城内的历史文物,海域自然岸线、海蚀地貌、岩雕、古渡遗址、岛礁及灯标均将受到重点保护。生态与资源恢复区 10 公顷,位于半月湾沙滩,这里将结合崇武国家中心渔港和附近旅游资源,开展渔港风情游,游客可于此体验到"渔家灯火"的原生态。适度利用区 1208 公顷,包括青山湾高端度假区、西沙湾水上运动区、海洋文化展示区、半月湾休闲美食区和海洋科普基地五个区域。

33. 浙江嵊泗国家级海洋公园

浙江嵊泗国家级海洋公园位于浙江省嵊泗县,与浙江嵊泗马鞍列岛海洋特别保护区范围一致,总面积 54 900 公顷,包括 135 个岛屿,其中陆域、海域面积分别为 1900 公顷和53 000公顷。按功能公园将分为重点保护区、适度利用区和生态与资源恢复区三个功能区。其中,重点保护区 19 600 公顷,生态与资源恢复区 11 500 公顷,适度利用区 23 800公顷。

浙江嵊泗国家级海洋公园涵盖了马鞍列岛所有岛礁及周围海域,包括花鸟灯塔、万亩贻贝、东海第一桥、山海奇观、东崖绝壁、嵊山渔港等主要景点景区,发展定位为打造生态环保、休闲度假型的国家级海洋公园。

主要岛屿及其毗邻海域功能:枸杞、嵊山及其毗邻海域以生态旅游和现代渔业为主导功能,兼顾本岛陆域植被自然保护、休闲渔业、岛礁周围海域渔业资源恢复和本岛陆域保留功能。花鸟及其毗邻海域以生态旅游和休闲渔业为主导功能,兼顾本岛陆域植被自然保护、岛礁周围海域渔业资源恢复和本岛陆域保留功能。东绿华、西绿华及其毗邻海域以现代渔业和港口物流为主导功能,兼顾生态旅游、休闲渔业、本岛陆域植被自然保护、岛礁周围海域渔业资源恢复和本岛陆域保留功能。上三横山、下三横山、柱住山及其毗邻海域以海洋牧场建设为主导功能,兼顾休闲渔业、生态旅游、岛礁周围海域渔业资源恢复功能。

附录 2　国家级海洋自然保护区名录

序号	名称	位置	范围(公顷)	主要保护对象
1	辽宁蛇岛-老铁山国家级自然保护区	辽宁旅顺口	14 595.00	蝮蛇、候鸟及其生态环境
2	丹东鸭绿江口滨海湿地国家级自然保护区	辽宁东港	101 000.00	沿海滩涂、湿地生态环境及水禽、候鸟
3	河北昌黎黄金海岸国家级自然保护区	河北昌黎	30 000.00	文昌鱼、海岸沙丘、自然景观及其邻近海域
4	江苏盐城珍稀鸟类国家级自然保护区	江苏盐城	284 179.00	丹顶鹤等珍禽及滩涂湿地
5	浙江南麂列岛国家级海洋自然保护区	浙江平阳	20 106.00	岛屿及海域生态系统、贝藻类、野生水仙花
6	福建深沪湾海底古森林遗迹国家级自然保护区	福建晋江	3400	海底古森林、牡蛎礁遗迹
7	广东惠东港口海龟国家级自然保护区	广东惠州	1800.00	海龟及其产卵繁殖地
8	广东珠江口中华白海豚国家级自然保护区	广东	46 000.00	中华白海豚栖息活动区域和生物多样性
9	广东内伶仃岛-福田国家级自然保护区	广东深圳	921.64	猕猴、鸟类和红树林
10	广东湛江红树林国家级自然保护区	广东廉江	20 279.00	红树林生态系统
11	广西山口红树林生态国家级自然保护区	广西合浦	8000.00	红树林生态系统

序号	名称	位置	范围(公顷)	主要保护对象
12	广西北仑河口红树林国家级自然保护区	广西防城	3000.00	红树林生态系统
13	广西合浦儒艮国家级自然保护区	广西合浦	35 000.00	儒艮、海龟、海豚、红树林等
14	海南东寨港红树林国家级自然保护区	海南琼山	3337.00	红树林及其生态环境
15	海南大洲岛海洋生态国家级自然保护区	海南万宁	7000.00	岛屿及海洋生态系统、珊瑚、金丝燕及生境
16	三亚珊瑚礁国家级自然保护区	海南三亚	5568.00	珊瑚礁及其生态系统
17	天津古海岸与湿地国家级自然保护区	天津	35 913.00	鸟类、贝壳堤、牡蛎滩古海岸遗迹及湿地生态系统
18	山东黄河三角洲国家级自然保护区	山东东营	153 000.00	原生性湿地生态系统及珍禽
19	福建厦门海洋珍稀生物国家级自然保护区	福建厦门	39 000.00	文昌鱼、中华白海豚及生态系统
20	辽宁双台河口国家级自然保护区	辽宁盘锦	128 000.00	丹顶鹤、白鹤、天鹅等珍禽
21	山东滨州贝壳堤岛与湿地国家级自然保护区	山东无棣	43 541.54	贝壳堤岛及其依托滨海湿地、各种珍稀鸟类、迁徙候鸟、野生动植物
22	江苏海州湾海湾生态与自然遗迹国家级海洋特别保护区	江苏连云港	490	海州湾海湾生态系统和自然遗迹
23	浙江宁波渔山列岛国家级海洋特别保护区	浙江宁波	57	渔山列岛及其周围海域海岛和海洋珍稀资源、生态环境和领海基点
24	山东东营黄河口生态国家级海洋特别保护区	山东东营	926	河口海域生物多样性及其生态功能
25	山东东营利津底栖鱼类生态国家级海洋特别保护区	山东东营	94	半滑舌鳎等鱼类资源及其索饵、繁殖、洄游环境

序号	名称	位置	范围(公顷)	主要保护对象
26	山东东营河口浅海贝类生态国家级海洋特别保护区	山东东营	390	文蛤等贝类资源及其栖息环境
27	辽宁锦州大笔架山国家级海洋特别保护区	辽宁锦州	3240	海岛生态系统、天然连岛砾石堤、海岛历史遗迹与景观
28	山东东营莱州湾蛏类生态国家级海洋特别保护区	山东东营	21 024	小刀蛏、大竹蛏、缢蛏等蛏类资源及其栖息环境
29	山东东营广饶沙蚕类生态国家级海洋特别保护区	山东东营	6460	沙蚕等底栖生物的种质资源及其栖息环境
30	山东龙口黄水河口海洋生态国家级海洋特别保护区	山东龙口	2556	河口浅滩自然地貌及底栖生物多样性
31	山东威海刘公岛海洋生态国家级海洋特别保护区	山东威海	1188	海岛生态系统及生物多样性
32	山东文登海洋生态国家级海洋特别保护区	山东文登	519	河口与海湾生态系统、松江鲈鱼资源及其栖息环境
33	辽宁大连斑海豹国家级自然保护区	辽宁大连	672 275.00	斑海豹及其生态环境
34	辽宁大连城山头海滨地貌国家级自然保护区	辽宁大连	1350.00	地质遗迹、滨海生物多样性和鸟类
35	山东荣成大天鹅国家级自然保护区	山东荣成	10 500.00	大天鹅等濒危鸟类和湿地生态系统
36	山东长岛国家级自然保护区	山东长岛	5015.2	鹰、隼等猛禽及候鸟栖息地
37	江苏大丰麋鹿国家级自然保护区	江苏盐城	2667.00	麋鹿、白鹳、白尾海雕、丹顶鹤及湿地生态系统
38	上海崇明东滩鸟类国家级自然保护区	上海	24 155.00	鸟类及河口湿地生态系统
39	上海九段沙湿地国家级自然保护区	上海	42 020.00	珍稀动植物及河口湿地生态系统

续表

序号	名称	位置	范围(公顷)	主要保护对象
40	福建漳江口红树林国家级自然保护区	福建漳州	2360.00	红树林湿地生态系统、濒危动植物物种和东南沿海水产种质资源
41	广东徐闻珊瑚礁国家级自然保护区	广东湛江	14 378.00	珊瑚礁及其海洋生态资源
42	广东雷州珍稀海洋生物国家级自然保护区	广东雷州	46 865.00	白蝶贝等珍稀海洋生物及其栖息地
43	海南铜鼓岭国家级自然保护区	海南文昌	4400.00	热带常绿季雨矮林生态系统及其野生动物、海蚀地貌、珊瑚礁及其底栖生物
44	浙江象山韭山列岛国家级自然保护区	浙江舟山	48 478.00	鸟类以及与之相关的岛礁生态系统
45	广东南澎列岛国家级自然保护区	广东汕头	35 679.00	海底自然地貌和海洋生态系统;珍稀濒危野生动物及其栖息地和水产种质资源及其生境

附录3 国家级海洋特别保护区名录

序号	名称	位置	面积(公顷)	主要保护对象
1	江苏海门市蛎岈山牡蛎礁海洋特别保护区	江苏海门	1222.90	活体牡蛎礁及其栖息地生态环境
2	浙江乐清市西门岛国家级海洋特别保护区	浙江乐清	3080.00	鸟类、红树及其栖息地生态环境
3	浙江嵊泗马鞍列岛海洋特别保护区	浙江舟山	54 900.00	白鳍豚、儒艮、中华鲟等珍稀濒危生物
4	浙江普陀中街山列岛国家级海洋生态特别保护区	浙江舟山	20 290.00	大黄鱼、曼氏无针乌贼等鱼类产卵场,鸟类资源及其生存环境
5	浙江渔山列岛国家级海洋生态特别保护区	浙江宁波	5700.00	岛礁
6	山东昌邑国家级海洋生态特别保护区	山东潍坊	2929.28	以柽柳为主的多种滨海湿地生态系统和各种海洋生物
7	山东东营黄河口生态国家级海洋特别保护区	山东东营	92 600.00	黄河口刀鱼、黄河口大闸蟹、四角蛤蜊、毛蚶、梭子蟹等生物
8	山东东营利津底栖鱼类生态国家级海洋特别保护区	山东东营	9404.00	底栖鱼类及其栖息地生态环境
9	山东东营河口浅海贝类生态国家级海洋特别保护区	山东东营	39 623.00	河口浅海贝类及其栖息地生态环境
10	山东东营莱州湾蛏类生态国家级海洋特别保护区	山东东营	21 024.00	蛏类及其栖息地生态环境
11	山东东营广饶沙蚕类生态国家级海洋特别保护区	山东东营	8282.00	沙蚕类及其栖息地生态环境

序号	名称	位置	面积(公顷)	主要保护对象
12	山东文登海洋生态国家级海洋特别保护区	山东文登	518.77	河口、海湾生态系统、松江鲈鱼、浅海贝类等
13	山东龙口黄水河口海洋生态国家级海洋特别保护区	山东烟台	2168.89	河口生态系统
14	山东烟台芝罘岛群海洋特别保护区	山东烟台	769.72	海岛生态系统
15	山东威海刘公岛海洋生态国家级海洋特别保护区	山东威海	1187.79	岛礁生态系统
16	山东乳山市塔岛湾海洋生态国家级海洋特别保护区	山东威海	1097.15	贝类生态系统
17	山东烟台牟平沙质海岸国家级海洋特别保护区	山东烟台	1465.20	沙滩生态系统
18	山东莱阳五龙河口滨海湿地国家级海洋特别保护区	山东莱阳	1219.10	滨海湿地生态系统
19	山东海阳万米海滩海洋资源国家级海洋特别保护区	山东海阳	1513.47	沙滩生态系统
20	山东威海小石岛国家级海洋特别保护区	山东威海	3069.00	海岛生态系统和刺参种质资源
21	辽宁锦州大笔架山国家级海洋特别保护区	辽宁锦州	3240.00	砾石堤独特的地质地貌景观、人文景观与历史遗迹
22	山东蓬莱登州浅滩海洋资源国家级海洋特别保护区	山东蓬莱	1622.96	滩涂湿地

附录4 省级海洋自然保护区名录

序号	名称	位置	面积(公顷)	保护对象
1	黄骅古贝壳堤省级自然保护区	河北黄骅	117.00	海洋地质自然遗迹
2	青岛大公岛岛屿生态系统自然保护区	山东青岛	1603.23	鸟类和海洋生物资源及栖息养殖环境
3	胶南灵山岛省级自然保护区	山东胶南	3283.20	海岛生态系统,包括海域及海洋生物资源、林木资源、鸟类资源和地质地貌
4	庙岛群岛斑海豹自然保护区	山东长岛	173 100	鸟类和暖温带海岛生态系统
5	海阳千里岩岛海洋生态自然保护区	山东烟台	1823.00	长绿阔叶林、鸟类
6	荣成成山头省级自然保护区	山东荣成	6366.00	典型沙嘴、海驴岛上奇特的海蚀柱、海蚀洞等海蚀地貌以及柳夼红层等自然遗迹
7	烟台崆峒列岛自然保护区	山东烟台	7690.00	岛屿生态系统与海洋生态系统
8	龙口依岛省级自然保护区	山东龙口	85.49	潮间带火山砾石地质景观、潮间带生物物种以及抗盐抗干旱植物群落
9	莱州浅滩海洋资源特别保护区	山东莱州	5519.24	海洋生物资源产卵、育幼场以及砂矿资源,维护海洋生态环境
10	上海市金山三岛海洋生态自然保护区	上海	46.00	中亚热带自然植被类型树种,常绿、落叶阔叶混交林,昆虫及土壤有机物,野生珍稀植物树种,近江牡蛎等
11	长乐海蚌资源增殖保护区	福建长乐	4660.00	海蚌
12	泉州湾河口湿地省级自然保护区	福建泉州	7008.00	河口湿地生态系统、红树林及其栖息的中华白海豚、黄嘴白鹭等珍稀野生动物
13	东山珊瑚礁自然保护区	福建东山	3630.00	珊瑚及海洋生态环境

续表

序号	名称	位置	面积(公顷)	保护对象
14	宁德官井洋大黄鱼繁殖保护区	福建宁德	19 000.00	大黄鱼
15	龙海九龙江口红树林自然保护区	福建龙海	420.20	红树林生态系统、濒危野生动植物物种和湿地鸟类
16	江门中华白海豚省级自然保护区	广东江门	10 748.00	中华白海豚
17	阳江南鹏列岛海洋生态省级自然保护区	广东阳江	20 000.00	中华白海豚、江豚、太平洋丽龟、绿海龟、玳瑁及中国龙虾鲸鲨等多种国家级、省级重点保护水生野生动物
18	琼海麒麟菜省级自然保护区	海南琼海	2500.00	珊瑚、麒麟菜、江蓠菜、拟石花菜
19	儋州白蝶贝省级自然保护区	海南儋州	30 900.00	白蝶贝
20	文昌麒麟菜省级自然保护区	海南琼海	6500.00	珊瑚、麒麟菜、江蓠菜、拟石花菜
21	海南省清澜港红树林自然保护区	海南文昌	2948.00	八门湾红树林与东寨港红树林
22	海南西南中沙群岛省级自然保护区	海南三沙	2 400 000.00	鸟类、热带植物资源、海底资源、海洋旅游的潜在资源、海洋动力资源
23	闽江河口湿地自然保护区	福建福州	3129.00	重点滨海湿地生态系统、众多濒危动物物种和丰富的水鸟资源
24	临高白蝶贝省级自然保护区	海南临高	34300.00	白蝶贝

附录 5 省级海洋特别保护区名录

序号	名称	位置	面积(公顷)	保护对象
1	山东省青岛市胶州湾滨海湿地省级海洋特别保护区	山东青岛	3621.92	湿地植被群落
2	浙江省台州市大陈省级海洋生态特别保护区	浙江台州	2160.00	石斑鱼等重要经济鱼类,潮间带生物资源
3	浙江省温州市洞头南北爿山省级海洋特别保护区	浙江温州	898.00	黄嘴白鹭、黑尾鸥等迁徙鸟类
4	浙江省瑞安市铜盘岛省级海洋特别保护区	浙江瑞安	2208.00	海洋生物资源
5	山东省烟台市逛荡河口海洋生态特别保护区	山东烟台	320.00	河口湿地

附录6 长山群岛主要植物名录

编号	中文名称	拉丁文名称	编号	中文名称	拉丁文名称
1	黑松	*Pinus thunbergii*	19	黄背草	*Themeda triandravar*
2	赤松	*P.densiflora*	20	鹅观草	*Roegneiasp*
3	侧柏	*Platycladus orientalis*	21	蒿	*Artemisia sp*
4	槲树	*Quercus acutissima*	22	碱蓬	*Suaeda glance*
5	麻栎	*Q.denmtata*	23	卫茅	*Euonymus alatus*
6	栓皮栎	*Q.variabilis*	24	小獐茅	*Aeluropus litoralis*
7	板栗	*Costanea mollissima*	25	白羊草	*Bothriochloa ischcemum*
8	榆	*Ulmus pumila*	26	地榆	*Sanguisorba ficinalis*
9	杨	*Pupulnssp*	27	唐松草	*Thalictrum sp*
10	旱柳	*Salix matsudana*	28	稳子草	*Cleistogenes caespitosa*
11	垂柳	*S.babvlomica*	29	野古草	*Arundinella hirta*
12	刺槐	*Sophora jkaponica*	30	结缕草	*Zoysia joponica*
13	紫穗槐	*Amorpha friticosa*	31	猪毛菜	*Salsola collina*
14	荆条	*Vitex chinensis*	32	眼子菜	*Potamogeton tepperi*
15	崖椒	*Zanthoxylus schinfolium*	33	莲	*Nelumbo nucifera*
16	胡枝子	*Lespedezasp*	34	芦苇	*Phragmies communis*
17	酸枣	*Ziziphus jnjuba var*	35	野稗	*Echinochloa arugalli*
18	大油芒	*Spodiopogon sibiricus*			

附录 7　长山群岛海域浮游植物种类名录

序号	中文名	拉丁名
	硅藻门	Bacillariophyta
1	具槽直链藻	*Melosira sulacta*(Ehr.) Kuetz.
2	中心圆筛藻	*Coscinodiscus centralis Ehrenberg*
3	星脐圆筛藻	*Coscinodiscus asteromphalus Ehrenberh*
4	园筛藻	*Coscinodiscussp.*1
5	园筛藻	*Coscinodiscus sp.*2
6	园筛藻	*Coscinodiscus sp.*3
7	圆海链藻	*Thalassiosira rotula* (Meunier)
8	海链藻	*Thalassiosira sp.*
9	中肋骨条藻	*Skeletonema costatum*(Grev.) Cleve
10	丹麦细柱藻	*Leptocylindrus danicus Cleve*
11	海洋环毛藻	*Corethrom pelagicum Brum*
12	掌状冠盖藻	*Stephanopyxis palmeriana*(Grev.) Grunow
13	透明辐杆藻	*Bacteriastrum hyalinum lauder*
14	斯托根管藻	*Rhizosolenia stolterfothii Peragallo*
15	翼根管藻	*Rhizosolenia alata Brightwell*
16	刚毛根管藻	*Rhizosolenia setigera Brightwell*
17	粗根管藻	*Rhizosolenia robusta Norm*
18	密联角毛藻	*Chaetoceros densus*(Cleve) Cleve
19	旋链角毛藻	*Chaetoceros curvisetus Cleve*
20	洛氏角毛藻	*Chaetoceros lorenzianus Grun*
21	角毛藻	*Chaetoceros sp.*
22	中华盒形藻	*Biddulphia sinensis Grev*

续表

序号	中文名	拉丁名
23	蜂窝三角藻	*Triceratium favus Ehrenberg*
24	网状三角藻	*Triceratium reticulum*
25	布氏双尾藻	*Ditylum brightwellii（West）Grun.*
26	浮动弯角藻	*Eucampia zoodiacus Ehrenberg*
27	针杆藻	*Synedra sp.*
28	佛氏海毛藻	*Thalassionema frauenfeldii Grun.*
29	菱形海线藻	*Thalassionema nizschioides Grunow*
30	楔形藻	*Licmophora sp.*
31	舟形藻	*Navicula sp.*
32	曲舟藻	*Pleurosigma spp.*
33	布纹藻	*Gyrosigma sp.*
34	奇异菱形藻	*Nitzschia paradoxa（Gmelin）Grunow*
35	菱形藻	*Nitzschia sp.*
	甲藻门	Pyrrophyta
36	夜光藻	*Noctiluca scientillans（Mac.）Kof.et Swe.*
37	梭角藻	*Ceratium fusus（Her.）Dujargin*
38	大角角藻	*Ceratium macroceros（Her.）Cleve*
39	三角角藻	*Ceratium trichceors（Her.）Kofoid*
40	叉角角藻	*Ceratium furca Ehrenberg*

附录8 长山群岛海域浮游动物种类名录

序号	中文名	拉丁名
	原生动物	Protozoa
1	诺氏麻铃虫	*Leprotintinnus nordguisti(Brantd)*
2	渤海类铃虫	*Codonellopsis pehaiensis Wang*
3	钟状网纹虫	*Favella campanula(Schmidt)*
	桡足类	Copepoda
4	中华哲水蚤	*Calanus sinicus Brodsky*
5	小拟哲水蚤	*Paracalanus parvus(Claus)*
6	细巧华哲水蚤	*Sinocalanus tenellus(Kikuchi)*
7	大尾猛水蚤	*Harpacicus uniremis Kroyer*
8	挪威小星猛水蚤	*Microsetella norvegica Boeck*
9	大同长腹剑水蚤	*Oithona similis Claus*
10	近缘大眼剑水蚤	*Corycaeus affinis Mcmurrichi*
	毛颚动物	Chaetognatha
11	强壮箭虫	*Sagitta crassa Tokioka*
12	强壮箭虫内海型	*Sagitta crassa f.naikaiensis Tokioka*
	被囊动物	Tuanicata
13	异体住囊虫	*Oikopleura dioica Fol*
14	梭形纽鳃樽	*Salpa fusiformis Cuvier*
	腔肠动物	Coelenterata
15	瓜水母	*Beroe cucumis Fabricius*
16	栉水母	*Ctenophora sp.*
17	水螅水母	*Hydrozoa sp.*

续表

序号	中文名	拉丁名
	头足类	Cephalopoda
18	短蛸	*Octopus ocellatus Gray*
	浮游幼虫	Pelagic larva
19	藤壶六肢幼虫	*Balanus larva*
20	疣足幼虫	*Nectochaete larva*
21	蔓足类无节幼虫	*Nauplius larva*
22	桡足类无节幼体	*Nauplius larva*
23	短尾类蚤状幼虫	*Zoea larva*
24	蛇尾类长腕幼虫	*Ophiopluteus larva*
25	海参耳状幼虫	*Auricularia larva*
26	海星类幼虫	*Bipinnaria larva*
27	海胆类长幼虫	*Echinopluteus larva*
28	桡足幼体	*Copepodid larva*
29	仔虾	*shrimp larva*
30	仔鱼	*Fish larva*
31	卵	*eggs*

附录9　长山群岛海域潮间带底栖动物种类名录

序号	中文名称	拉丁文名称
	腔肠动物	Coelenterata
1	须毛高龄细指海葵	*Metridium senile var.fimbriatum Verrill*
2	星虫状海葵	*Edwardsia sipunculoides Stimpson*
	纽形动物门	Nemertea
3	纽虫	*Nemertea sp.*
	星虫动物门	Sipunculida
4	革囊虫	*Phascolosoma onomichianum（Ikeda）*
	环节动物门	Annelida
5	红角沙蚕	*Ceratonereis erythraeenis Fauvel*
6	须鳃虫	*Chaetozone tentaculata（Montaau）*
7	巴西沙蠋	*Arenicola brasiliensis Monato*
8	难定才女虫	*Polydora cf.pilikia Ward.*
9	无疣齿蚕	*Inermonephtys cf.inermis（Ehlers）*
10	日本刺沙蚕	*Neanthes japonica（Izuka）*
11	短叶索沙蚕	*Lumbrineris latreilli Audouin et M.Edwards*
12	中锐吻沙蚕	*Glycera rouxu Aud.et.M.Edw*
13	囊叶卷吻沙蚕	*Nephtys caeca（Fabricius）*
14	小头虫	*Capitella capitata（Fabriceus）*
15	丝鳃虫	*Cirratulus sp.*
16	孟加拉海扇虫	*Pherusa cf.bengalensis（Fauvel）*
	棘皮动物门	Echinodermata
17	朝鲜阳遂足	*Amphiura koreae Duncan*

续表

序号	中文名称	拉丁文名称
	软体动物门	Mollusca
18	菲律宾蛤仔	*Ruditapes philippinarum*（Adams et Reeve）
19	褶牡蛎	*Alectryonella plicatula*（Gmelin）
20	沙栖蛤	*Gobraeus kazusensis Yokoyama*
21	经氏壳蛤蝓	*Philine kinglipini Tchang*
22	紫贻贝	*Mytilus edulis Linnaeus*
23	矮拟帽贝	*Patelloida pygmaea*（Dunker）
24	短滨螺	*Littorina*（*L*）*brevicula*（Philippi）
25	浅黄白樱蛤	*Macoma*（*M.*）*tokyoensis Makiyama*
26	盾形毛肤石鳖	*Acanthochiton scutiger*（Reeve）
27	北方钻岩蛤	*Hiatella arctica Linnaeus*
28	饼干镜蛤	*Dosinia*（*Phacosoma*）*biscocta*（Reeve）
29	丽核螺	*Pyrene bella Reeve*
30	日本镜蛤	*Dosinia japonica Reeve*
31	细长竹蛏	*Solen gracilis Philippi*
	节肢动物	Arthropoda
32	日本拟背尾水虱	*Paranthura japonica Richardson*
33	枯瘦突眼蟹	*Oregonia gracilis Dana*
34	绒毛近方蟹	*Hemigrapsus penicillatus De Haan*
35	侧足厚蟹	*Helice latimera*
36	潮间海钩虾	*Pontogeneia litorea Ren*
37	大蝼蛄虾	*Upogebia major*（de Haan）
38	日本邻钩虾	*Gitanopsis japonica Hirayama*
39	细鳌虾	*Leptochela gracilis Stimpson*
40	哈氏浪漂水虱	*Cirolana harfordi japonica Thielemann*
41	白脊藤壶	*Balanus albicostatus*（Pilsbry）
42	宽身大眼蟹	*Macrophthalmus dilatatus de Haan*

附录10 长山群岛潮间带藻海藻种类名录

序号	中文名	拉丁文名
	蓝藻	Cyanophyta
1	两栖颤藻	*Oscillatoria amyhibiaC.Ag.*
2	半丰满鞘丝藻	*Lyngbya semiplena（C.Ag）J.Ag.*
3	皮状席藻	*Phormidlum corium（Ag.）Gom.*
4	丝状眉藻	*Calothrix confervicola（Roth）Ag.*
	绿藻	Chlorophyta
5	软丝藻	*Ulothria flacca（Dillw.）Thur.*
6	石莼	*Ulva lactucaL.*
7	孔石莼	*Ulva pertusa Kjellm.*
8	蛎菜	*Ulva conylobata Kjellm.*
9	浒苔	*Entermorpha prolifera（Muell.）J.Ag.*
10	肠浒苔	*Entermorpha intestinalis（L.）Grer.*
11	缘管浒苔	*Entermorpha lina（L.）J.Ag.*
12	扁浒苔	*Entermorpha compressa（L.）Grev.*
13	北极礁膜	*Monostroma arcticum Wittr.*
14	束生刚毛藻	*Cladophora fascicularis（Mert.）Kuetz.*
15	岸生根枝藻	*Zhizoclenium riparium（Roth）Herv.*
16	尾孢藻	*Urospora acrogona Kjellm.*
17	线性硬毛藻	*Chaetomorpha linum（Mull.）Kuetz.*
18	刺松藻	*Codium fragile（Sur.）Hariot*

续表

序号	中文名	拉丁文名
	褐藻	Phaeophyta
19	水云	*Ectocarpus confervoides*(*Roth*) *Le Jolis.*
20	黑顶藻	*Sphacelaria subfusca S.et G.*
21	疣状褐壳藻	*Ralfsia verrucosa*(*Aresch.*) *J.Ag.*
22	粘膜藻	*Leathesia difformes*(*L.*) *Aresch.*
23	小粘膜藻	*Leathesia nana S.et G.*
24	真丝藻	*Eudesme virescens*(*Carm.*) *J.Ag.*
25	短毛藻	*Elachista fucicola*(*Vell.*) *Aresh.*
26	海蕴	*Nemacystus decipiens*(*Sur.*) *Kuck.*
27	褐毛藻	*Halothria lumbricalis*(*Kuetz.*) *Reinke*
28	硬索藻	*Chordaria firma E.S.Gepp.*
29	酸藻	*Desmarestia viridis*(*Mueller*) *Lamour*
30	点叶藻	*Punctaria latifolia Grev.*
31	厚点叶藻	*Punctaria plantaginea*(*Roth*) *Grev.*
32	肠髓藻	*Myelophycus caespilocus Kjellm*
33	萱藻	*Scytosiphon lomentarius*(*Lyngb.*) *J.Ag.*
34	囊藻	*Colpomenia sinuosa*(*Roth*) *Derb.et Sol.*
35	绳藻	*Chorda filum*(*L.*) *Stackh.*
36	海带	*Laminaria japonica Aresch.*
37	裙带菜	*Undaria pinnatifida*(*Harv.*) *Suringar*
38	叉开网翼藻	*Dictyopteris divaricata*(*Okam.*) *Okamura*
39	波状网翼藻	*Dictyopteris undulate* (*Holm*) *Okamura*
40	褐壳藻	*Ralfsia sp.*
41	鼠尾藻	*Sargassum thunbergii*(*Mert.*) *O.Kuetz.*
42	海黍子	*Sargassum kjellmaniamum Yendo*
43	海蒿子	*Sargassum pallidum* (*Turn*) *Ag.*
44	羊栖菜	*Sargassum fusiforme*(*Harv.*) *Setch.*
45	叶裂马尾藻	*Sargassum siliquastrum*(*Turn*) *Ag.*

序号	中文名	拉丁文名
	红藻	Rhodophyta
46	甘紫菜	*Porphyra tenera Kjellm.*
47	条斑紫菜	*Porphyra yezoensis Ueda*
48	石花菜	*Gelidium amansii(Lamx.) Lamx.*
49	茎刺藻	*Caula anthus okamurai Yamada*
50	单条胶粘藻	*Dumontia simplex Cotton*
51	亮管藻	*Hyalosiphonia caespitosa Okam.*
52	胶管藻	*Gloiosiphonia capillaris(Huds.) Carm.*
53	海萝	*Gloiopeltis furcata(P.et R.) J.Ag.*
54	原型胭脂藻	*Hildenbrandia prototypus Nardo.*
55	珊瑚藻	*Corallina officinalis L.*
56	石枝藻	*Lithothamnium lenormandii (Aresch) Fosl.*
57	石叶藻	*Lithophyllum incrustans philippi.*
58	蜈蚣藻	*Grateloupia filicina(Wulf) C.Ag.*
59	舌状蜈蚣藻	*Grateloupia.prolongta J.Ag.*
60	繁枝蜈蚣藻	*Grateloupialivida (Harv) Yamada*
61	红翎菜	*Solieria molliis(Harv) Kylin.*
62	海头红	*Plocamium telfairiae Harv.*
63	叉开叉枝藻	*Gymnogongrus divaricatum Holin.*
64	楯果藻	*Carpopeltis affinis(Harv.) Okam※.*
65	角叉菜	*Chondrus ocellatus Holm.*
66	金膜藻	*Chrysymenia wrighlii(Harv.) Yamada.*
67	节夹藻	*Lomentaria hakodatensis Yendo*
68	三叉仙菜	*Ceramium kondoi Yendo*

续表

序号	中文名	拉丁文名
69	柔质仙菜	*Ceramium tenerrimum（Mart.）Okam.*
70	波登仙菜	*Ceramium boydenii Gepp.*
71	橡叶藻	*Phycodrys radicosa（Okam）Yamda et Inagaki*
72	日本异管藻	*Heterosiphonia japonica Yamada*
73	多管藻	*Polysiphonia urceolata Grev.*
74	日本多管藻	*Polysiphonia japonica Harv.*
75	内枝多管藻	*Polysiphonia morrowii Harv.*
76	鸭毛藻	*Symphyocladia latiuscula（Harv.）Yamada*
77	粗枝软骨藻	*Chondria crassicaulis Harv.*
78	钝形凹顶藻	*Laurencia obtusa（Hudson）Lamx.*
79	冈村凹顶藻	*Laurencia okamurai Yamada*
80	松节藻	*Rhodomela confervoides（Huds.）Silva.*

附录11 长山群岛浅海底栖生物种类名录

序号	中文名称	拉丁文名称
	腔肠动物	Coelenterata
1	和平黄海葵	*Anthopleura pacifica Uchida*
2	绿海葵	*Sagartia leucolena Verrill*
	纽形动物门	Nemertea
3	纽虫	*Nemertea sp.*
	环节动物门	Annelida
4	日本角吻沙蚕	*Goniada japonica Izuke*
5	中锐吻沙蚕	*Glycera reuxi Adouin et M.Edwards*
6	寡节甘吻沙蚕	*Glycinda gurjanovae Uschakov et Wu*
7	囊叶齿吻沙蚕	*Nephtys caeca(Fabricius)*
8	红角沙蚕	*Ceratonereis erythraeenis Fauvel*
9	短叶索沙蚕	*Lumbrineris latreilli Audiouin et M.EDwards*
10	长叶索沙蚕	*Lumbrineris longiforlia(Imajima et Higuchi)*
11	异足索沙蚕	*Lumbrineris heteropoda (Marenzeller)*
12	澳洲鳞沙蚕	*Aphrodita australis Baird*
13	日本刺沙蚕	*Neanthes japonica(Izuka)*
14	相拟节虫	*Praxillell cf.affinis(Sars)*
15	丝缨虫	*Hypsicomus phaeotaenia(Schmarda)*
16	漏斗节须虫	*Isocriius cf.watsoni (Gravier)*
17	树蛰虫	*Pista cristata(Muller)*
18	日本双边帽虫	*Amphictene japonicaNilsson*
19	曲强真节虫	*Euclymeme lombricoides (Quatrefages)*
20	无疣齿蚕	*Inermonephtys cf.inermis (Ehlers)*

序号	中文名称	拉丁文名称
21	扁蛰虫	*Loimia medusa*（Savigny）
22	树蛰虫	*Pista cristata*（Muller）
23	太平洋树蛰虫	*Pista pacifica Berkeley*
24	吻蛰虫	*Artacama proboscidea Malmgren*
25	巧言虫	*Eulalia viridis*（Linne）
26	欧文虫	*Owenia fusformis delle et Chiaje*
27	不倒翁虫	*Sternaspis sculata*（Renier）
28	锥稚虫	*Aonides oxycephala*（Sars）
29	相拟节虫	*Praxillell cf.affinis*（Sars）
30	简毛拟节虫	*Praxillella gracilis*（Sars）
31	渤海格鳞虫	*Gattyana pohaiensisUschakov et Wu*
32	软背鳞虫	*Lepidonotus（L.）helotypus*（Grube）
33	奇异稚齿虫	*Paraprionospio pinnata*（Ehlers）
34	双栉虫	*Ampharete acutifrons*（Grube）
35	扇栉虫	*Amphicteis gunneri Sara*
36	米列虫	*Melinna cristata*（Grube）
37	软须阿曼吉虫	*Armandia leptocirris Grube*
38	孟加拉海扇虫	*Pherusa cf.bengalensis*（Fauvel）
39	中华半突虫	*Anaitides Chinese*（Uschakov et Wu）
40	亚洲帚毛虫	*Sabellaria cementarium Moore*
	星虫动物门	**Sipunculida**
41	革囊虫	*Phascolosoma onomichianum*（Ikeda）
	软体动物门	**Mollusca**
42	泥螺	*Bullacta exarata*（Philippi）
43	饼干镜蛤	*Dosinia japonica*（Reeve）
44	扁角蛤	*Angulus compressissimus*（Reeve）
45	薄云母蛤	*Yoldia similis Kuroda et Habe*
46	异白樱蛤	*Macoma incongrua*（Martens）

序号	中文名称	拉丁文名称
47	扁玉螺	*Neverita didyma*（Röeing）
48	日本镜蛤	*Dosinia japonica*（Reeve）
49	加州扁鸟蛤	*Clinocardium californiense*（Deshayes）
50	虾夷扇贝	*Patinopecten*（*M.*）*yessoensis*（Jay）
	棘皮动物门	Echinodermata
51	萨氏真蛇尾	*Ophiura sarsii Lutken*
52	朝鲜阳遂足	*Amphiura koreae Duncan*
53	滩栖阳燧足	*Amphiura vadicula Matsumoto*
54	司氏盖蛇尾	*Stegophiura sladeni*（Duncan）
55	日本倍棘蛇尾	*Amphipholis japonicus Matsumoto.*
56	紫蛇尾	*Ophiopholis mirabilis*（Duncan）
57	心形海胆	*Echinocardium cordatum*（Pennant）
	节肢动物门	Arthropoda
58	日本沙钩虾	*Byblis japonicus*（Dahl）
59	美原双眼钩虾	*Ampelisca miharaensis*（Nagata）
60	短角双眼钩虾	*Ampelisca brevicornis*（Casta）
61	博氏双眼钩虾	*Ampelisca bocki*（Dahl）
62	日本拟钩虾	*Gammaropsis japonica*（Nagata）
63	平尾鞭水虱	*Clean planicauda*（Benedict）
64	日本浪漂水虱	*Cirolana japonica Richerdson*
65	俄勒冈秋水虱	*Gnorimsphaeraroma orenensisi*（Dana）
66	细螯虾	*Leptochela gracilis Stimpson*
67	鹰爪虾	*Trachypenaeus curvirostris*（Stimpson）
68	霍氏三强蟹	*Tritodynamia harvathi Nobili*
	鱼类	Osteichthyes
69	鳚	*Blennius yatabei Jordan*
70	许氏平鲉	*Sebastes schlegeli*（Hilgendorf）

附录 12 长山群岛海域游泳生物种类名录

序号	中文名称	拉丁文名称
	甲壳类	Crustacea
1	艾氏活额寄居蟹	*Diogenes edwardsii*
2	十一刺栗壳蟹	*Arcania undecimspinosa*
3	葛氏长臂虾	*Palaemon（Palaemon）gravieri*
4	红星梭子蟹	*Portunus sanguinolentus*
5	日本关公蟹	*Dorippe japonica*
6	三疣梭子蟹	*Portunus trituberculatus*
7	隆背黄道蟹	*Cancer gibbosulus*
8	枯瘦突眼蟹	*Oregonia gracilis Dana*
9	泥脚隆背蟹	*Carcinoplax vestitus de Daan*
10	日本鼓虾	*Alpheus japonicus*
11	鲜明鼓虾	*Alpheus heterocarpus*
12	脊腹褐虾	*Crangon affinis*
13	沈氏厚蟹	*Helice tridens sheni Sakai*
14	隆线强蟹	*Eucrate crenata de Haan*
15	四齿矶蟹	*Pugettia quadridens*
16	口虾蛄	*Oratosguilla oratoria*
17	鹰爪虾	*Trachypenaeus curvirostris*
18	日本蟳	*Charybdis（charybdis）japonica*
	头足类	Cephalopoda
19	日本枪乌贼	*Loligo japonica*
20	双喙耳乌贼	*Sepiola birostrata*
21	火枪乌贼	*Loligo beka*

序号	中文名称	拉丁文名称
22	短蛸	*Octopus ocellatus*
23	长蛸	*Octopus variabilis*
	鱼类	Fish
24	中华栉孔鰕虎鱼	*Ctenotrypauchen chinensis*
25	黑斑狮子鱼	*Liparis choanus*
26	矛尾鰕虎鱼	*Chaeturichthys stigmatias*
27	棘头梅童鱼	*Collichthys lucidus*
28	大泷六线鱼	*Hexagrammos otakii*
29	细纹狮子鱼	*Liparis tanakae*
30	方氏云鳚	*Enedrias fangi*
31	焦氏舌鳎	*Cynoglossus joyneri*
32	许氏平鲉	*Sebastes schlegeli*
33	绒杜父鱼	*Hemitripterus villosus*
34	李氏【鱼衔】	*Callionymus richardsoni*
35	小黄鱼	*Pseudosciaena polyactis*
36	叫姑鱼	*Johnius bolengeri*
37	黄盖鲽	*Pseudopleuronectes yokohamae*
38	星鳗	*Astroconger myriaster*
39	刀鲚	*Coilia ectenes*
40	黄鲫	*Setipinna taty*
41	鳀鱼	*Engraulis japonicas*
42	银鲳	*Stromateoides argenteus*
43	绵鳚	*Zoarceselongates*
44	华鳐	*Raja chinensis*
45	鲬	*Platycephalus indicus*

参考文献

[1]陈建民,徐依吉.海洋学[M].北京:石油大学出版社,2003.

[2]陈清潮.中国海洋生物多样性的保护[M].北京:中国林业出版社,2005.

[3]J Tonge,S.A.Moore,Importance-satisfaction analysis for marine-park hinterlands:A Western Australian casestudy[J].Tourism Management,2007(28):768-776.

[4]王恒,李悦铮.国家海洋公园的概念、特征及建设意义[J].世界地理研究,2012,21(3):143-150.

[5]腾讯网.国家海洋局:已考虑在西沙建设国家海洋公园[EB/OL].http://news.qq.com/a/20090308/000446.htm.

[6]网易.大堡礁将消失[EB/OL].http://news.163.com/09/0718/06/5EG36RQQ000120G R.html.

[7]U.S.National Park Service[EB/OL].http://www.nps.gov/aboutus/quickfacts.htm.

[8]中华人民共和国中央政府门户网站.中华人民共和国版图[EB/OL].http://www.gov.cn/test/2005-06/15/content_18252.htm.

[9]中华人民共和国环境保护部.2014年中国环境状况公报[R].北京:中华人民共和国环境保护部,2015.

[10]丘君,李明杰.我国海洋自然保护区面临的主要问题及对策[J].海洋开发与管理,2005(4):30-35.

[11]万本太.建设国家公园,促进区域生态保护和经济社会协调发展[J].环境保护,2008,407(21):35-37.

[12]中华人民共和国中央政府门户网站.国务院关于发布第八批国家级风景名胜区名单的通知[EB/OL].http://www.gov.cn/zhengce/content/2012-11/05/content_4584.htm.

[13]中国国家森林公园.百度百科[EB/OL].http://baike.baidu.com/link? url=8YQJxQM2CNAplGaLBXnTkrLX - Ou4QUeB0ljwsYWqg1T5QbOM47eLLdNve1AR3g5Fy - T1pjyCgHgmY1otJl1kQa.

[14]国家地质公园.百度百科[EB/OL].http://baike.baidu.com/link? url=LRygIKUfZk-losjKfdZmwRn1btkro6ZfXLSL9VON2D_g8HX4b74360v3WiGiBCwe4-fOwXsXRmM138Cbx5yJHt_.

[15]李悦铮,李欢欢.基于利益相关者理论的海岛旅游规划探析——以大连长山群岛旅游度假区规划为例[J].海洋开发与管理,2010,27(7):108-112.

[16]中华人民共和国中央人民政府网.中华人民共和国海岛保护法[EB/OL].http://www.gov.cn/flfg/2009-12/26/content_1497461.htm.

[17]网易.《海洋保护区宣言》呼吁善待海洋[EB/OL].http://news.163.com/10/0928/

09/6HLKR58L00014AED.html.

[18]PHILLIPS,A.保护区可持续旅游——规划和管理指南[M].王智,刘燕,吴永波,译.北京:中国环境科学出版社,2005:27-29.

[19]百度百科.独岛[EB/OL].http://baike.baidu.com/view/17443.htm.

[20]国家公园.Longman 辞典[EB/OL].http://www.ldoceonline.com/dictionary/national-park.

[21]Merriam-Webster 辞典.national park[EB/OL].http://www.merriam-webster.com/dictionary/national%20park.

[22]大不列颠百科全书.national park[EB/OL].http://www.britannica.com/EBchecked/topic/405180/national -park.

[23]TheFreeDictionary.national park[EB/OL].http://www.thefreedictionary.com/national+park.

[24]TheFreeDictionary. national park [EB/OL]. http://encyclopedia. thefreedictionary.com/national+Park.

[25]张金泉.国家公园运作的经济学分析[D].四川大学,博士学位论文,2006:11.

[26]Aanswers.com.national park [EB/OL].http://www.answers.com/topic/national-park-service-act.

[27]韩海荣.森林资源与环境导论[M].北京:中国林业出版社,2002.

[28]中国期刊网.第三届世界国家公园大会宣言(巴厘宣言)[EB/OL].http://www.cnki.com.cn/Article/CJFDTotal-YSDW198606012.htm.

[29]沈国舫,等.中国环境问题院士谈[M].北京:中国纺织出版社,2001:486.

[30]王维正,等.国家公园[M].中国林业出版社,2000(4):3.

[31]IUCN.Guidelines for Protected Area Management Categories.IUCN and WCMC.Gland.Switzerland and Cambridge.UK.1994.

[32]Kelleher G,Bleakley C,Wells S.A Global Representative System of Marine Protected Areas.The World Conservation Union(IUCN),1995.Vol.1-4.

[33]刘洪滨,刘康.国家海滨公园开发与保护的平衡——以威海国家海滨公园规划为例[J].海洋开发与管理,2006(4):97-103.

[34]Marine Parks Authority.Operation plan for jervis bay marine park[Z].Sydeny:NSW Marine Parks Authority,2003.

[35]国家海洋局.海洋特别保护区管理办法[Z].国海发[2010]21 号.

[36]刘洪滨,刘康.海洋保护区——概念与应用[M].海洋出版社,2007:112.

[37]John A.Dixon,Louise Fallon Scura,Tom van't Hof.Meeting Ecological and Economic Goals:Marine Parks in the Caribbean[J].Biodiversity:Ecology,Economics,Policy,1993,22(5):117-125.

[38]Jennings,S.Cousin Island,Seychelles:a small effective and internationally managed marine reserve [J].Coral Reefs,1998,17:190.

[39]Grigg,R.W.Effects of sewage discharge,fishing pressure and habitat complexity on

coral ecosystems and reef fishes in Hawaii [J].Mar.Ecol.Prog.Ser,1994(103):25-34.

[40] Roberts, C. M. and Polunin, N. V. C. Marine reserves: simple solutions to managing complex fisheries? [J].Ambio,1994(22):363-368.

[41] Clark, J. R., Causey, B. and Bohnsack, J. A. Benefits from coral reef protection: Looe Key,Florida[C].In:Coastal Zone'89:Proc.6th Symposium on Coastal and Ocean Management. Magoon,O.T.,Converse,H.,Minor,D.,Tobin,L.T.and Clark,D.(eds).American Society of Civil Engineers,New York,1989:3076-3086.

[42]Russ,G.R.and Alcala,A.C.Do marine reserves export adult fish biomass? Evidence from Apo Island [J].Mar.Ecol.Prog.Ser,1996(132):1-9.

[43]McClanahan,T.R.and Shafir,S.H.Causes and consequences of sea urchin abundance and diversity in Kenyan coral reef lagoons [J].Oceologia,1990(83):362-370.

[44]Alan T.White,Catherine A.Courtney,Albert Salamanca.Experience with Marine Protected Area Planning and Management in the Philippines [J].Coastal Management,2002(30): 1-26.

[45]T.R.McClanahana,N.A.Muthigab,A.T.Kamukuruc,H.Machanod,R.W.Kiambo.The effects of marine parks and fishing on coral reefs of northern Tanzania [J]. Biological Conservation,1999(89):161-182.

[46]C.Michael Hall.Trends in ocean and coastal tourism:the end of the lastfrontier? [J]. Ocean &CoastalManagement,2001,44(4):601-618.

[47]P.P.Wong.Coastal tourism development in Southeast Asia:relevance and lessons for coastal zone management [J].Ocean&CoastalManagement,1998,38(1):89-109.

[48]Anastasia Tsirika,Savvas Haritonidis.A survey of the benthic flora in the National Marine Park of Zakynthos (Greece) [J].Botanica Marina,2005(48):38-45.

[49]G.Elliott et al.Community Participation in Wakatobi Park,Indonesia [J].Coastal Management,2001(29):295-316.

[50]Terence P.Hughes.Catastrophes,phase shifts,and large-scale degradation of Caribbean coral reef [J].Science,1994,265(9):1547-1551.

[51]Hawkins,J.P.,Roberts,C.M.,Van't Hof,T.,de Meyer,K.,Tratalos,J.and Aldam,C. Effects of recreational scuba diving on Caribbean coral and fish communities[J].Cons.Biol,1997 (13):888-897.

[52]Hawkins,J.P.,Roberts,and C.M.Estimating the carrying capacity of coral reefs for recreational scuba diving [J].Coral Reef Symposium,1999,8(2):1923-1926.

[53]C.Michael Hall.Tourism in the Pacific Rim:Development,Impacts and Markets [M]. SouthMelbourne:Longeman Cheshire,1994.

[54]NOAA (US National Oceanic and Atmospheric Administration) (2007a) Policy statement on human-induced acoustic impacts on marine life [EB].Office of National Marine Sanctuaries.http://sanctuaries. noaa. gov/management/pdfs/nmsp_acousticspolicy. pdf (accessed 15 May 2008)

[55] T.T.De Lopez.Economics and stakeholders of Ream National Park,Cambodia [J].Ecological Economics,2003(46):269-282.

[56] Alcala A C,G R Russ,A P Maypa,et al.A long-term spatially replicated experimental test of the effect of marine reserves on local fish yields [J].Canadian Journal of Fisheries and Aquatic Sciences,2005(62):98-108.

[57] Murawski S A, R Brown, J J Lai, et al. Large-scale closed areas as a fishery management tool in temperate marine systems:The Georges Bank experience [J].Bulletin of Marine Science,2000,66(3):775-798.

[58] Kelly S,D Scott,A B MacDiarmid,et al.Spiny lobster,Jasus edwardsii,recovery in New Zealand marine reserves [J].Biological Conservation,2000,92(3):359-369.

[59] Castilla J C.Coastal marine communities:trends and perspectives from human exclusion experiments [J].Trends in Ecology and Evolution,1999(14):280-283.

[60] Willis T J,D M Parsons,and R C Babcock.Evidence of long-term site fidelity of snapper (Pagrus auratus) within a marine reserve[J].New Zealand Journal of Marine and Freshwater Research,2001(35):581-590.

[61] Sumaila U R,S Guénette,J Alder,et al.Addressing ecosystem effects of fishing using marine protected areas [J].ICES Journal of Marine Science,2000,57(3):752-760.

[62] Willis T J,R B Millar,R C Babcock,et al.Burdens of evidence and the benefits of marine reserves:putting Descartes before des horse? [J].Environmental Conservation,2003,30(2):97-103.

[63] T.R.McClanahan and B.Kaunda-Arara.Fishery Recovery in a Coral-reef Marine Park and Its Effect on the Adjacent Fisher [J].Conservation Biology,1996,10(4):1187-1199.

[64] Helena Faasen,Scotney Watts.Local community reaction to the 'no-take' policy on fishing in the Tsitsikamma National Park,South Africa [J].ECOLOGICAL ECONOMICS,2007(64):36-46.

[65] B.Kaunda-Arara,G.A.Rose.Effects of marine reef National Parkson fishery CPUE in coastal Kenya [J].Biological Conservation,2004(118):1 – 13.

[66] Anatoli Togridou,Tasos Hovardas,John D.Pantis.Determinants of visitors' willingness to pay for the National Marine Park of Zakynthos,Greece[J].Ecological Economics,2006(60):308 -319.

[67] Teodora Bagarinao.Nature Parks,Museums,Gardens,and Zoos for Biodiversity Conservation and Environment Education:The Philippines [J].A Journal of the Human Environment,1998(27):230-237.

[68] Williams I D and N C Polunin.Differences between protected and unprotected reefs of the western Caribbean in attributes preferred by dive tourists [J].Environmental Conservation,2000(27):382-391.

[69] John A.Dixon.Economic benefits of marine protected areas [J].Oceanus,1993(36):35-40.

[70]John Asafu-Adjaye, Sorada Tapsuwan. A contingent valuation study of scuba diving benefits:Case study in Mu Ko Similan Marine National Park,Thailand [J].Tourism Management, 2008(29):1122-1130.

[71]Edmund Green,Rachel Donnelly.Recreational Scuba Diving In Caribbean Marine Protected Areas:Do The Users Pay? [J].A Journal of the Human Environment,2003,32(3): 140-144.

[72]Tracy Berno. When a guest is a guest:Cook islanders view tourism [J]. Annals of Tourism Research,1999,26(3):656-675.

[73]Stefan Gössling,Carina Borgström Hansson,Oliver Hörstmeier,etc.Ecological footprint analysis as a tool to assess tourism sustainability [J].Ecological Economics,2002(43):199-211.

[74]G.Elliott et al.Community Participation in Wakatobi Park,Indonesia [J].Coastal Management,2001(29):295-316.

[75] T. McClanahan, J. Davies and J. Maina. Factors influencing resource users and managers' perceptions towards marine protected area management in Kenya [J].Environmental Conservation,2005,32(1):42-49.

[76]Craig L.Shafer.National park and reserve planning to protect biological diversity:some basic elements [J].Landscape and Urban Planning,1999(44):123-153.

[77]Ballantine W.J.Marine reserves-the need for networks (personal view) [J],New Zealand Journal of Marine and Freshwater Research,1991(25):115-116.

[78]Robert J.Davidson,W.lindsay Chadderton.Marine reserve site selection along the Abel Tasman National Park coast, New Zealand:consideration of subtidal rocky communities [J]. Aqutic Conservation:Freshwater and Marine Ecosystems,1994(4):153-167.

[79]Francis J,Nilsson A,and Waruinge D.Marine protected areas in the eastern African region:How successful are they? [J].A Journal of the Human Environment,2002(31):503-511.

[80]S.Worachananant,R.W.(Bill) Carter,Marc Hockings.Impacts of the 2004 Tsunami on Surin Marine National Park,Thailand [J].Coastal Management,2007(35):399-412.

[81]Kalli De Meyer.Bonaire,Netherlands Antilles [EB].Environment and development in coastal regions and in small islands, Coastal region and small island papers 3. http://www. unesco.org/csi/pub/papers/demayer.htm

[82]Laani Uunila,Russell Currie.Market Feasibility of a Water Trail [C].Washington Sea Grant Program,2002:115-123.

[83]Bonn M.A.,Seasonal Variation of Coastal Resorts Visitors:Hilton Head Island [J]. Journal of TravelResearch,1992,31(1):50-56.

[84]Joanna Tonge,Susan A.Moore.Importance-satisfaction analysis for marine-park hinterlands:A Western Australian case study [J].Tourism Management,2007(28):768-776.

[85]Suchai Worachananant, R.W.(Bill) Carter, Marc Hockings, Pasinee Reopanichkul. Managing the Impacts of SCUBA Divers on Thailand's Coral Reefs [J].Journal of Sustainable Tourism,2008,16(6):645-663.

［86］Anastasia Tsirika,Savvas Haritonidis.A survey of the benthic flora in the National Marine Park of Zakynthos（Greece）.Botanica Marina,2005,48(2):38-45.

［87］Roberts,C.M.,J.P.Hawkins.Report on the Status of Bonaire's Coral Reefs［R］. Eastern Caribbean Center,University of the Virgin Islands,St.Thomas,USVI,1994,31 pp.

［88］T.Ramjeawon.Evaluation of the EIA system on the Island of Mauritius and development of an enviornmentalmonitoring plan framework ［J］.Environmental Impact Assessment Review, 2004,24(4):537-549.

［89］Leila T.Hatch,Kurt M.Fristrup.No barrier at the boundaries:implementing regional frameworks for noise management in protected natural areas［J］.Mar Ecol Prog Ser,2009(395): 223-244.

［90］Ghimire,K.B.,Pimbert,M.P.Social Change and Conservation:Environmental Politics and Impacts of National Parks and Protected Areas ［M］.London,Earthscan Publications Limited,1997.

［91］Bajracharya,S.B.,Furley,P.A.,Newton,A.C..Impacts of community-based conservation on local communities in the Annapurna Conservation Area,Nepal［J］.Biodiversity and Conservation,2006(15):2765-2786.

［92］Janet M.Carey,Ruth Beilin,Anthony Boxshall,Mark A.Burgman,and Louisa Flander. Risk-Based Approaches to Deal with Uncertainty in a Data-Poor System:Stakeholder Involvement in Hazard Identification for Marine National Parks and Marine Sanctuaries in Victoria,Australia［J］.Risk Analysis,2007,27(1):271-281.

［93］Don Alcock,Simon Woodley.Australians CRC Program:Collaborative Science for Sustainable Marine Tourism［C］.Washington Sea Grant Program,2002:21-31.

［94］成志勤.加拿大的国家海洋公园计划［J］.大自然.1989(1):27.

［95］刘洪滨.英国国家海滨公园［J］.海洋开发与管理,1990(3):91-94.

［96］赵领娣,张燕,WANG Xiaohua,BRIAN Lees.澳大利亚海洋公园对我国渔民增收的启示［J］.渔业经济研究,2008(2):51-55.

［97］张燕.澳大利亚海洋公园的居民收入效应及其借鉴意义［D］.中国海洋大学,硕士学位论文,2008.

［98］孟宪民.美国国家公园体系的管理经验——兼谈对中国风景名胜区的启示［J］.世界林业研究,2007,20(1):75-79.

［99］黄向.基于管治理论的中央垂直管理型国家公园 PAC 模式研究［J］.旅游学刊, 2008,23(7):72-80.

［100］秦楠,王连勇.从加拿大太平洋滨海地区国家公园看中国滨海型景区［J］.经济研究导刊,2008,30(11):199-200.

［101］王月.新西兰国家公园的保护性经营［J］.世界环境,2009(4):77-78.

［102］罗勇兵,王连勇.国外国家公园建设与管理对中国国家公园的启示——以新西兰亚伯塔斯曼国家公园为例［J］.管理观察,2009(6):36-37.

［103］梅宏.大堡礁海洋公园与澳大利亚海洋保护区建设［J］.湿地科学与管理,2012,8

（4）:29-31.

[104]刘洪滨,刘康.国家海滨公园的发展及中国对策[J].海洋开发与管理,2003(5):
63-67.

[105]刘洪滨,刘康.国家海滨公园开发与保护的平衡——以威海国家海滨公园规划为
例[J].海洋开发与管理,2006(4):97-103.

[106]谢欣.国家海洋公园建设探析[J].海洋开发与管理,2008(7):50-54.

[107]祁黄雄.国家海洋公园体系建设的区划途径研究[C].中国地理学会百年庆典学
术论文摘要集.2009(I):14.

[108]李志强,吴子丽,刘长华.设立湛江国家海滨公园的初步探究[J].海洋开发与管
理,2009(1):15-17.

[109]黄剑坚,刘素青,韩维栋,王保前.广东特呈岛国家级海洋公园旅游环境容量分
析[J].防护林科技,2010(7):72-74.

[110]崔爱菊,孟娜,王波.日照国家海洋公园生态保护目标的探讨[J].海岸工程,
2012,31(1):66-71.

[111]孙芹芹,杨顺良,任岳森,等.长乐国家海洋公园建设方案研究[J].海洋开发与管
理,2012(11):46-48.

[112]吴瑞,王道儒.浅谈海南省海洋公园建设[J].海洋开发与管理,2013(10):48-50.

[113]邓颖颖.以海洋公园为合作模式,促进南海旅游合作[J].海南大学学报(人文社
会科学版),2014(3):588-586.

[114]王晓林.青岛市国家海洋科技公园建设与管理制度研究[D].中国海洋大学,硕士
学位论文,2014.

[115]耿龙.上海市金山三岛海洋生态自然保护区发展成为国家海洋公园的初步研
究[J].中国水运,2015,15(7):51-56.

[116]MaCArthur R.H.WilsonE.O.An equilibrium theory of insular zoogeograpgy[J].Evolu-
tion,1963(17):373.

[117]MaCArthur R. H. WilsonE. O. The theory of island biogegrapgy[M]. Prineeton,
NewYork:Princeton University Press,1967.

[118]邬建国.景观生态学:格局、过程、尺度与等级[M].北京:高等教育出版社,2000.

[119]赵淑清,方精云,雷光春.物种保护的理论基础——从岛屿生物地理学理论到集
合种群理论[J].生态学报,2001,21(7):1171-1179.

[120] Lanrance WF. Theory meets reality:How habitat fragmentation research has
transcended island biogeographic theory [J].Biological Conservation,2008(141):1731-1744.

[121]Williamson MH.The MonArchur Wilson theory today,Ture but trivial? [J].Journal of
Biogeography,1989(16):3-4.

[122]韩兴国.岛屿生物地理学与生物多样性保护[J].生物多样性研究的原理和方法,
北京:中国科学技术出版社,1994:83-103.

[123]Hanski I,Simberloff D.The metapopulation approach,to eonservation[J].In:Hanski I
and Gilpin ME eds.Metapopulation Biology:Eeology,Genetics and Evolution.San Dego:Academic

Press,1997:5-26.

[124]Wilson EO.Preface to the Princeton landmarks in biology edition.In:MacArthur RH, and Wilson EO.The theory of island biogeography[M].Prinston:Prinston University Press,2001.

[125]高增祥,陈尚,李典谟,徐汝梅.岛屿生物地理学与集合种群理论的本质与渊源[J].生态学报,2007,27(1):304-313.

[126]Hanski I,Gaggiotti OE.Metapopulation Biology:Past,Present,and Future.In:Hanski I,Gaggiotti OE,eds.Eeology,Genetics,and Evolution of Metapopulations[M].London:Elsevier Academic Press,2004.

[127]Levins R.Some demographic and genetic consequences of environmental heterogeneity for biological control[J].Bulletin of the Entomological Society of Ameriea,1969(15):237.

[128] Levins R. Some demographic and genetice consequences of environmental heterogeneity for biological control [J]. Bull, Entomological Society of America, 1969a(15): 237-240.

[129]Levins R.The effect of random variation of different types of on population growth[J]. Proceedings of the National Academy of sciences,1969b(62):1061-1065.

[130]Soule ME,Simberloff D.What do genetics and ecology tell us about the design of nature refuges? [J]. Biological Conservation,1986(35):19-40.

[131]Noss,R.F.,Copperrider,A.Y.1994.Saving nature's legacy:Protecting and restoring biodiversity.Washington,D.C.:Island Press.

[132]许联芳,杨勋林.生态承载力研究进展[J].生态环境,2006,15(5):1111-1116.

[133]MalthusTR.An essay on the Prineiple of population[M].London:Piekering,1798.

[134]叶文虎,梅凤桥,关伯仁.环境承载力理论及其科学意义[J].环境科学研究,1992,5(S):108-111.

[135]Arrow K,Bolin,Costanza R,etal.Eeonomic growth,carrying capacity,and the environment[J].Science,1995(268):520-521.

[136]王俭,孙铁珩,李培军等.环境承载力研究进展[J].应用生态学报,2005,16(4):768-772.

[137]朱环.生态承载力度量方法与应用研究[D].上海:同济大学,2006.

[138] ReesW. Ecological footprints and appropriated carrying capacity: Whaturban economics leaves out [J].EnvironmentUrban,1992,4(2):121-130.

[139]ReesW,WackernagelM.Urban ecological footprints:Why cities cannotbe sustainable andwhy they are a key to sustainability [J].Environmental ImpactAssessmentReview,1996,16(4-6):223-248.

[140]Hardi P,Barg S,Hodge T et al.Measuring sustainable development:Review of current practice[R].Occasional paper number 17,1997(IISD).1-2,49-51.

[141]Wackernagel M,Onisto L,Bello P et al.National natural capital accounting with the ecological footprint concept[J].Ecological Economics,1999(29):375-390.

[142]张志强,徐中民,程国栋,等.中国西部12省(区市)的生态足迹口[J].地理学报,

2001,56(5):599-610.

[143]徐中民,程国栋,张志强.生态足迹方法:可持续性定量研究的新方法——以张掖地区 1995 年的生态足迹计算为例[J].生态学报,2001,21(9):1484-1493.

[144]HABERL H.ERB K How to calculate and interpret ecological footprints for long periods of time:thecase of Austria 1926-1995 2001,38(1):25-45.

[145]Jason Venetoulis,John Talberth.Refining the Ecological Footprint [J/OL].Environment, Devolopment and Sustainability. http://springer. lib. tsinghua. edu. cn/content/ u306140811442016/ fulltext.html.

[146]RP. Ecological Footprint of Nations 2005 Update: Sustainability IndicatorsProgram [R/OL]. http://www. rprogress. org/publications/2006/Footprint% 20of% 20Nations% 202005.pdf.

[147]杜加强,王金生,滕彦国,等.生态足迹研究现状及基于净初级生产力的计算方法初探[J].中国人口·资源与环境,2008,18(4):178-183.

[148]刘某承,李文华.基于净初级生产力的中国生态足迹均衡因子测算[J].自然资源学报,2009,24(9):1550-1559.

[149]刘某承,李文华,谢高地.基于净初级生产力的中国生态足迹产量因子测算[J].生态学杂志,2010,29(3):592-597.

[150]刘某承,李文华.基于净初级生产力的中国各地生态足迹均衡因子测算[J].生态与农村环境学报,2010,26(5):401-406.

[151]翁瑾,杨开忠.旅游空间结构的理论与应用[M].北京:新华出版社,2005:57.

[152]陈浩.珠江三角洲城市群旅游空间结构与优化分析[D].安徽师范大学,2005.

[153]吴晋峰.旅游系统理论与空间结构模式研究:博士学位论文[D].南京:南京大学,2001.

[154]吴必虎.旅游系统:对旅游活动与旅游科学的一种解释[J].旅游学刊,1998(1):21-25.

[155]杨艳.湿地国家公园的建立及其生态旅游开发模式研究——以江苏盐城海滨湿地为例[D].南京师范大学,2006:23.

[156]杨桂华,钟林生,明庆忠.生态旅游[M].北京:高等教育出版社,2000:40-49.

[157]沈长智.生态旅游系统及其开发[J].北京第二外国语学院学报,2001(1):87-90.

[158]尚天成.生态旅游系统管理与生态风险分析[J].干旱区资源与环境,2008,22(5):91-94.

[159]黄震方.海滨生态旅游地的开发模式研究——以江苏沿海为例[D].南京师范大学,2002:41-42.

[160]百度百科.低碳旅游[EB/OL].http://baike.baidu.com/view/3077292.htm

[161]蔡萌,汪宇明.低碳旅游:一种新的旅游发展方式[J].旅游学刊,2010,25(1):13-17.

[162]中华人民共和国环境保护部.2013 年中国环境状况公报[R].北京:国家环境保护总局,2014.

［163］颜士鹏,骆颖.国家级自然保护区"一区一法"立法模式的理论分析明［J］.世界林业研究,2007,20(5):69-72.

［164］谭柏平.我国海洋资源保护法律制度研究(博士学位论文)［D］.北京:中国人民大学,2007:1-5.

［165］王连勇.加拿大国家公园规划与管理——探索旅游地可持续发展的理想模式［M］.重庆:西南师范大学出版社,2003.

［166］Parks Canada.National Marine Conservation Areas of Canada Program［EB/OL］.http://www.pc.gc.ca/progs/amnc-nmca/intro/index_e.asp

［167］Parks Canada.Canada's National Marine Conservation Areas System Plan［EB/OL］.http://www. pc. gc. ca/eng/rech - srch. aspx? kw = Canada% E2% 80% 99s% 20National% 20Marine%20Conservation%20Areas%20System%20Plan&ctg=

［168］Environmental Protection Agency.Marine Parks［EB/OL］.http://www.klgates.com/FCWSite/ballast_water/Reg_Actions/EPA_Air_Final_Rule_043010.pdf.

［169］刘兰.我国海洋特别保护区的理论和实践研究(博士学位论文)［D］.青岛:中国海洋大学,2006:86-87.

［170］刘洪滨,刘康.海洋保护区:概念与应用［M］.北京:海洋出版社,2007:270-271.

［171］Committee on Biological Diversity in Marine Systems,National Research Council.Understanding marine biodiversity［M］.Washington:National Academy Press,1995.

［172］虞依娜,彭少麟,侯玉平.我国海洋自然保护区面临的主要问题及管理策略［J］.生态环境,2008,17 (5):2112-2116.

［173］HALPERN B S,WARNER R R.Matchingmarine reserve design to reserve objectives［J］.Proceedings of the Royal Society of London,2003,270 (1527):1871-1878.

［174］DAHLGREN C P,SOBEL J.Designing a Dry Tortugas ecological reserve:how big is big enough? To do what? ［J］.Bulletin of Marine Science,2000,66 (3):707-719.

［175］国家海洋局.全国海洋功能区划［R］.2002.

［176］MELANIE P.Lundy Island No Take Zone,North Devon,England ［EB/OL］.(2009-05-22）［2009-08-01］.http://cmsdata. iucn. org/downloads/marine _ protected _ areas _ lundy.pdf.

［177］STEVENSON T C.Marine protected area network.Hawaiis' western shore,USA ［EB/OL］.(2009-05-22)［2009-08-01］.http://cmsdata. iucn. org/downloads/marine_protected_areas_hawai.pdf.

［178］Richard Pollnac,Tarsila Seara.Factors Influencing Success of Marine Protected Areas in the Visayas,Philippines as Related to Increasing Protected Area Coverage ［EB/OL］.http://xueshu.baidu.com/s? wd =paperuri%3A%285194d85360775b685e4abd007db5cb5b%29&filter =sc_long_sign&tn = SE_xueshusource_2kduw22v&sc_vurl = http%3A%2F%2Flink. springer. com%2F10.1007%2Fs00267-010-9540-0&ie=utf-8&sc_us =6613236113567895761.

［179］BEATTIE A,SUMAILAU R,CHRISTENSEN V,etal.Amodel for the bioeconomic e-valuation of marine protected area size and placement in theNorth Sea ［J］. Natural Resource

Modeling,2002,15（4）:414-437.

[180]SUMAILA U R,GUNETTE S,ALDER J,etal.Marine protected areas and managing fished ecosystems［R］.Bergen:Chr.Michelsen Institute,1999.

[181]HANNA S.Institutions formarine ecosystems:economic incentives and fisherymanagement［J］.Ecological Applications,1998,8（supp）:S170-S174.

[182]汤小华.福建省生态功能区划研究［D］.福州:福建师范大学,2005:34-37.

[183]赵章元.中国近岸海域环境分区分级管理战略［M］.北京:中国环境科学出版社,2000:45-51.

[184]Lisa Mcampbell.Ecotourismin Rutal Developing Communities［J］.Annals of Tourism Research.1999（3）:534-553.

[185]Hubert Gulinvck,etal.Landscapeas Framework for Integrating Local Subsistence and Ecotourism:Acase Study Zimbabwe［J］.Land scapean Urban Planning.2001（53）:173-182.

[186]Choong KiLee.Valuationof Nature based Tourism Resources Using Dichotomous Choice Contigent Valuation Method［J］.Tourism Man agement.1999（3）:587-591.

[187]Regina Scheyvens.Ecotourism and the Empowerment of Local Communities［J］.Toutism Management.1999（20）:245-249.

[188]Paul F.J.Eagles,Stephen F.McCool and Christopher D.Haynes［M］.张朝枝,罗秋菊主译.保护区旅游规划与管理指南,北京:中国旅游出版社,2005:142-143.

[189]刘洪滨,刘康.海洋保护区:概念与应用［M］.北京:海洋出版社,2007:300.

[190]Crosby M P,R Bohne,and K Geene.Alternative access management strategies for marine and coastal proteceted areas:a reference manual for their development and assessment.US Man and the Biosphere Program.Washington,2000b.

[191]Francis J,R Johnstone,T van't Hof,et al（ed）.Training for the sustainable management of marine protected areas:A training manual for MPA managers.CZMZ/WIOMSA.Nairobi,Kenya.2003.

[192]黄婷婷.井喷,让人揪心的井喷［N］.中国环境报（4）.2010-06-22.

[193]宋颖,唐议.海洋保护区与渔业管理的关系及其在渔业管理中的应用［J］.上海海洋大学学报,2010,19（5）:669-673.

[194]Pitchford JW,Codling E A,Psarra D.Uncertainty and sustainability in fisheries and the benefit of marine protected areas［J］.EcologicalModelling,2007,207（2-4）:286-292.

[195]Hardi P,Barg S,Hodge Tet al.Measuring sustainable development:Review of current practice［R］.Occasional paper number 17,1997（IISD）.1-2,49-51.

[196]王辉.沿海城市旅游环境承载力研究——以大连市为例［D］.大连:大连海事大学,博士学位论文,2006.

[197]刘某承,李文华.基于净初级生产力的中国生态足迹均衡因子测算［J］.自然资源学报,2009,24（9）:1550-1559.

[198]刘某承,李文华,谢高地.基于净初级生产力的中国生态足迹产量因子测算［J］.生态学杂志,2010,29（3）:592-597.

［199］Schmidt K.No-take' zones spark fisheries debate［J］.Science,1997(277):489-491.

［200］Whiteley, Holly. The utility of benthic infaunal production for selecting marine protected areas in the Irish Sea［EB/OL］.http://xueshu. baidu. com/s? wd = paperuri%3A%2891e57a8630f7bad310b0c7e53d43ffe4%29&filter = sc _ long _ sign&tn = SE _ xueshusource _ 2kduw22v&sc_vurl=http%3A%2F%2Fethos.bl.uk%2FOrderDetails.do%3Fuin%3Duk.bl.ethos. 610925&ie=utf-8&sc_us=8750920675170362690

［201］Turpie J K,L E Beckley,S M Katua.Biogeography and the selection of priority ares for conservation of South African coastal fishes.Biogegoraphy Consrevation,2000(92):59-72.

［202］Airam S,J E Dugan,K D Lafferty,et al.Applying ecological criteria to marine reserve design:a case study from the Calufornia Channel Islands.Ecological Applications,2003,13(1) (supp):S170-S184.

［203］Reid G K,BhatM G.Financing marine protected areas in Jamaica:An exploratory study［J］.Marine Policy,2009,33(1):128-136.

［204］张耀光.长山群岛资源利用与经济可持续发展对策［J］.辽宁师范大学学报(社会科学版),2004,27(1):35-38.

［205］宋伦,王年斌,董婧,等.捕捞对长山群岛海域渔业生态系统的影响［J］.生态学杂志,2010,29(8):1578-1584.

［206］金显仕,邓景耀.莱州湾渔业资源群落结构和生物多样性的变化［J］.生物多样性2000,8(1):65-72.

［207］陈作志,邱永松,贾晓平,等.捕捞对北部湾海洋生态系统的影响［J］.应用生态学报,2008,19(7):1604-1610.

［208］李悦铮.产业结构调整与旅游发展［J］.旅游学刊,2010,25(3):8.

［209］Roberts C M,S Andelman,G Branch,et al.Ecological criteria for evaluating candidate sites for marine reserves［J］.Ecological Applications,2003,13(1) (supp):S199-S214.

［210］王恒,李悦铮,杨金桥,等.基于认知心理学的海岛型旅游资源开发潜力研究——以大连广鹿岛为例［J］.资源科学,2010,32(5):866-891.

［211］张耀光.长山列岛海洋农牧化布局与可持续发展研究［J］.资源科学,2000,22(2):54-60.

［212］张耀光,张岩,王宁.长山群岛海洋农牧化海域环境分区研究［J］.地理科学,2007,27(6):768-773.

［213］李庆红,赵宏杰,张磊,等.长山群岛海区春季水温垂直结构分析［J］.海洋技术,2008,27(3):101-105.

［214］张耀光,韩增林,刘锴,等.海岛海域生物资源利用与海洋农牧化生产布局新发展的研究——以长山群岛为例［J］.自然资源学报,2009,24(6):945-955.

［215］初佳兰,赵冬至,张丰,等.基于卫星遥感的浮筏养殖监测技术初探——以长海县为例［J］.海洋环境科学,2008,27(S2):35-40.

［216］索安宁,赵冬至,张丰收,等.基于卫星遥感的长山群岛岛礁空间格局分析［J］.海洋科学进展,2010,28(1):73-79.

［217］张明军,袁秀堂,柳丹,等.长海海域浮筏养殖虾夷扇贝生物沉积速率的现场研究［J］.海洋环境科学,2010,29(2):233-237.

［218］李洪波,梁玉波,袁秀堂,等.辽宁长海县海域营养状况季节分析与评价［J］.海洋环境科学,2010,29(5):689-692.

［219］李洪波,梁玉波,袁秀堂,等.辽宁长海海域有机物含量分布概况［J］.海洋环境科学,2010,29(6):853-858.

［220］刘洪滨,刘康.海洋保护区:概念与应用［M］.北京:海洋出版社,2007:283.

［221］ISRS.Marine protected areas management of coral reefs.Briefing paper1,International Society for Reef Studies.2004.

［222］联合国粮农组织(FAO)统计数据库［Z/OL］.http://www.fao.org.

［223］WackernagelM,Lewan L,Hosson C B.Evaluating the use of national capital with the ecological footprint［J］.AMBIO,1999,28(7):604-612.

［224］韩增林,郭建科,刘锴.海岛地区生态足迹与可持续发展研究——以长山群岛为例［J］.生态经济,2008 (2):65.

［225］李悦铮,杨新宇,黄丹.群岛旅游开发的吉美模式研究［C］.区域旅游:创新与转型——第十四届全国区域旅游开发学术研讨会暨第二届海南国际旅游岛大论坛论文集.2009:402-406.

后 记

本书是在我的博士学位论文《国家海洋公园建设与保护研究》的基础上修改完成的。回想从当年论文选题到今日书稿完成的点点滴滴，满腔感激之情一时不知如何表达，唯有在心中默念：谢谢，谢谢！

首先衷心感谢导师李悦铮教授，是恩师将我引入学术殿堂。步入师门已逾十一载，恩师自始至终给予我无微不至的指导与关怀。从本书的选题、构思、资料收集，到撰稿、修改、定稿，无一不渗透着导师的心血。他正直的品格、国际化的视野、前沿而精髓的学术造诣、严谨勤奋的治学风格、对学术孜孜不倦的追求都深深地影响着我，在学习和生活上给予我的指导与教诲更是让我受益无穷，并将获益终身。

感谢中国工程院院士丁德文教授对本书在选题、大纲修改等方面的指导，感谢辽宁师范大学韩增林校长、辽宁师范大学张耀光教授、大连海事大学栾维新教授、东北财经大学张军涛教授对本书写作方面的指导，以及多位外审专家的指导，没有他们的帮助，我难以成文。本书写作过程中借鉴和引用了国内外许多学界前辈们的观点和数据，在此向他们表示衷心的感谢。

在实地考察期间，长海县的各位领导对于本书的写作给予了鼎力的支持；在资料调研期间，长海县人民给予了热情的帮助，在此深表诚挚的谢意。我爱那片美丽的海岛，衷心祝愿长山群岛国家海洋公园越来越好。

求学期间，有幸聆听诸多前辈的谆谆教诲，他们是韩增林教授、张耀光教授、孙才志教授、俞金国副教授，等等，他们直接教授给我理论知识与治学方法。各位老师渊博的知识、严谨的治学态度、孜孜不倦的教诲，以及他们的学术著作和思想观点给予了我学习和研究的灵感与启迪。

在这里，我还要感谢我可爱的学友们——鲁小波、刘伟、张志宏、李雪鹏、陈晓、车亮亮、席宇斌、田东娜、李红波、江海旭、曹威威、王琦及李子园全体成员，是你们给予的帮助和鼓励陪伴我走过美好的学习时光。感谢师妹韩文娇在外文资料翻译方面以及师妹王丽影在问卷调查方面给予的帮助。感谢室友杨金桥博士在科研方面给予的帮助，让我感受到了跨界合作的快乐。

感谢辽宁对外经贸学院吕红军校长、靳晓光副校长；国际商学院王颖院长、金依明书记、高欣副院长、邹亮助理；旅游管理系曹洪珍主任、刘志友教授、鲍彩莲教授、邱瑛教授、高维全副教授、李翠副教授、王晓宇副教授、王冬梅副教授、徐晓颖副教授、李亮博士以及国际商学院和校科研处的全体同事长期以来对我的关怀与帮助。

　　最后,感谢我敬爱的父母、亲爱的妻子,谢谢你们这么多年来无微不至的关怀与支持,是你们的爱给予了我通往前方的无穷动力。

　　衷心感谢所有给予我帮助的人,我爱你们!

　　本书获得大连市人民政府资助出版。

王恒

2016 年 11 月 26 日于大连